现代生态学讲座（IX）

聚焦于城市化和全球变化的生态学研究

Lectures in Modern Ecology (IX)

Ecological Studies on Urbanization and Global Change

■ 主编　邬建国　陈小勇　李媛媛　马群

高等教育出版社·北京

内容简介

现代生态学已经发展成一门多尺度、多组织层次、多学科交叉的科学。近年来，城市化和全球变化已经成为生态学家广泛关注的论题。本书根据“第九届现代生态学讲座”的主题报告和专题报告，经过筛选和评审编著而成。作者多为在生态学、地理学和环境科学诸领域潜心治学、成果卓越的学者。本书对城市生态学和全球变化生态学领域的一系列重要论题展开广泛而深入的论述。内容包括：城市景观格局与动态分析；城市化对生态系统结构和过程的影响；城市化对空气质量和人体健康的影响；全球变化对生态系统的影响；区域可持续性评价等。本书主题明确，内容翔实，题材新颖，图文并茂，可供生物学、生态学、环境科学及相关学科的研究和教学人员参考，也可作为研究生的教学用书或参考书。

图书在版编目（CIP）数据

现代生态学讲座.Ⅸ，聚焦于城市化和全球变化的生态学研究/邬建国等主编．--北京：高等教育出版社，2021.4

ISBN 978-7-04-055659-9

Ⅰ.①现… Ⅱ.①邬… Ⅲ.①生态学-文集 Ⅳ.①Q14-53

中国版本图书馆 CIP 数据核字（2021）第 027017 号

策划编辑 柳丽丽　责任编辑 柳丽丽　封面设计 王凌波　版式设计 王艳红
插图绘制 于　博　责任校对 王　雨　责任印制 耿　轩

出版发行 高等教育出版社
社　　址 北京市西城区德外大街 4 号
邮政编码 100120
印　　刷 固安县铭成印刷有限公司
开　　本 787mm×1092mm 1/16
印　　张 16.75
字　　数 320 千字
插　　页 3
购书热线 010-58581118
咨询电话 400-810-0598
网　　址 http://www.hep.edu.cn
　　　　 http://www.hep.com.cn
网上订购 http://www.hepmall.com.cn
　　　　 http://www.hepmall.com
　　　　 http://www.hepmall.cn
版　　次 2021 年 4 月第 1 版
印　　次 2021 年 4 月第 1 次印刷
定　　价 69.00 元

物 料 号 55659-00
XIANDAI SHENGTAIXUE JIANGZUO（Ⅸ）

“现代生态学讲座系列”简介

“现代生态学讲座”由我国著名生态学家李博院士创办,旨在通过海外华人生态学家与国内杰出中青年生态学家同堂开展学术交流,探讨现代生态学领域的热点和关键问题,促进我国生态学科的发展和青年人才队伍的成长。

第一届现代生态学讲座于1994年9月由内蒙古大学主办,主要围绕现代生态学的新理论、新观点和新方法展开研讨。第二届现代生态学讲座于1999年6月由中国环境科学研究院和中国科学院植物研究所主办。2004年,邬建国、于振良、葛剑平、韩兴国等在北京议定,将该讲座办成每两年举办一次的长期系列讲座(即“现代生态学讲座系列”,International Symposium on Modern Ecology Series,ISOMES),作为对李博先生的永久纪念,也为国内外华人生态学者相互交流和研究生培养提供一个长期的高层次学术平台。第三届现代生态学讲座于2005年6月由北京师范大学和中国科学院植物所主办,主题为“学科进展与热点论题”。第四届现代生态学讲座于2007年5月由内蒙古大学和中国农业科学院草原研究所主办,主题为“生物多样性与生态系统功能、服务、管理”。第五届现代生态学讲座暨第一届国际青年生态学者论坛(IYEF)于2009年6月由兰州大学主办,主题为“宏观生态学与可持续性科学”。第六届现代生态学讲座暨第二届国际青年生态学者论坛于2011年8月由南京大学主办,主题为“全球变化背景下现代生态学热点问题及其研究进展”。第七届现代生态学讲座暨第四届国际青年生态学者论坛于2013年6月由中国科学院华南植物园主办,主题为“全球变化背景下退化生态系统恢复的格局与过程”。第八届现代生态学讲座暨第六届国际青年生态学者论坛于2015年6月在天津举办,主题为“现代生态学与可持续发展”。第九届现代生态学讲座暨第七届国际青年生态学者论坛于2017年5月在上海举办,主题为“全球变化和城市化背景下的生态学进展”。

有关“现代生态学讲座系列”的历史、现状及将来的学术活动,请访问ISOMES的网站:http://leml.asu.edu/ISOMES/。

“现代生态学讲座系列”学术委员会

“第九届现代生态学讲座暨第七届国际青年生态学者论坛”联合组委会

大会主席:邬建国　美国亚利桑那州立大学

大会组织委员会

主　任

陈小勇　华东师范大学

唐剑武　美国芝加哥大学海洋生物研究所

副主任

达良俊　华东师范大学

王希华　华东师范大学

周旭辉　华东师范大学

委　员

蔡永立　华东师范大学

李俊祥　华东师范大学

李秀珍　华东师范大学

刘　婕　华东师范大学

王天厚　华东师范大学

阎恩荣　华东师范大学

由文辉　华东师范大学

“第九届现代生态学讲座”大会邀请学术报告人（按姓氏汉语拼音排序）

白永飞	中国科学院植物研究所
陈利顶	中国科学院生态环境研究中心
储诚进	中山大学生命科学学院
方创琳	中国科学院地理科学与资源研究所
郭勤峰	Forest Service, United States Department of Agriculture, USA
何春阳	北京师范大学地表过程与资源生态国家重点实验室
贾　鹏	Department of Earth Observation Science, University of Twente, Netherlands
蒋　林	School of Biology, Georgia Institute of Technology, USA
李　博	复旦大学生命科学学院
骆亦其	Department of Microbiology & Plant Biology, Univeristy of Oklahoma, USA
仇江啸	Fort Lauderdale Research and Education Center, University of Florida, USA
任　海	中国科学院华南植物园
申卫军	中国科学院华南植物园
孙书存	南京大学生命科学学院
唐剑武	Marine Biological Laboratory, University of Chicago, USA
邬建国	School of Life Sciences and School of Sustainability, Arizona State University, USA
杨　军	清华大学地球系统科学系
赵淑清	北京大学城市与环境学院
周伟奇	中国科学院生态环境研究中心
周旭辉	华东师范大学生态与环境科学学院
朱伟兴	Department of Biological Sciences, State University of New York, USA

前　　言

“现代生态学讲座”由我国著名生态学家李博院士创办，旨在通过海外华人生态学家与国内杰出中青年生态学家同堂开展学术交流，探讨现代生态学领域的热点和关键问题，促进我国生态学科的发展和青年人才队伍的成长。

第九届现代生态学讲座暨第七届国际青年生态学者论坛于2017年5月15日至18日由华东师范大学承办，主题为“全球变化和城市化背景下的生态学进展”，来自中国、美国、荷兰等国家60多家科研院所和大学的300多位著名学者、青年科研人员和研究生出席。会上有20余位海内外知名生态学家应邀做了学术报告，主要针对快速城镇化的生态学问题（城市和自然生态系统的耦合发展）、气候变化和人类干扰下的森林生态系统、河口海岸生态系统、生态系统对全球变化的响应与反馈和大数据与生态模型等议题介绍了国内外的前沿研究进展。此外，讲座（论坛）还在两个分会场举行了青年学者研究报告会，30多位青年学者分别围绕全球变化响应、城市化与可持续发展两个主题开展学术报告和交流，分享各自的研究成果和实践经验。

本书大部分内容选自“第九届现代生态学讲座”特邀报告，同时从“国际青年生态学者论坛”中吸收了一部分优秀报告内容，再经过同行专家评审后编著而成。在此，我们向所有为本书作出贡献的作者致以诚挚的谢意；同时特别感谢包括下面专家在内的所有审稿人对各个章节所提出的宝贵修改意见：白永飞，潮洛濛，付晶，高峻，郭勤峰，贺金生，黄甘霖，贾鹏，蒋林，李博，李国旗，林光辉，刘玲莉，刘宇鹏，马群，彭建，钱雨果，乔建民，仇江啸，任海，申卫军，杨军，夏建阳，张健，周伟奇，周旭辉。感谢李媛媛在本书稿件邀请和审稿过程中承担的联系和整理等工作；感谢卞鸿雁、房学宁、郭璇、贺艳华、胡广、黄柳菁、贾刘耀、江红蕾、孔令强、刘芦萌、刘兴诏、刘洋、马群、尚辰蔚、孙晓、屠星月和周兵兵等诸位老师和同学对各章节进行的认真细致的校对工作。

最后，感谢高等教育出版社李冰祥编审和柳丽丽编辑以及其他同仁长期以来对“现代生态学讲座”系列丛书出版的大力支持和付出的辛勤劳动！

邬建国　陈小勇

目　　录

Table of Contents

城市规模与格局的生态环境效应研究进展

周伟奇[1][2]　虞文娟[1]　胡潇方[1][2]　赵秀玲[1][3]
田韫钰[1][2]

摘　要

城市规模与格局的演变直接或间接地影响城市、区域,甚至全球的生态环境。定量解析城市规模与格局对生态环境的影响,是解决各类城市生态环境问题的前提与基础。本文围绕城市规模与格局的生态环境效应这一科学问题,首先简要综述了城市规模与格局的定量表征方法,进而以热岛效应、空气污染以及碳排放与能源消耗为例,在分析与综述国内外关于城市规模与格局对生态环境影响的相关研究基础上,探讨了当前研究存在的不足和挑战,并对未来的研究进行了展望。存在的不足主要包括:城市规模与格局的定量表征方法缺乏一致性,使得不同城市的研究结果可比性不强;城市规模与格局的生态环境效应研究偏重指标的统计关系分析,缺乏机制与机理的深入研究。未来的研究需综合考虑城市的自然与社会经济属性,发展在不同城市具有可比性的量化表征方法。同时,还需综合多学科的理论与方法,从过程的角度对机制与机理做进一步研究,揭示城市规模与格局的生态环境效应,为解决城市生态环境问题提供科学依据。

① 中国科学院生态环境研究中心,城市与区域生态国家重点实验室,北京,100085,中国;
② 中国科学院大学,北京,100049,中国;
③ 中国科学技术大学,合肥,230026,中国。

Abstract

Urban expansion has been considered as a major force of loss and fragmentation of natural habitats, changes in local and regional climate, and environments. In addition, within-city land cover changes associated with urban renewal and infilling development may also have significant social and ecological effects. Understanding how urban expansion, or the size of city, and the spatial pattern of land cover within cities affect ecosystems and environments is crucial for addressing the ecological challenges faced by many cities. In this chapter, we first briefly reviewed methods and measures that have been used to quantify the size of the city, and its spatial pattern. We then presented a comprehensive review on the ecological and environmental effects of the size of city and its spatial pattern, using urban heat islands, air pollution, and energy consumption and carbon emission as examples. We summarized the major findings, and discussed the key topics for future research.

引言

城市化过程常伴随城市规模和形态(格局)的变化。以城市景观格局为例,其变化主要表现在两个方面:① 城市向外扩张导致的城市建设用地规模扩大(Turner et al., 2007; Seto et al., 2011; Yu and Zhou, 2017);② 城市建成区内部,因城市更新、城中村改造和绿地建设等导致的格局变化(Forman, 2014; Qian et al., 2015)。城市规模与格局的变化直接或间接地影响城市及其区域的生态环境,由此带来的生态环境问题,如水体与空气污染、城市热岛效应、生境丧失和温室气体排放等,制约着城市的健康发展(Foley et al., 2005; Grimm et al., 2008; 陈利顶等, 2013)。因此,城市规模与格局演变的生态环境效应研究一直是城市地理学、城市生态学和景观生态学等学科研究的热点与核心内容(Pickett et al., 2011; 王业强, 2012; Wu, 2013; 马素琳等, 2016; Zhou et al., 2017b)。本文围绕城市规模与格局的生态环境效应这一科学问题,首先简要综述了城市规模与格局的定量表征方法,进而以热岛效应、空气污染以及碳排放与能源消耗为例,在分析并综述了国内外关于城市规模与格局对生态环境影响的相关研究的基础上,探讨了当前研究存在的不足和挑战,并对未来的研究进行了展望。

1.1 城市规模及格局的定量表征

1.1.1 城市规模的定量表征

定量表征城市规模的常用指标包括:人口规模、用地规模和经济规模。为准确刻画不同发展阶段城市规模的特征，这些定量化的指标也在不断发展中。

城市人口规模是反映城市大小最为直观的指标，常用城市人口总量进行度量（顾朝林和庞海峰，2009；UN，2014）。我国对城市人口的统计包含两种口径：市区非农业（户籍）人口和市区（常住）人口。过去，受限于户籍制度，我国城乡和地区流动人口少，人口自然增长是城市人口规模扩大的主要原因。因此，研究多采用市区非农业（户籍）人口衡量城市人口规模。20世纪90年代，我国进入快速城市化阶段，城乡交流加强，人口的流动性也随之增强。城市人口除自然增长外，迁移性增长比例逐渐增大。市区非农业（户籍）人口已无法准确反映实际的城市人口规模（于涛方，2012；王桂新和黄祖宇，2014）。加之，暂住人口和流动人口仍缺乏系统准确的统计。因此，为准确地表征城市人口规模，研究多采用市区（常住）人口这一统计口径获取的人口总量度量人口规模（任远和王桂新，2003；李亚婷等，2014）。

用地规模是另一反映城市发展的重要指标，其定量表征所使用的数据源包括统计年鉴数据及遥感数据。使用统计年鉴数据的研究，主要采用建成区面积表征城市用地规模，分析单一城市长时间的变化，或对比多个城市的规模及演变（谈明洪等，2003；吕宪军和王梅，2006；刘涛和曹广忠，2012）。这类数据获取较为容易，当对比的城市数量众多时，研究广泛使用统计年鉴数据。但当研究需要从空间上反映城市用地规模时，则需使用遥感数据。以遥感影像为基础的研究，通过识别并统计城市建成区面积及比例的变化，分析城市规模的演变（Imhoff et al.，1997；胡德勇等，2006；Kuang et al.，2014；Huang et al.，2016）。常用的遥感卫星影像主要包括美国陆地卫星影像（Landsat MSS/TM/ETM+/OLI）和夜间灯光强度数据（DMSP/OLS）。

除上述两个最为常用的指标外，城市规模及其生态环境效应的研究也涉及经济规模这一指标，主要采用国内生产总值（gross domestic product，GDP）表征（姚从容，2012；Wang et al.，2017b）。此外，一些研究将人口规模、用地规模与经济规模相结合，探讨三者之间的关系或三者对生态环境的影响。研究还涉及人均收入、人均GDP、单位建设用地GDP，以及第二、三产业总产值和比例等指标，并以此探讨城市的经济水平（陈红霞，2012；王桂新和武俊奎，2012）。

1.1.2　城市格局的定量表征

城市是社会-经济-自然复合生态系统（马世骏和王如松，1984）。因此，对城市格局的刻画也相应是多维度的，不仅包含对各种自然要素与人工要素，如植被、水体和各种建筑等的空间组成与配置的量化；还包含对城市中各种社会经济要素，如人口、产业和能源等的组成与结构的描述。不同学科的学者从城市空间格局演变（Zhou et al.，2008；Schneider and Mertes，2014）、城市格局演变的驱动机制（Li et al.，2013c）以及城市格局演变对社会经济和生态环境的影响（王桂新和武俊奎，2012；Ewing et al.，2014；Zhou et al.，2017b）等方面，对城市格局的定量表征开展了大量的研究。这些研究主要从景观生态学、城市生态学和城市地理学等学科视角,开展以下三个方面的工作:① 土地覆盖/利用的空间格局特征与动态;② 城市空间形态;③ 城市蔓延和紧凑。

土地覆盖/利用空间格局特征与动态侧重:① 城市扩张过程中,城市土地覆盖/利用的变化(Schneider and Woodcock, 2008; Wu et al., 2011; Li et al., 2013b);② 城市精细尺度下,景观格局的特征与变化(Zhou and Troy, 2008; 仇江啸和王效科, 2010; Qian et al., 2015; Wang et al., 2017a)。这些研究主要以土地覆盖/利用专题数据为基础,结合景观格局指数开展研究。综合已有的研究,常用的景观格局指数如表 1.1 所示(邬建国, 2007)。第一类研究通常以城市建成区或行政区为分析单元,根据中等空间分辨率遥感影像提取的土地覆盖/利用信息,研究城市扩张引起的景观格局变化(Schneider and Woodcock, 2008)。城乡梯度法在这类研究中应用广泛,用以探讨城市区域"城-乡"梯度上景观格局的分异特征及演变(Luck and Wu, 2002; McDonnell and Hahs, 2008; Li et al., 2013b)。第二类研究以高空间分辨率遥感影像为基础,通过面向对象的图像分析技术生成城市土地覆盖斑块的景观镶嵌体,研究城市内部高度异质的景观格局特征与动态变化(Zhou and Troy, 2008; Zhou et al., 2014a)。基于土地覆盖斑块,还可以辅助提取具有社会经济属性的斑块,表征城市景观自然与社会耦合的复合特征(Cadenasso et al., 2007; Zhou et al., 2017c)。此外,根据激光雷达(light detection and ranging, LIDAR)数据,还可以定量刻画城市的三维景观格局(张小飞等, 2007; Gál and Unger, 2009; 宫继萍等, 2015)。

城市空间形态的研究主要关注城市的空间几何特征,如同心圆结构、带状结构、扇形结构和中心-卫星城结构等(Couch and Karecha, 2006)。城市空间形态的研究可以粗略地分为两大类型:① 基于城市扩张方向、分形指数等,定量研究城市空间几何形态的变化(杨立国和周国华, 2010; 潘竟虎和韩文超, 2013);② 基于多时相的遥感影像数据,从城市空间扩张模式的角度,解析城市空间形态特征。这些扩张模式包括内部填充型、边缘扩张型和蛙跳型以及"扩散-合并"螺旋式增长模式(Dietzel et al., 2005; Li et al., 2013a; Zhao et al., 2015)。

城市蔓延和紧凑程度的定量刻画,及其对生态环境的影响是最近 20 多年的研究热点(Ewing 1997; Ewing and Hamidi, 2015)。城市蔓延和紧凑程度包括多个维度,不仅体现在人口密度和土地利用密度上,还体现在城市土地利用的混合程度、人口和就业的集中程度、交通通达度和空间结构等多个方面(Ewing, 1997; Batty et al., 2003; 李琳和黄昕珮, 2012; Ewing and Hamidi, 2015)。对城市蔓延和紧凑程度的定量刻画既包括采用单一维度的指标,也包括多维度的度量。单一维度的量化指标主要分为两大类:① 与密度有关的指数,如人口密度、居住区密度和道路密度等(Ewing, 1997; Schneider and Woodcock, 2008; Taubenböck et al., 2017);② 与空间几何特征有关的指数,如景观指数中的紧凑

表 1.1　景观指数计算方法及描述(邬建国,2007)

指数	计算方法	描述
斑块数	$NP=N$	景观中斑块的总数。取值范围:$NP\geqslant 1$,无上限
斑块密度(PD)	$PD=N/A$	每平方千米(即 100 hm^2)的斑块数。取值范围:$PD>0$,无上限
边界密度(ED)	$ED=(E/A)\times 10^6$	景观中所有斑块边界总长度(m)除以景观总面积(m^2),再转换成平方千米。取值范围:$ED\geqslant 0$,无上限
平均斑块面积(MPS)	$MPS=(A/N)\times 10^6$	景观中所有斑块总面积(m^2)除以斑块总数,再转换成平方千米。取值范围:$MPS>0$,无上限
斑块形状指数(patch shape index)	$S=\frac{P}{2\sqrt{\pi A}}$;$S=\frac{0.25P}{\sqrt{A}}$	P 是斑块周长,A 是斑块面积。斑块的形状越复杂或越扁长,S 的值就越大
景观形状指数(landscape shape index)	$LSI=\frac{0.25E}{\sqrt{A}}$	景观形状指数(LSI)与斑块形状指数相似,只是将计算尺度从单个斑块上升到整个景观。E 为景观中所有斑块边界的总长度,A 为景观总面积。当景观中斑块形状不规则或偏离正方形时,LSI 增大
景观丰富度指数(landscape richness index);相对丰富度(relative richness)和丰富度密度(richness density)	$R=m$; $R_r=\frac{m}{m_{\max}}$; $R_d=\frac{m}{A}$	m 是景观中斑块类型数目;在比较不同景观时,使用相对丰富度(R_r)和丰富度密度(R_d)更为合适,$m_{\max}$ 是景观中斑块类型数的最大值,A 是景观面积
景观聚集度指数(contagion index)	$C=C_{\max}+\sum_{i=1}^{n}\sum_{j=1}^{n}P_{ij}\ln(P_{ij})$	聚集度指数反映景观中不同斑块类型的非随机性或聚集程度。$C_{\max}$ 是聚集度指数的最大值 $2\ln(n)$,n 是景观中斑块类型总数,P_{ij} 是斑块类型 i 与 j 相邻的概率

度、蔓延度和香农熵等(Sudhira et al., 2004; Jat et al., 2008),基于空间自相关的 Moran's I 指数和 Geary's C 指数等(Tsai, 2005; 潘竟虎和文岩, 2013)。多维度的量化指标涉及面较广,包括空间结构、功能服务和环境协同等多方面,如服务设施可达性、人均绿地面积和土地利用多样性等(马丽和金凤君, 2011; Ewing et al., 2014)。与单一维度指标相比,多维度的量化指标因涉及多个方面,其分析对数据集的综合性要求更高(Ewing and Hamidi, 2015)。从多个维度

刻画城市蔓延度和紧凑度,主要通过主成分分析法(Ewing et al., 2014)、熵值法(黄永斌等, 2015)和空间回归滞后模型(潘竟虎和文岩, 2013)等,对多个指标进行综合测度。

1.2 城市规模及格局的生态环境影响

城市规模与格局的演变直接或间接地影响城市、区域,甚至全球的生态环境。定量解析城市规模与格局对生态环境的影响,是解决各类城市生态环境问题的前提与基础。本节以城市热岛效应、空气污染和碳排放及能源消耗这三个城市生态学研究关注的热点问题为例,重点从研究内容和研究方法两个方面,梳理并总结国内外关于城市规模与格局的生态环境效应相关研究的特点。

1.2.1 城市规模与格局的热岛效应

城市热岛效应是指城市内部温度(气温和地表温度)高于郊区的现象(Oke, 1982; Phelan et al., 2015)。已有的研究显示,随着城市规模(包括人口规模和城市用地规模)的增加,热岛效应(包括气温和地表温度)变得更为显著(Oke, 1973; Zeng et al., 2009; Yang et al., 2013; Tan and Li, 2015; Hu et al., 2017)。已有的研究发现,城市人口规模与热岛效应呈线性关系,并且部分线性关系存在分段形式(Sakakibara and Matsui, 2005; Van Hove et al., 2011)。例如,一项早期对日本和韩国城市热环境的研究发现,城市热岛效应与城市规模之间的线性关系可分为两个阶段:当城市人口超过 300 000 时,该线性关系趋势增大(Van Hove et al., 2011)。城市人口规模增长导致热岛效应的增强,可能与人口增加过程中能量消耗的增加,以及城市建设用地规模的扩张有关(Li et al., 2017)。同时,城市用地规模的扩大也会导致热岛效应的增强(Imhoff et al., 2010; Zhou et al., 2013; Hu et al., 2017)。因为城市的扩张导致大量植被覆盖地表转变为不透水地表,进而可导致地表温度和气温的显著升高。这类研究主要利用遥感数据提取城市不透水地表信息及反演地表温度,通过统计分析定量解析城市规模与地表温度的关系(Imhoff et al., 2010; Zhou et al., 2013)。

城市景观格局,尤其是城市土地覆盖(景观要素)的空间配置对温度的影响,是最近几年的研究热点(Chen et al., 2012; Zhou et al., 2017b; Qian et al., 2018)。大量的研究显示,不仅城市中不同景观要素,如绿地和不透水地表的覆盖比例对城市热环境有显著的影响,景观要素的形状复杂程度、空间分布特征等也有显著的影响(Zhou et al., 2011, 2017b; Thani et al., 2013; Aflaki et al., 2017)。通常,提高城市中绿地覆盖比例和天空可视角,可降低局地温度(Yuan and Chen, 2011; Zhou et al., 2011, 2017b; Chen et al., 2012),而热岛强度在建筑物密集和绿地较少的区域更高(Cardoso et al., 2017)。近年来,综合建筑高度与密度、植被类型和天空可视角等局地格局特征划分的局地微气候区(local climate zone)，为研究城市精细尺度格局对温度的综合影响提供了新的工具(Stewart and Oke, 2012)。

1.2.2　城市规模与格局对空气质量的影响

已有的研究显示，城市人口和用地规模的扩大通常会导致空气污染物的排放增加，加剧空气污染(Lamsal et al., 2013; Han et al., 2014, 2016)。这是因为城市人口和用地规模的扩大通常导致能源消耗的增加，进而增加污染物的排放。城市经济规模对大气污染的影响则较为复杂。一方面，随着经济的发展和人口的聚集，污染物排放强度增加，会加剧空气污染(Hao and Liu, 2016)。另一方面，当城市经济水平发展到一定程度时，较高的人均收入和受教育水平可能使居民有较强的环保意识，如倾向使用较低污染排放的车辆或执行更严格的排放标准，从而缓解城市空气污染(McCarty and Kaza, 2015; Wang et al., 2017b)。

城市格局对空气质量影响的研究主要关注两个方面：① 城市景观要素组成的影响；② 城市形态的影响。第一类研究主要关注城市内部绿地比例对空气质量的影响。研究显示城市绿地对空气质量既有正面的影响，也可能存在负面的效应。一方面，植被对空气污染物具有一定的吸附作用，有助于净化空气。因此，空气质量会随着城市中植被覆盖比例的提高而改善(McCarty and Kaza, 2015)。但另一方面，绿地比例的增加将可能导致某些特定空气污染物浓度的增加，如臭氧(O_3)。因为绿色植物可释放 O_3 生成的前体物，即生物挥发性有机物(biogenic volatile organic compounds, BVOCs)，从而可能加剧 O_3 污染(McCarty and Kaza, 2015)。

第二类研究主要从城市的蔓延和紧凑的角度，探讨城市的空间形态对空气污染程度和空气污染人口暴露的影响(De Ridder et al., 2008; Stone et al., 2009; Hixson et al., 2012)。大量的研究显示，紧凑型城市的空气污染程度相对较低。这是因为紧凑型城市通勤距离较短，且以公共交通为主，通勤所需的能源消耗量较小，从而较大程度降低了空气污染物的排放量(De Ridder et al., 2008; Stone, 2008; Kahyaoglu-Koracin et al., 2009; Stone et al., 2009; Bechle et al., 2011)。然而，从空气污染人口暴露方面来考虑，紧凑型城市的人口暴露风险更高。这是因为紧凑型城市人口居住较为集中，人口密度高，且大量人口分布在离道路等污染源较近的区域，导致暴露风险的提高(Hixson et al., 2010, 2012; Schweitzer and Zhou, 2010; Echenique et al., 2012; Martins, 2012)。

1.2.3　城市规模与格局对碳排放量的影响

城市规模决定着生产和消费的规模，进而影响工业和生活碳排放量(Diakoulaki et al., 2006; 王桂新和武俊奎, 2012)。由于城市是人口、产业和能耗高度聚集的区域，所以城市规模对碳排放的影响研究集中于探讨人口规模和经济规模的影响。人口的增长促使生产和生活中的碳排放增多(Knapp and Mookerjee, 1996)。但随着城市的发展，绿色消费在一定程度上提高了能源利用效率,因此人口规模增长并不意味着碳排放总量一定增长。所以,从提高碳排放效率的角度来看,理论上应存在对碳排放最有利的城市人口规模(Capello and Camagni, 2000)。经济规模对碳排放的影响也具有双面性。一方面,第二产业的发展直接导致了工业碳排放量的增加(Coondoo and Dinda, 2002; Soytas and Sari, 2009)。而另一方面,经济较发达的城市,第三产业比重较大,具有明显高碳排特征的工业(如电力、热力生产等)较少,因此在很大程度上减少了边际碳排放量(Talukdar and Meisner, 2001; Zhang and Cheng, 2009)。

城市空间形态对碳排放的影响研究重点关注城市紧凑度、蔓延度和人口密度等特征对交通和生活碳排放的影响(Stone et al., 2010; Hamidi et al., 2015; 郑金铃, 2016)。城市空间结构的演变决定生产和消费的方式,进而影响城市能源消耗量和能源利用效率。城市紧凑度对交通碳排放影响显著。首先,城市建成区的紧凑度越高,交通碳排放量越低;蔓延度指数越大,碳排放总量越大(Breheny, 1995; Stone et al., 2010; Hamidi et al., 2015)。其次,较高的密度(如人口、建筑和经济活动)、混合的土地利用以及紧凑的空间形态能够减少居民的出行距离和需求,以及新建大型基础设施的需求,进而可减少生活碳排放量(郑金铃, 2016)。此外,紧凑的产业分布可提高工业生产活动中的能源利用效率和碳排放效率(Ciccone and Hall, 1993)。

1.3 城市规模及格局对生态环境影响研究的挑战与展望

城市化是我国未来较长一段时间内的发展趋势,如何减小城市发展过程中城市规模扩大与格局的变化对生态环境的影响,是城市生态学家、城市规划与管理者和公众关注的热点问题。目前,城市规模与格局的生态环境效应研究已得到广泛关注,并开展了大量的工作,但在以下几个方面仍存在一些挑战且需加强研究。

(1) 城市规模与格局的量化指标和方法差异较大,缺乏一致性,使得不同城市的研究结果可比性不强

城市的定义及其边界的界定存在不一致的问题,这使已有的研究结果难以进行比较。不同地区城市的规模与形态各异,已有研究使用不同的方法与规则识别城市,尚未有公认的“城市区域”定义或界定方法(Pickett and Zhou, 2015; Aubrecht et al., 2016; Klotz et al., 2016)。这一定义与方法上的局限使得不同城市间的研究结果难以比较,或对比难以得出一般性的通用结论。实际上,城市与其周边区域不仅在资源、社会和经济等各方面存在千丝万缕的联系,空间上也可能表现出无明显“城-乡”二元结构的形式。这使“城市区域”本身成为一个相对的概念,为城市边界的确定带来一定难度(Tacoli, 2003; McDonnell et al.,

2008; Mayer et al., 2016)。近期,一些新的概念和研究框架,如城乡连续体(continuum of urbanity)(Pickett and Zhou, 2015)和遥相关(teleconnection)(Seto et al., 2012),通过联系的观点来考虑城市系统,这为城市的研究提供了新的研究思路。

城市规模与格局的定量表征,缺乏较为统一的空间指标,这也使得城市间的对比较困难。目前,城市规模与格局的定量化研究已发展出大量指标,但众多指标中含义统一且通用指标相对较少。以城市紧凑度和蔓延度为例,研究可从不同的维度定义城市紧凑和蔓延,因此所选取的量化指标也不尽相同。加之,数据可获取性和指标计算方法差别较大,使得不同的研究结果与结论难以进行比较。同一研究区,采用不同维度的量化指标将可能产生差异性的结果(Ewing et al., 2003; Zhou et al., 2017a)。不同研究区,因地区城市发展模式不同,采用同一指标量化并进行比较时,也可能产生不恰当的结果(Yokohari et al., 2000; Burgess and Jenks, 2002)。因此,从多个城市可比性的角度考虑,如何选择或发展合适的、可用于不同城市比较的指标来定量刻画城市规模与格局,依然面临诸多挑战。

(2) 城市规模与格局的生态环境效应的相关研究主要关注城市规模或格局指标与生态环境指标间的统计关系,缺乏对机制机理的探讨

以城市热岛效应研究为例,大量的研究主要通过分析城市景观格局与地表温度和气温的统计关系,探讨城市景观格局的热岛效应。如城市绿地和不透水地表的覆盖比例与地表温度的统计关系,城市绿地斑块的空间构型(包括斑块破碎化程度、斑块大小与形状和斑块的空间邻近关系等)与地表温度或气温间的统计关系。研究获得的统计结果并不完全一致,可能既与地表温度和气温时空异质性高、易受人为和气象因素影响的特征有关(Saaroni et al., 2000; Arnfield, 2003; Ramamurthy and Sangobanwo, 2016),也受到研究中所采用的统计分析方法和格局指标不同的影响。因此,十分有必要从机制机理上,探讨城市景观格局的热岛效应。目前,从能量平衡过程而非从温度的角度出发,通过实测与模型模拟相结合的方式,揭示能量平衡过程与机理,将有助于从机理上探讨城市景观格局的热岛效应。

(3) 城市规模与格局的生态环境效应急需开展综合性的研究

城市规模与格局会同时影响多种生态过程,如地表的能量平衡、能源的消耗和空气污染物的排放与扩散等,而且这些生态过程往往存在直接或者间接的联系。例如,城市热岛效应改变了城市系统的温度、湿度等,进而可能导致空气污染物的产生。随着温度升高,一次空气污染物,如二氧化氮(NO_2)浓度提高,二次空气污染物,如臭氧(O_3)浓度也相应提高(Rozenfeld et al., 2008; Amos et al., 2010)。空气污染物浓度的提高,将可能进一步影响城市的热岛效应(Cao et al., 2016)。而城市热岛效应的加剧会影响污染物的扩散,如高温天气常伴随高气

压、停滞的环流,进而抑制空气污染物在垂直方向上的扩散(Fallmann et al., 2016)。目前,城市规模与格局的生态环境效应方面的大量研究主要关注某一类生态环境问题,缺乏对于不同生态环境问题彼此之间的相互作用和反馈机制的研究。未来的工作急需加强这一部分的研究,从而更好地实现多种生态环境问题的协同解决。

综上,城市规模与格局的生态环境效应研究,无论是规模与格局的定量表征,还是规模与格局对生态环境的影响研究,仍存在诸多挑战。首先,城市是复杂的自然-社会-经济复合系统,定量表征城市规模与格局需要综合考虑城市自然与社会特征,发展统一的城市边界确定方法和一致的格局度量方法与指标,从而使不同城市的相关研究具有可比性。其次,城市规模与格局对生态环境的影响,不仅需要探讨相关指标间的统计关系,更需要探讨其内在的机制机理,以及不同效应之间的相互作用和反馈。因此,在未来的研究中,需要综合多学科理论方法,从机制和机理角度加强城市规模与格局的生态环境效应的研究。

致谢

本研究得到了国家自然基金面上项目(41371197,41771203)和优秀青年基金项目(41422104)、中国科学院前沿科学重点研究项目(QYZDB-SSW-DQC034)的支持。

参考文献

陈红霞. 2012. 土地集约利用背景下城市人口规模效益与经济规模效益的评价. 地理研究, 31(10): 1887-1894.

陈利顶, 孙然好, 刘海莲. 2013. 城市景观格局演变的生态环境效应研究进展. 生态学报, 33(4): 1042-1050.

宫继萍, 胡远满, 刘淼, 常禹, 布仁仓, 熊在平, 李春林. 2015. 城市景观三维扩展及其大气环境效应综述. 生态学杂志, 34(3):562-570.

顾朝林, 庞海峰. 2009. 建国以来国家城市化空间过程研究. 地理科学, 29(1): 10-14.

胡德勇, 李京, 陈云浩, 张兵, 彭光雄. 2006. 基于多时相 Landsat 数据的城市扩张及其驱动力分析. 国土资源遥感, 4: 46-49, 54.

黄永斌, 董锁成, 白永平. 2015. 中国城市紧凑度与城市效率关系的时空特征. 中国人口·资源与环境, 25(3):64-73.

李琳, 黄昕珮. 2012. 基于"紧凑"内涵解读的紧凑度量与评价研究——"紧凑度"概念体系与指标体系的构建. 国际城市规划, 27(1): 33-43.

李亚婷, 潘少奇, 苗长虹. 2014. 中国县域人均粮食占有量的时空格局——基于户籍人口和常住人口的对比分析. 地理学报, 69(12): 1753-1766.

刘涛，曹广忠. 2012. 城市规模的空间聚散与中心城市影响力——基于中国 637 个城市空间自相关的实证. 地理研究，31(7)：1317-1327.

吕宪军，王梅. 2006. 行政区划调整与城市扩张研究——以南京市为例. 现代城市研究，1：67-72.

马丽，金凤君. 2011. 中国城市化发展的紧凑度评价分析. 地理科学进展，30(8)：1014-1020.

马世骏，王如松. 1984. 社会-经济-自然复合生态系统. 生态学报，4(1)：1-9.

马素琳，韩君，杨肃昌. 2016. 城市规模、集聚与空气质量. 中国人口·资源与环境，26(5)：12-21.

潘竟虎，韩文超. 2013. 近 20a 中国省会及以上城市空间形态演变. 自然资源学报，28(3)：470-480.

潘竟虎，文岩. 2013. 中国地级及以上城市紧凑度的综合测度及其空间关联分析. 冰川冻土，35(1)：233-239.

仇江啸，王效科. 2010. 基于高分辨率遥感影像的面向对象城市土地覆被分类比较研究. 遥感技术与应用，25(5)：653-661.

任远，王桂新. 2003. 常住人口迁移与上海城市发展研究. 中国人口科学，5：46-52.

谈明洪，李秀彬，吕昌河. 2003. 我国城市用地扩张的驱动力分析. 经济地理，23(5)：635-639.

王桂新，黄祖宇. 2014. 中国城市人口增长来源构成及其对城市化的贡献：1991—2010. 中国人口科学，2：2-16，126.

王桂新，武俊奎. 2012. 城市规模与空间结构对碳排放的影响. 城市发展研究，19(3)：89-95，112.

王业强. 2012. 倒“U”型城市规模效率曲线及其政策含义——基于中国地级以上城市经济、社会和环境效率的比较研究. 财贸经济，11：127-136.

邬建国. 2007. 景观生态学. 北京：高等教育出版社.

杨立国，周国华. 2010. 怀化城市形态演变特征及影响因素. 地理科学进展，29(5)：627-632.

姚从容. 2012. 人口规模、经济增长与碳排放：经验证据及国际比较. 经济地理，32(3)：138-145.

于涛方. 2012. 中国城市人口流动增长的空间类型及影响因素. 中国人口科学，4：47-58，111-112.

张小飞，王仰麟，李正国，李卫锋，叶敏婷. 2007. 三维城市景观生态研究. 生态学报，27(7)：2972-2982.

郑金铃. 2016. 城市、城市群与居民碳排放——基于紧凑空间形态的研究. 经济与管理，30(1)：89-96.

Aflaki, A., M. Mirnezhad, A. Ghaffarianhoseini, A. Ghaffarianhoseini, H. Omrany, Z. -H. Wang, and H. Akbari. 2017. Urban heat island mitigation strategies: A state-of-the-art review on Kuala Lumpur, Singapore and Hong Kong. Cities, 62: 131-145.

Amos, P., L. Mickley, and D. Jacob. 2010. Correlations between fine particulate matter ($PM_{2.5}$) and meteorological variables in the United States: Implications for the sensitivity of $PM_{2.5}$ to climate change. Atmospheric Environment, 44: 3976-3984.

Arnfield, A. J. 2003. Two decades of urban climate research: A review of turbulence, exchanges of energy and water, and the urban heat island. International Journal of Climatology, 23: 1-26.

Aubrecht, C., R. Gunasekera, J. Ungar, and O. Ishizawa. 2016. Consistent yet adaptive global geospatial identification of urban-rural patterns: The iURBAN model. Remote Sensing of Environment, 187: 230-240.

Batty, M., E. Besussi, and N. Chin. 2003. Traffic, urban growth and suburban sprawl (CASA Working Papers 70). Centre for Advanced Spatial Analysis (UCL): London, U.

Bechle, M. J., D. B. Millet, and J. D. Marshall. 2011. Effects of income and urban form on urban NO_2: Global evidence from satellites. Environmental Science & Technology, 45: 4914-4919.

Breheny, M. 1995. The compact city and transport energy consumption. Transactions of the institute of British Geographers, 20: 81-101.

Burgess, R., and M. Jenks. 2002. Compact Cities: Sustainable Urban Forms for Developing Countries. Routledge.

Cadenasso, M. L., S. T. A. Pickett, and K. Schwarz. 2007. Spatial heterogeneity in urban ecosystems: Reconceptualizing land cover and a framework for classification. Frontiers in Ecology and the Environment, 5: 80-88.

Cao, C., X. Lee, S. Liu, N. Schultz, W. Xiao, M. Zhang, and L. Zhao. 2016. Urban heat islands in China enhanced by haze pollution. Nature Communications, 7: 12509.

Capello, R., and R. Camagni. 2000. Beyond optimal city size: An evaluation of alternative urban growth patterns. Urban Studies, 37: 1479-1496.

Cardoso, R. d. S., L. P. Dorigon, D. C. F. Teixeira, and M. C. d. C. T. Amorim. 2017. Assessment of urban heat islands in small- and mid-sized cities in Brazil. Climate, 5: 14.

Chen, L., E. Ng, X. P. An, C. Ren, M. Lee, U. Wang, and Z. J. He. 2012. Sky view factor analysis of street canyons and its implications for daytime intra-urban air temperature differentials in high-rise, high-density urban areas of Hong Kong: A GIS-based simulation approach. International Journal of Climatology, 32: 121-136.

Ciccone, A., and R. E. Hall. 1993. Productivity and the density of economic activity. National Bureau of Economic Research, 86: 54-70.

Coondoo, D., and S. Dinda. 2002. Causality between income and emission: A country group-specific econometric analysis. Ecological Economics, 40: 351-367.

Couch, C., and J. Karecha. 2006. Controlling urban sprawl: Some experiences from Liverpool. Cities, 23: 353-363.

De Ridder, K., F. Lefebre, S. Adriaensen, U. Arnold, W. Beckroege, C. Bronner, O. Damsgaard, I. Dostal, J. Dufek, and J. Hirsch. 2008. Simulating the impact of urban sprawl on air quality and population exposure in the German Ruhr area. Part II: Development and evaluation of an urban growth scenario. Atmospheric Environment, 42: 7070-7077.

Diakoulaki, D., G. Mavrotas, D. Orkopoulos, and L. Papayannakis. 2006. A bottom-up decomposition analysis of energy-related CO_2 emissions in Greece. Energy, 31: 2638-2651.

Dietzel, C., M. Herold, J. J. Hemphill, and K. C. Clarke. 2005. Spatio-temporal dynamics in California' s central valley: Empirical links to urban theory. International Journal of Geographical Information Science, 19: 175-195.

Echenique, M. H., A. J. Hargreaves, G. Mitchell, and A. Namdeo. 2012. Growing cities sustainably:

Does urban form really matter? Journal of the American Planning Association, 78: 121-137.

Ewing, R. 1997. Is Los Angeles-style sprawl desirable? Journal of the American Planning Association, 63: 107-126.

Ewing, R., and S. Hamidi. 2015. Compactness versus sprawl: A review of recent evidence from the United States. CPL bibliography, 30: 413-432.

Ewing, R., G. Meakins, S. Hamidi, and A. C. Nelson. 2014. Relationship between urban sprawl and physical activity, obesity, and morbidity-update and refinement. Health & Place, 26: 118-126.

Ewing, R., R. Pendall, and D. Chen. 2003. Measuring sprawl and its transportation impacts. Travel Demand and Land Use, 2003: 175-183.

Fallmann, J., R. Forkel and S. Emeis. 2016. Secondary effects of urban heat island mitigation measures on air quality. Atmosphere Environment, 125: 199-211.

Foley, J. A., R. DeFries, G. P. Asner, C. Barford, G. Bonan, S. R. Carpenter, F. S. Chapin, M. T. Coe, G. C. Daily, H. K. Gibbs, J. H. Helkowski, T. Holloway, E. A. Howard, C. J. Kucharik, C. Monfreda, J. A. Patz, I. C. Prentice, N. Ramankutty, and P. K. Snyder. 2005. Global consequences of land use. Science, 309: 570-574.

Forman, R. T. T. 2014. Uran Ecology: Science of Cities. Cambridge University Press, Cambridge, New York.

Gál, T., and J. Unger. 2009. Detection of ventilation paths using high-resolution roughness parameter mapping in a large urban area. Building and Environment, 44: 198-206.

Grimm, N. B., S. H. Faeth, N. E. Golubiewski, C. L. Redman, J. G. Wu, X. M. Bai, and J. M. Briggs. 2008. Global change and the ecology of cities. Science, 319: 756-760.

Hamidi, S., R. Ewing, I. Preuss, and A. Dodds. 2015. Measuring sprawl and its impacts: An update. Journal of Planning Education and Research, 35: 35-50.

Han, L., W. Zhou, W. Li, and L. Li. 2014. Impact of urbanization level on urban air quality: A case of fine particles($PM_{2.5}$) in Chinese cities. Environmental Pollution, 194: 163-170.

Han, L., W. Zhou, S. T. A. Pickett, W. Li, and L. Li. 2016. An optimum city size? The scaling relationship for urban population and fine particulate($PM_{2.5}$) concentration. Environmental Pollution, 208: 96-101.

Hao, Y., and Y. Liu. 2016. The influential factors of urban $PM_{2.5}$ concentrations in China: A spatial econometric analysis. Journal of Cleaner Production, 112: 1443-1453.

Hixson, M., A. Mahmud, J. L. Hu, S. Bai, D. A. Niemeier, S. L. Handy, S. Y. Gao, J. R. Lund, D. C. Sullivan, and M. J. Kleeman. 2010. Influence of regional development policies and clean technology adoption on future air pollution exposure. Atmospheric Environment, 44: 552-562.

Hixson, M., A. Mahmud, J. L. Hu, and M. J. Kleeman. 2012. Resolving the interactions between population density and air pollution emissions controls in the San Joaquin Valley, USA. Journal of the Air & Waste Management Association, 62: 566-575.

Hu, X., W. Zhou, Y. Qian, and W. Yu. 2017. Urban expansion and local land-cover change both significantly contribute to urban warming, but their relative importance changes over time. Landscape Ecology, 32: 763-780.

Huang, X., A. Schneider, and M. A. Friedl. 2016. Mapping sub-pixel urban expansion in China using MODIS and DMSP/OLS nighttime lights. Remote Sensing of Environment, 175: 92-108.

Imhoff, M. L., W. T. Lawrence, D. C. Stutzer, and C. D. Elvidge. 1997. A technique for using composite DMSP/OLS "city lights" satellite data to map urban area. Remote Sensing of Environment, 61: 361-370.

Imhoff, M. L., P. Zhang, R. E. Wolfe, and L. Bounoua. 2010. Remote sensing of the urban heat island effect across biomes in the continental USA. Remote Sensing of Environment, 114: 504-513.

Jat, M. K., P. K. Garg, and D. Khare. 2008. Monitoring and modelling of urban sprawl using remote sensing and GIS techniques. International Journal of Applied Earth Observation and Geoinformation, 10: 26-43.

Kahyaoglu-Koracin, J., S. D. Bassett, D. A. Mouat, and A. W. Gertler. 2009. Application of a scenario-based modeling system to evaluate the air quality impacts of future growth. Atmospheric Environment, 43: 1021-1028.

Klotz, M., T. Kemper, C. Geiss, T. Esch, and H. Taubenböck. 2016. How good is the map? A multi-scale cross-comparison framework for global settlement layers: Evidence from Central Europe. Remote Sensing of Environment, 178: 191-212.

Knapp, T., and R. Mookerjee. 1996. Population growth and global CO_2 emissions—A secular perspective. Energy Policy, 24: 31-37.

Kuang, W., W. Chi, D. Lu, and Y. Dou. 2014. A comparative analysis of megacity expansions in China and the U. S.: Patterns, rates and driving forces. Landscape and Urban Planning, 132: 121-135.

Lamsal, L. N., R. V. Martin, D. D. Parrish, and N. A. Krotkov. 2013. Scaling relationship for NO_2 pollution and urban population size: A satellite perspective. Environmental Science & Technology, 47: 7855-7861.

Li, C., J. Li, and J. Wu. 2013a. Quantifying the speed, growth modes, and landscape pattern changes of urbanization: A hierarchical patch dynamics approach. Landscape Ecology, 28: 1875-1888.

Li, J., C. Li, F. Zhu, C. Song, and J. Wu. 2013b. Spatiotemporal pattern of urbanization in Shanghai, China between 1989 and 2005. Landscape Ecology, 28: 1545-1565.

Li, X., W. Zhou, and Z. Ouyang. 2013c. Forty years of urban expansion in Beijing: What is the relative importance of physical, socioeconomic, and neighborhood factors? Applied Geography, 38: 1-10.

Li, X., W. Zhou, and Z. Ouyang. 2013d. Relationship between land surface temperature and spatial pattern of greenspace: What are the effects of spatial resolution? Landscape and Urban Planning, 114: 1-8.

Li, X., Y. Zhou, G. R. Asrar, M. Imhoff, and X. Li. 2017. The surface urban heat island response to urban expansion: A panel analysis for the conterminous United States. Science of the Total Environment, 605-606: 426-435.

Luck, M., and J. G. Wu. 2002. A gradient analysis of urban landscape pattern: A case study from the Phoenix metropolitan region, Arizona, USA. Landscape Ecology, 17: 327-339.

Martins, H. 2012. Urban compaction or dispersion? An air quality modelling study. Atmospheric Environment, 54: 60-72.

Mayer, H., A. Habersetzer, and R. Meili. 2016. Rural-urban linkages and sustainable regional development: The role of entrepreneurs in linking peripheries and centers. Sustainability, 8: 745.

McCarty, J., and N. Kaza. 2015. Urban form and air quality in the United States. Landscape and Urban Planning, 139: 168-179.

McDonnell, M. J., and A. K. Hahs. 2008. The use of gradient analysis studies in advancing our understanding of the ecology of urbanizing landscapes: Current status and future directions. Landscape Ecology, 23: 1143-1155.

McDonnell, M. J., S. T. Pickett, P. Groffman, P. Bohlen, R. V. Pouyat, W. C. Zipperer, R. W. Parmelee, M. M. Carreiro, and K. Medley. 2008. Ecosystem Processes Along An Urban-to-Rural Gradient. Urban Ecology. Springer.

Oke, T. R. 1973. City size and the urban heat island. Atmospheric Environment (1967), 7: 769-779.

Oke, T. R. 1982. The energetic basis of the urban heat-island. Quarterly Journal of the Royal Meteorological Society, 108: 1-24.

Phelan, P. E., K. Kaloush, M. Miner, J. Golden, B. Phelan, H. Silva, and R. A. Taylor. 2015. Urban heat island: Mechanisms, implications, and possible remedies. Annual Review of Environment and Resources, 40: 285-307.

Pickett, S. T., and W. Zhou. 2015. Global urbanization as a shifting context for applying ecological science toward the sustainable city. Ecosystem Health and Sustainability, 1: 1-15.

Pickett, S. T. A., M. L. Cadenasso, J. M. Grove, C. G. Boone, P. M. Groffman, E. Irwin, S. S. Kaushal, V. Marshall, B. P. McGrath, C. H. Nilon, R. V. Pouyat, K. Szlavecz, A. Troy, and P. Warren. 2011. Urban ecological systems: Scientific foundations and a decade of progress. Journal of Environmental Management, 92: 331-362.

Qian, Y., W. Zhou, W. Li, and L. Han. 2015. Understanding the dynamic of greenspace in the urbanized area of Beijing based on high resolution satellite images. Urban Forestry & Urban Greening, 14: 39-47.

Qian, Y., W. Zhou, X. Hu, and F. Fu. 2018. The heterogeneity of air temperature in urban residential neighborhoods and its relationship with the surrounding greenspace. Remote Sensing, 10: 965.

Ramamurthy, P., and M. Sangobanwo. 2016. Inter-annual variability in urban heat island intensity over 10 major cities in the United States. Sustainable Cities and Society, 26: 65-75.

Rozenfeld, H., A. Rybski, M. Batty, H. Stanley, and H. Makse, 2008. Laws of population growth. Proceedings of the National Academy of Sciences of the United States of America, 105 (48): 18702.

Saaroni, H., E. Ben-dor, A. Bitan, O. Potchter. 2000. Spatial distribution and microscale characteristics of the urban heat island in Tel-Aviv, Israel. Landscape and Urban Planning, 48: 1-18.

Sakakibara, Y., and E. Matsui. 2005. Relation between heat island intensity and city size indices/urban canopy characteristics in settlements of Nagano Basin, Japan. Geographical Review of

Japan, 78: 812-824.

Schneider, A., and C. M. Mertes. 2014. Expansion and growth in Chinese cities, 1978—2010. Environmental Research Letters, 9: 024008.

Schneider, A., and C. E. Woodcock. 2008. Compact, dispersed, fragmented, extensive? A comparison of urban growth in twenty-five global cities using remotely sensed data, pattern metrics and census information. Urban Studies, 45: 659-692.

Schweitzer, L., and J. Zhou. 2010. Neighborhood air quality, respiratory health, and vulnerable populations in compact and sprawled regions. Journal of the American Planning Association, 76: 363-371.

Seto, K. C., M. Fragkias, B. Guneralp, and M. K. Reilly. 2011. A meta-analysis of global urban land expansion. Plos One, 6(8): e23777.

Seto, K. C., A. Reenberg, C. G. Boone, M. Fragkias, D. Haase, T. Langanke, P. Marcotullio, D. K. Munroe, B. Olah, and D. Simon. 2012. Urban land teleconnections and sustainability. Proceeding of National Academy Sciences of the United States of America, 109: 7687-7692.

Soytas, U., and R. Sari. 2009. Energy consumption, economic growth, and carbon emissions: Challenges faced by an EU candidate member. Ecological Economics, 68: 1667-1675.

Stewart, I. D., and T. R. Oke. 2012. Local climate zones for urban temperature studies. Bulletin of the American Meteorological Society, 93: 1879-1900.

Stone, B. 2008. Urban sprawl and air quality in large US cities. Journal of Environmental Management, 86: 688-698.

Stone, B., J. J. Hess, and H. Frumkin. 2010. Urban form and extreme heat events: Are sprawling cities more vulnerable to climate change than compact cities? Environmental Health Perspectives, 118: 1425-1428.

Stone, B., A. C. Mednick, T. Holloway, and S. N. Spak. 2009. Mobile source CO_2 mitigation through smart growth development and vehicle fleet hybridization. Environmental Science & Technology, 43: 1704-1710.

Sudhira, H., T. Ramachandra, and K. Jagadish. 2004. Urban sprawl: Metrics, dynamics and modelling using GIS. International Journal of Applied Earth Observation and Geoinformation, 5: 29-39.

Tacoli, C. 2003. The links between urban and rural development. Environment & Urbanization, 15: 3-12.

Talukdar, D., and C. M. Meisner. 2001. Does the private sector help or hurt the environment? Evidence from carbon dioxide pollution in developing countries. World Development, 29: 827-840.

Tan, M., and X. Li. 2015. Quantifying the effects of settlement size on urban heat islands in fairly uniform geographic areas. Habitat International, 49: 100-106.

Taubenböck, H., J. Ferstl, and S. Dech. 2017. Regions set in stone—Delimiting and categorizing regions in Europe by settlement patterns derived from EO-data. ISPRS International Journal of Geo-Information, 6: 55.

Thani, S. K. S. O., N. H. N. Mohamad, and S. M. S. Abdullah. 2013. The influence of urban landscape morphology on the temperature distribution of hot-humid urban centre. Procedia-Social and

Behavioral Sciences, 85: 356-367.

Tsai, Y. H. 2005. Quantifying urban form: Compactness versus "sprawl". Urban Studies, 42: 141-161.

Turner, B. L., E. F. Lambin, and A. Reenberg. 2007. The emergence of land change science for global environmental change and sustainability. Proceedings of the National Academy of Sciences of the United States of America, 104: 20666-20671.

UN. 2014. World Urbanization Prospects. The 2014 Revision. New York.

Van Hove, L., G. Steeneveld, C. Jacobs, B. Heusinkveld, J. Elbers, E. Moors, and A. Holtslag. 2011. Exploring the urban heat island intensity of Dutch cities: Assessment based on a literature review, recent meteorological observation and datasets provide by hobby meteorologists. City Weathers: Meteorology and Urban Design. Alterra.

Wang, J., W. Zhou, Y. Qian, W. Li, and L. Han. 2017a. Quantifying and characterizing the dynamics of urban greenspace at the patch level: A new approach using object-based image analysis. Remote Sensing of Environment, 204: 94-108.

Wang, S. J., C. S. Zhou, Z. B. Wang, K. S. Feng, and K. Hubacek. 2017b. The characteristics and drivers of fine particulate matter($PM_{2.5}$) distribution in China. Journal of Cleaner Production, 142: 1800-1809.

Wu, J., G. D. Jenerette, A. Buyantuyev, and C. L. Redman. 2011. Quantifying spatiotemporal patterns of urbanization: The case of the two fastest growing metropolitan regions in the United States. Ecological Complexity, 8: 1-8.

Wu, J. G. 2013. Landscape sustainability science: Ecosystem services and human well-being in changing landscapes. Landscape Ecology, 28: 999-1023.

Yang, P., G. Y. Ren, and W. D. Liu. 2013. Spatial and temporal characteristics of Beijing urban heat island intensity. Journal of Applied Meteorology and Climatology, 52: 1803-1816.

Yokohari, M., K. Takeuchi, T. Watanabe, and S. Yokota. 2000. Beyond greenbelts and zoning: A new planning concept for the environment of Asian mega-cities. Landscape and Urban Planning, 47: 159-171.

Yu W., and W. Zhou. 2017. The spatiotemporal pattern of urban expansion in China: A comparison study of three urban megaregions. Remote Sensing, 9: 45

Yuan, C., and L. Chen. 2011. Mitigating urban heat island effects in high-density cities based on sky view factor and urban morphological understanding: A study of Hong Kong. Architectural Science Review, 54: 305-315.

Zeng, Y., X. F. Qiu, L. H. Gu, Y. J. He, and K. F. Wang. 2009. The urban heat island in Nanjing. Quaternary International, 208: 38-43.

Zhang, X. P., and X. M. Cheng. 2009. Energy consumption, carbon emissions, and economic growth in China. Ecological Economics, 68: 2706-2712.

Zhao, S., D. Zhou, C. Zhu, W. Qu, J. Zhao, Y. Sun, D. Huang, W. Wu, and S. Liu. 2015. Rates and patterns of urban expansion in China's 32 major cities over the past three decades. Landscape Ecology, 30: 1541-1559.

Zhou, B., D. Rybski, and J. P. Kropp. 2013. On the statistics of urban heat island intensity. Geophysical Research Letters, 40: 5486-5491.

Zhou, W., G. Huang, and M. L. Cadenasso. 2011. Does spatial configuration matter? Understanding the effects of land cover pattern on land surface temperature in urban landscapes. Landscape and Urban Planning, 102: 54-63.

Zhou, W., M. Jiao, W. Yu, and J. Wang. 2017a. Urban sprawl in a megaregion: A multiple spatial and temporal perspective. Ecological Indicators, 96: 54-66.

Zhou, W., and A. Troy. 2008. An object-oriented approach for analysing and characterizing urban landscape at the parcel level. International Journal of Remote Sensing, 29: 3119-3135.

Zhou, W., J. Wang, and M. L. Cadenasso. 2017b. Effects of the spatial configuration of trees on urban heat mitigation: A comparative study. Remote Sensing of Environment, 195: 1-12.

Zhou, W., M. L. Cadenasso, K. Schwarz, and S. T. A. Pickett. 2014a. Quantifying spatial heterogeneity in urban landscapes: Integrating visual interpretation and object-based classification. Remote Sensing, 6: 3369-3386.

Zhou, W., S. T. A. Pickett, and M. L. Cadenasso. 2017c. Shifting concepts of urban spatial heterogeneity and their implications for sustainability. Landscape Ecology, 32: 15-30.

Zhou, W., Y. Qian, X. Li, W. Li, and L. Han. 2014b. Relationships between land cover and the surface urban heat island: Seasonal variability and effects of spatial and thematic resolution of land cover data on predicting land surface temperatures. Landscape Ecology, 29: 153-167.

Zhou, W., A. Troy, and J. M. Grove. 2008. Object-based land cover classification and change analysis in the Baltimore metropolitan area using multitemporal high resolution remote sensing data. Sensors, 8: 1613-1636.

健康地理学:解决城市生态学挑战的一个新视角

贾鹏[1][2]

摘　　要

城市生态学将城市视为一个由内在过程将各个组成部分结合在一起的有机体,研究其形态结构与各组分之间的关系,即人与地域空间的互动关系,旨在提高人类福祉。随着城市环境问题的日益严峻,城市生态学现如今已成为全球变化背景下的焦点。健康地理学是一门研究人群健康状况的空间模式及其与环境因素之间关系的交叉学科,具有广泛的研究范畴和方法,为城市生态学提供了新的研究思路和范式。本章分四个部分,第一部分以肥胖(若干慢性病的主要高危因素)研究为例,对健康地理学的产生与发展,以及与多学科的交叉方式进行了论述。第二部分介绍了健康地理学领域内一些主要的研究方法和技术。第三部分回顾了《生态与进化前沿》期刊"城市生态"专栏的主编提出的当前城市生态学研究面临的三大挑战,即发展新的建成环境科学,解释城市环境与人类福祉在不同区域和背景下的关系,以及将生态学融入城市规划设计中,并举例如何应用健康地理学研究方法来应对这些重要挑战,旨在为生态学者提供新的设计交叉学科实验和研究的思路。最后一部分通过简单介绍近些年来全球发起的几起有关健康的倡议以及健康地理学在其中的应用,展望了健康地理学在未来十几年的发展前景。

① 香港理工大学,香港, 中国;

② 空间全生命周期流行病学研究中心。

Abstract

Urban ecology regards the city as an organism that integrates various components by internal processes, and studies the relationship between its morphological structure and its components, i. e., the interaction between humans and environments, thereby enhancing human well-being. With the increasingly serious urban environmental problems, urban ecology has now become the focus of global changes. Health geography is an interdisciplinary area that studies spatial patterns of human health and their relationship with environmental factors. It has a wide range of research areas and mixed methods and provides new research questions and paradigms for urban ecology. This chapter consists of four parts. The first part, using obesity (a common risk factor for many chronic diseases) research as a concrete example, briefly reviews the emergence and development of health geography and introduces how health geography relates to other disciplines. The second part introduces some of the major methods and technologies used in health geography research. The third part reviews the three major challenges facing the current research of urban ecology, proposed by the editor of "Urban Ecology" column in the journal *Frontiers in Ecology and Evolution*, namely developing the science of the built environment, understanding the relationship between urban environment and human well-being, and applying ecology in the practice of urban planning and design. Also, the third part exemplifies how to apply health geography research methods to solve these important challenges, with the aim to provide ecologists with new ideas for designing interdisciplinary experiments and research. The last part introduces some recent global health initiatives and how health geography has been applied in those initiatives, and discusses about prospects of development of health geography in the coming decade.

引言

健康地理学(health geography)是一门研究人群健康状况的空间模式及其与环境因素之间关系的新兴学科。该学科最初聚焦于人群疾病的地理分布以及疾病发生和流行与地理环境之间的关系,又称医学地理学(medical geography)。随后"医学"的概念逐渐被扩大为"健康",焦点由疾病扩展为更广泛的健康状况,或称公共卫生(public health)问题,这样就囊括了很多聚焦于慢性病致病高危因素(risk factor)的研究。譬如,肥胖症(obesity)过去常被认为是体重失衡,仅影响一个人的外观形态,而世界卫生组织(World Health Organization,WHO)于 1997

年在日内瓦召开的首届全球肥胖大会上明确指出,“肥胖本身就是一种疾病”。美国医学会也于 2013 年表决通过了肥胖症完全符合疾病三个基本条件的提案,即肥胖症具备特有的症状、导致身体多个功能受损,以及与多种并发症直接相关(Mokdad et al., 2003)。然而,来自另一方的意见则反驳,致病高危因素并不等于疾病,因为两者完全可能各自独立发生,譬如,尽管肥胖人群患糖尿病的风险高于正常体型人群,但并不是所有肥胖症患者都患有糖尿病,也不是所有糖尿病患者都为肥胖人群(Katz, 2014)。实际上,疾病的定义也会影响患病与否。WHO 和国际肥胖工作组(International Obesity Task Force,IOTF)将成人体质指数(body mass index, BMI, 是用体重公斤数除以身高平方数得出的数字)超过 30 $kg\cdot m^{-2}$定义为肥胖症,中国则将成人 BMI 超过 28 $kg\cdot m^{-2}$定义为肥胖症。其他疾病和症状亦如此,例如,2013 年改变测量糖化血红蛋白(又称糖化血红素,hemoglobin A_{1c})的方法,导致了人群糖尿病患病率估计与 2010 年有较大出入。2010 年糖尿病和糖尿病早期患病率分别为 11.6%和 50.1%,2013 年则分别为 10.9%和 35.7%(Wang et al., 2017)。关于致病高危因素是否就是疾病的争议仍旧不断,而健康地理学就是为改善人类健康和增强人类福祉应运而生的学科。因此,不论致病高危因素与疾病本身的关联性如何,二者都应属于健康地理学的研究范畴。

2.1 健康地理学与其他学科的联系

健康地理学,顾名思义,是地理学和公共卫生领域的交叉学科。在公共卫生领域,健康地理学又被称为空间流行病学(spatial epidemiology)。流行病学(epidemiology)是公共卫生领域的基础和重要组成部分,主要研究特定人群中疾病、健康状况的分布及其决定因素,以及防治疾病及促进健康的策略和措施的科学(Jia, 2019)。而肥胖症等致病高危因素一直是传统流行病学调查的重要对象之一,这也从另一个角度论证了将医学地理学更名为健康地理学,从而扩大其研究范畴的必要性。除了引起糖尿病、心脏病等并发疾病的可能性,肥胖症还有很多社会和心理上负面的影响,譬如学校欺辱事件,同龄人的歧视等,这些都对儿童成长过程中的精神健康状况有不利的影响(Mamun et al., 2013; Janssen et al., 2004)。一些研究还表明,肥胖儿童在校期间的缺勤率高于正常体重儿童,从而能够影响儿童的在校表现和学习成绩(Taras and Potts-Datema, 2005)。这些肥胖症在社会学和心理学范畴下的影响,使得健康地理学中“地理”的概念也被逐渐延伸,由最初的地理因素,到更广阔的环境因素,再到整个自然、生物和地球人文社会环境因素。所有这些因素都被论证为影响人类健康的重要因素(即健康的社会环境也是促进人类健康的一剂良药),因此健康地理学与社会医学(social medicine)之间产生了密不可分的联系。

近二十年来,全球城市化迅速发展,截至2015年,全球有超过54%的人口居住在城市区域,城区人口数超过1 000万的超大城市从1990年的10个上升至28个。随着城市环境问题的日益严峻,城市生态学(urban ecology)正在得到越来越多的重视,现如今已成为全球变化背景下的焦点。城市生态学将生态学(ecology)——研究生物(人类、动物、植物、微生物)与其环境之间的相互关系的科学原理引入城市研究,将城市视为一个通过内在过程将各个组成部分结合在一起的有机体,进而研究其形态结构与各组分之间的关系,包括能量流动、物质代谢、信息流通、人为活动等,即人与地域空间的互动关系,从而认识整个社会生态系统(Pickett et al., 2016)。该学科随后受到了在联合国教科文组织的支持下于1971年在法国巴黎成立的人与生物圈计划(Man and Biosphere Programme, MAB),以及在美国国家基金委员会的支持下于1993年在美国科罗拉多州成立的国际长期生态研究网络(International Long Term Ecological Research Network, ILTER)的大力推动。人类是城市的主体,健康是永恒的主题,城市也是为了增强人类的福祉而建造的(Pataki, 2015)。因此,主要目标是研究城市居民健康与城市环境之间相互关系的城市生态学,也可被看作是一门城市健康学(urban health),或是健康地理学(health geography)在城市区域的研究范畴。此外,城市生态学还将为城市生态文明(ecological civilization)制度的建立和完善提供科学决策依据(Frazier et al., 2019)。

健康地理学和可持续发展更是具有密不可分的联系,尤其与景观可持续科学(landscape sustainability science)更具有紧密的关联。景观可持续科学的核心内容是景观格局、景观服务以及人类福祉,其核心任务是理解三者各自的生态、环境、经济及社会驱动因素,以及三者之间的动态关系,从而提高人类福祉(赵文武和房学宁, 2014)。而景观格局和服务在不同的地区会对生活在景观中人类的行为、健康和满足感产生何等影响,都需要严密构思、精细设计的健康地理学研究来证实,并通过系统综述(systematic review)和整合分析(meta-analysis)等文献综述方法来整合零散的证据,以获取更加确凿的证据,从而更好地指导景观设计,做到因地制宜。

2.2 健康地理学提供新的研究方法

传统的地理学方法在健康领域的应用大多局限于研究区域尺度上的疾病患病率和发病率等,然而,即使在小区域范围内,个体之间的差异会在很大程度上混淆区域尺度上得出的结论。譬如,一个居民区内很有可能居住着经济和健康水平相差甚远的居民。通过与流行病学日渐深入的结合,很多健康地理学的研究问题和结论已经细化到了个人层面。健康地理学也为传统的流行病学研究提供了新的研究范式以及更为广阔的研究范围和方法。譬如,传统流行病学主要关注肥胖症在区域尺度上的患病率,并研究在个人尺度上饮食行为(dietary behavior)与体力活动(physical activity)等生活习惯对肥胖症形成的影响。而空间流行病学将肥胖症决定因素的范围扩大到了空间因素(spatial factor),探寻更深层的可能有助于形成不健康生活习惯的环境因素,譬如食品环境(food environment)与建成环境(built environment),二者已被众多研究发现可能影响着饮食习惯与体力活动的形成与发生(Jia et al., 2017a)。

环境因素的引入,为空间技术、设备、数据及方法在流行病学中的应用提供了切入点,相关的技术主要包括地理信息系统(geographic information system, GIS)、遥感(remote sensing, RS)和全球定位系统(global positioning system, GPS)技术。地理信息系统技术过去主要被用来统计可视化疾病的病例、患病率、发病率、致病高危因素等的地理分布(Zhang et al., 2019),以及进行空间聚类和统计分析,现今越来越多地被用来构建环境指标,从而利用统计方法探索这些环境指标与疾病发生之间的相关性及因果关系显著与否(Wang et al., 2019; Jia et al., 2019b)。环境指标主要分为两类:自然环境(natural environment)与建成环境(包括食品环境)。遥感技术为这两类环境指标的构建均提供了丰富的、具有不同时空分辨率的卫星数据资源,在未来健康地理学研究中拥有不可估量的潜力(Jia and Stein, 2017)。全球定位系统技术通常被用来定位被调查对象的地理位置,从而计算其周围缓冲区内的环境参数作为其周边环境,通常使用直线距离缓冲区(straight-line buffer)和基于道路缓冲区(road-network buffer)。然而,这种采用地理信息技术,基于各方向均匀的缓冲区创建的环境指标很少与真实情况相符。可穿戴式定位追踪设备(wearable GPS)可用来测量某一段时间内个体的活动范围(activity space),从而使个体的环境暴露估计更为准确。除此以外,越来越多的辅助这些技术实现个人高级行为属性测量的设备等也逐渐投入小范围试验使用,譬如手机嵌入式的定位系统和加速度传感器(accelerometer),已经被广泛用来测量体力活动的类型与强度,从而推断个体运动轨迹以及个体与周围环境的实际交互情况(Almanza et al., 2012)。

除了空间环境因素,许多现代设备、家长的工作模式、家庭教育方式,以及学校政策等非空间因素(non-spatial factor)也会改变个人生活习惯。譬如,电视、网络、iPad、计算机和手机游戏等休闲娱乐方式养成了儿童的久坐习惯(sedentary behavior)(Rey-Lopez et al., 2008; Marshall et al., 2004);家长尤其女性平均工作时间和强度的增加,使得他们在家做饭或陪孩子一起在家吃饭的频率显著降低,从而导致孩子饮食不规律以及因此在外吃快餐(譬如油炸或其他类型不健康食品)的次数增多(Li et al., 2017);对校内食品商店和校园周围小吃摊允许售卖的食品类型有规定的学校学生,相比于那些在对校内食品商店和校园周围小吃摊缺乏管控的学校的同龄人,会平均消耗更少的含糖饮料和快餐食品,以及拥有显著较低的患肥胖症概率(Jia et al., 2017b)。这些非空间因素与不健康生活方式和行为习惯之间的关系,还会受到空间环境因素的调节(moderator),增加诱发慢性病的概率。譬如,在快餐店较多的社区里居住或上学的儿童在外吃饭选择快餐的概率会远远高于那些在缺乏快餐店的社区里居住或上学的儿童。通过考虑这些可以解释饮食习惯和体力活动的空间因素以及它们与非空间因素的交互,使得饮食习惯和体力活动从传统流行病学研究中的自变量转变为因变量角色,以及成为路径分析(pathway analysis)中位于环境因素与肥胖症之间的中介变量(mediator),这就为解释环境因素与肥胖症之间相关性尤其因果性的机理提供了有力的证据。鉴于这些可能诱发慢性病的不健康生活方式和行为习惯的养成与周围环境有着密不可分的联系,它们也理所当然成为健康地理学研究的焦点。

2.3 从健康地理学角度看待城市生态学挑战

《生态与进化前沿》(*Frontiers in Ecology and Evolution*)期刊“城市生态”专栏的主编提出了城市生态学研究当前面临的三大挑战:发展建成环境科学,城市环境与人类福祉,以及将生态学融入城市规划设计中(Pataki, 2015)。健康地理学研究方法,尤其那些来自统计学和地理学的经典方法,可以为解决这些重要挑战提供新的思路。

2.3.1 发展新的建成环境科学

城市通常被描述为一个全新的、在自然界中很难找到类似的生态系统,其中包含着很多独特的微环境和生物组合(从零星的自然生态系统到完全的人工建成环境),因此,其定义和内涵以及在多大程度上能够应用传统生态学理论来研究城市建成环境生态系统仍存在争议。我们在对生态系统结构和功能的认识方面已经有了很大的进步,但对于城市生态系统的结构和功能的认识尚不足,对城市生态系统的生物多样性、群落结构以及物质和能量循环和流动的认识也都存在有很大的不确定性。而且,以非生物组分(混凝土、沥青等)为主体的建成环境对大尺度的生态环境功能以及人类健康的影响是未知的。回答这些问题需要收集大量的数据和发展严谨的概念和理论框架。因此,我们急需发展一套新的建成环境科学,借助健康地理学中来自统计学和地理学的经典方法,结合生态建模方法,来探索、分析建成环境下新的问题。譬如,路径分析可以用来探索造成我们在建成环境中观测到的生物组合和生物多样性的过程是什么,交互项(interaction term)可用来探索建成环境中生态系统的结构和功能如何相互作用,调节变量和分层分析(stratified analysis)可以用来回答城市生态系统的结构和功能如何受环境和社会的影响等。

2.3.2 解释城市环境与人类福祉在不同区域和背景下的关系

城市是为了增强人类福祉而建造的,而生态系统通过提供供给、调节、文化和支持等服务保障人类福祉。然而当前在关键的时空尺度上,生态系统服务和人类福祉的关系在自然生态系统中仍然不确定,尤其在城市生态系统中这种不确定性更严重。我们甚至不确定许多人类为实现特定目的而建造的城市景观对自身福祉的影响。譬如,尽管我们知道城市植被对居民健康有正面效应(加速康复和减压,增加户外运动和认知能力),但我们并不清楚它们之间确切的机制,以及这些正面效应来自何种植物及植物的哪些方面。准确地阐述这一关系及其机制是未来的重要挑战之一。提出的几个具体问题包括:是否某些动植物能够使人身心更加受益?生物的种类和数量是否重要?公共绿地和私家花园的不同配置是否对居民健康有影响?城市人口密度猛增导致的私家绿地减少是否产生意料之外的负面效应?城市里集中的公共绿地是否可以补偿这些负面效应?健康地理学中流行病实验设计方法可以帮助回答这些问题,譬如,干预实验(intervention trial)可被设计用来回答是否某些动植物能够使人身心显著受益。一些研究表明,对城市生物多样性的感知比自然的生物多样性产生了与健康更大的关联性。而且,城市生态系统取代自然生态系统也伴随着很多代价和负面效应,又称"负向生态系统服务",包括经济损失、资源耗尽、环境污染、生物多样性丧失以及负面健康效应,而这些研究当前尚不足。这些导致了一个持久的问题:如何将不同生态系统正向和负向服务之间的折中最优化,从而产生我们想要的健康效应?这些问题的答案是将城市生态系统转换为实践的关键,因此需要精心设计跨城市、跨区域、跨人群的人与环境交互的研究来回答。

2.3.3　将生态学融入城市规划设计中

由于我们尚不清楚在建成环境中生态系统组分之间的复杂交互过程以及城市生态系统与人类健康的关联,城市化过程导致了许多不曾预料到的结果。由联合国发起的千年生态系统评估(Millennium Ecosystem Assessment)指出,在复杂的城市生态系统中,增强某一类型生态系统服务的同时,往往会无意之中减弱其他生态系统服务。譬如,当今城市最大的空气污染源内燃机,在一个世纪之前曾被看作是解决由马和马车引起的公共卫生问题的有效方案。随着城市的发展,即便是增强生态系统服务功能的绿色解决方案,当它们被大规模实施时,也可能导致不可预知的影响。为了避免或减弱这些未知的影响,我们需要对城市生态与规划、设计、管理城市的实践之间的关系进行细致的研究。从科学的角度来看,对城市功能的系统理解需要将相关的多方人士纳入这一过程,譬如政治学家、社会学家以及政策制定者。从转化角度来看,将城市生态系统科学更加迅速地投入实践,则需要生态学家为规划过程发展和共享研究问题,提供强有力的工具、具有地区特性的生态数据以及科学合理的景观设计方案。健康地理学的定量研究方法,譬如多水平回归分析,可被用来在控制城市生态环境中其他组分的条件下,研究某一种或多种感兴趣的组分对人类行为和健康的影响(Jia et al., 2019c, 2019d),从而为城市生态规划设计提供证据,也可称作循证城市规划

(evidence-based urban planning)。

2.4 结语

健康地理学研究在过去十年期间经历了突飞猛进式的增长,除了研究内容从疾病扩展到健康与福祉,健康地理学的研究尺度也已经从个体和人群健康扩展到社区、地区、国家(譬如“健康中国 2030”),乃至星球健康(Whitmee et al., 2015; Horton et al., 2014)。“一个健康”(one health)概念的提出,将人体健康(human health)、动物健康(animal health)和环境健康(environment health)整合到了一个框架中,更是为应对城市生态学研究当前面临的挑战提出了新的思路和研究方法。而丰富的多时相、多尺度遥感数据为这一框架提供了强有力的支持,能够帮助研究者在不同尺度下长期捕捉和描述个体周围的环境,推断个体在每个阶段以哪些特有的方式与其周围特定的环境因素进行交互,并通过与个人健康调查数据进一步相结合,提出更多仅凭调查问卷数据或环境数据无法研究甚至无法提出的假设,以及解释更多相关性和因果关系之下的原因和机理(Jia et al., 2019a)。

健康地理学方法也被应用于衡量一些全球健康项目的进展,譬如联合国的千年发展目标(millennium development goal)和当下的可持续发展目标(sustainable development goal)(Jia et al., 2016);以及帮助完善全球健康项目的设计,实现低成本高效益,譬如遥感和地理信息系统已被用来对扩展分布于南方国家(global south)的人口健康监测系统(health and demographic surveillance system)提出选址建议(Jia et al., 2015)。此外,健康地理学还是助力景观可持续科学提高人类福祉的重要方法,是衡量生态文明建设的重要手段。在未来的几十年,健康地理学将会迎来更加广泛的应用和更加深入的研究。

参考文献

赵文武, 房学宁. 2014. 景观可持续性与景观可持续性科学. 生态学报, 34(10): 2453-2459.

Almanza, E., M. Jerrett, G. Dunton, E. Seto, and M. A. Pentz. 2012. A study of community design, greenness, and physical activity in children using satellite, GPS and accelerometer data. Health and Place, 18(1): 46-54.

Frazier, A. E., B. A. Bryan, A. Buyantuev, L. Chen, C. Echeverria, P. Jia, L. Liu, Q. Li, Z. Ouyang, J. Wu, W. Xiang, J. Yang, and L. Yang. 2019. Ecological civilization: Perspectives from landscape ecology and landscape sustainability science. Landscape Ecology, 34(1): 1-8.

Horton, R., R. Beaglehole, R. Bonita, J. Raeburn, M. McKee, and S. Wall. 2014. From public to planetary health: A manifesto. Lancet, 383(9920): 847.

Janssen, I., W. M. Craig, W. F. Boyce, and W. Pickett. 2004. Associations between overweight and obesity with bullying behaviors in school-aged children. Pediatrics, 113(5): 1187-1194.

Jia, P. 2019. Spatial lifecourse epidemiology. The Lancet Planetary Health, 3(2): e57-e59.

Jia, P., J. D. Anderson, M. Leitner, and R. Rheingans. 2016. High-resolution spatial distribution and estimation of access to improved sanitation in Kenya. PLoS One, 11(7): e0158490.

Jia, P., X. Cheng, H. Xue, and Y. Wang. 2017a. Applications of geographic information systems (GIS) data and methods in obesity-related research. Obesity Reviews, 18(4): 400-411.

Jia, P., M. Li, H. Xue, L. Lu, F. Xu, and Y. Wang. 2017b. School environment and policies, child eating behavior and overweight/obesity in urban China: The childhood obesity study in China megacities. International Journal of Obesity, 41(5): 813-819.

Jia, P., O. Sankoh, and A. J. Tatem. 2015. Mapping the environmental and socioeconomic coverage of the INDEPTH international health and demographic surveillance system network. Health and Place, 36: 88-96.

Jia, P., and A. Stein. 2017. Using remote sensing technology to measure environmental determinants of non-communicable diseases. International Journal of Epidemiology, 46(4): 1343-1344.

Jia, P., A. Stein, P. James, R. Brownson, T. Wu, Q. Xiao, L. Wang, C. Sabel, and Y. Wang. 2019a. Earth observation: Understanding non-communicable diseases from space. Annual Review of Public Health, 40: 24. 1-24. 20.

Jia P, H. Xue, L. Yin, A. Stein, M. Wang, and Y. Wang. 2019b. Spatial technologies in obesity research: Current applications and future promise. Trends in Endocrinology and Metabolism, 30(3): 211-223.

Jia P, H. Xue, X. Cheng, and Y. Wang. 2019c. Effects of school neighborhood food environments on childhood obesity at multiple scales: A longitudinal kindergarten cohort study in the USA. BMC Medicine, 17(1): 99-99.

Jia P, H. Xue, X. Cheng, Y. Wang, and Y. Wang. 2019d. Association of neighborhood built environments with childhood obesity: Evidence from a 9-year longitudinal, nationally representative survey in the US. Environment International, 128: 158-164.

Katz, D. L. 2014. Perspective: Obesity is not a disease. Nature, 508(7496): S57.

Li, M., H. Xue, P. Jia, Y. Zhao, Z. Wang, F. Xu, and Y. Wang. 2017. Pocket money, eating behaviors, and weight status among Chinese children: The Childhood Obesity Study in China mega-cities. Preventive Medicine, 100: 208-215.

Mamun, A. A., M. J. O'Callaghan, G. M. Williams, and J. M. Najman. 2013. Adolescents bullying and young adults body mass index and obesity: A longitudinal study. International Journal of Obesity, 37(8): 1140-1146.

Marshall, S. J., S. J. Biddle, T. Gorely, N. Cameron, and I. Murdey. 2004. Relationships between media use, body fatness and physical activity in children and youth: A meta-analysis. International Journal of Obesity and Related Metabolic Disorders, 28(10): 1238-1246.

Mokdad, A. H., E. S. Ford, B. A. Bowman, W. H. Dietz, F. Vinicor, V. S. Bales, and J. S. Marks. 2003. Prevalence of obesity, diabetes, and obesity-related health risk factors, 2001. The Journal of the American Medical Association, 289(1): 76-79.

Pataki, D. E. 2015. Grand challenges in urban ecology. Frontiers in Ecology and Evolution, 3: 57.

Pickett, S. T., M. L. Cadenasso, D. L. Childers, M. J. McDonnell, and W. Zhou. 2016. Evolution and future of urban ecological science: Ecology in, of, and for the city. Ecosystem Health and Sustainability, 2(7): e01229.

Rey-Lopez, J. P., G. Vicente-Rodriguez, M. Biosca, and L. A. Moreno. 2008. Sedentary behaviour and obesity development in children and adolescents. Nutrition, Metabolism and Cardiovascular Diseases, 18(3): 242-251.

Taras, H., and W. Potts-Datema. 2005. Obesity and student performance at school. Journal of School Health, 75(8): 291-295.

Wang, L., P. Gao, M. Zhang, Z. Huang, D. Zhang, Q. Deng, Y. Li, Z. Zhao, X. Qin, D. Jin, M. Zhou, X. Tang, Y. Hu, and L. Wang. 2017. Prevalence and ethnic pattern of diabetes and prediabetes in China in 2013. The Journal of the American Medical Association, 317(24): 2515-2523.

Wang Y, P. Jia, X. Cheng, and H. Xue. 2019. Improvement in food environments may help prevent childhood obesity: Evidence from a 9-year cohort study. Pediatric Obesity, 14(10): e12536.

Whitmee, S., A. Haines, C. Beyrer, F. Boltz, A. G. Capon, B. F. de Souza Dias, A. Ezeh, H. Frumkin, P. Gong, P. Head, R. Horton, G. M. Mace, R. Marten, S. S. Myers, S. Nishtar, S. A. Osofsky, S. K. Pattanayak, M. J. Pongsiri, C. Romanelli, A. Soucat, J. Vega, and D. Yach. 2015. Safeguarding human health in the Anthropocene epoch: Report of The Rockefeller Foundation-Lancet Commission on planetary health. Lancet, 386: 1973-2028.

Zhang, X., M. Zhang, Z. Zhao, Z. Huang, Q. Deng, Y. Li, and C. Yu. 2019. Geographic Variation in Prevalence of Adult Obesity in China: Results From the 2013—2014 National Chronic Disease and Risk Factor Surveillance. Annals of Internal Medicine. DOI: 10.7326/M19-0477.

中国 $PM_{2.5}$ 污染时空格局演化与人口暴露性评估

第3章

刘宇鹏[①②]　邬建国[③④]　于德永[③]

摘　要

中国近30年的经济快速发展和城市化导致了以大气污染为代表的一系列环境问题,其中细颗粒物(fine particulate matter, $PM_{2.5}$)因其对人类健康的有害影响受到了科学家、政府部门和公众的广泛关注。实时监测 $PM_{2.5}$ 污染的时空格局,研究其形成和传输机理是我国制订有效的大气污染防治办法的必要前提。本文结合遥感数据和景观指数,量化了我国1999—2011年 $PM_{2.5}$ 污染的时空格局。研究表明,我国1999—2011年 $PM_{2.5}$ 浓度呈现逐渐升高趋势,污染面积、强度、形状复杂度和聚集程度不断增大。高 $PM_{2.5}$ 污染区主要集中在华北平原和长江中下游平原,而这些地区也是我国人口集中区。据统计,$PM_{2.5}$ 污染区共居住着8.5亿人,约占全国人口的64%。研究结果表明,景观指数能够如实反映并有效刻画 $PM_{2.5}$ 污染的空间格局及其动态变化,指示潜在污染源/汇区和影响因子,有助于政府部门制订富有针对性且有效的大气污染防治办法,以改善空气质量。

① 中国科学院城市环境研究所城市环境与健康重点实验室,厦门,361021,中国;

② 厦门城市代谢重点实验室,厦门,361021,中国;

③ 北京师范大学人与环境系统可持续研究中心,北京,100875,中国;

④ 美国亚利桑那州立大学生命科学学院与全球可持续科学学院,坦佩,85281,美国。

Abstract

China's tremendous economic growth in the past three decades has resulted in a number of environmental problems, including the deterioration of air quality. In particular, fine particulate matter($PM_{2.5}$) has received increasing attention from scientists, governmental agencies, and the public due to its adverse impacts on human health. Monitoring the spatiotemporal patterns of air pollution is important for understanding its transport mechanisms and making effective environmental policies. The main goal of this study, therefore, was to quantify the spatial patterns of $PM_{2.5}$ pollution in China from 1999 to 2011. We used remote sensing data and landscape metrics together to capture spatiotemporal signatures of $PM_{2.5}$ pollution. Our results show that $PM_{2.5}$ concentrations in China increased gradually from 1999 to 2011, with the highest concentrations occurring in the North China Plain as well as the middle and lower reaches of the Yangtze River Basin. The total area, intensity, aggregation, and shape complexity of air-polluted areas increased substantially across China during the study period. The total population affected by air pollution was about 850 million in 2010(about 64% of China's population). Our study demonstrates that spatial pattern analysis with landscape metrics is effective for analyzing source-sink dynamics of air pollution and its potential drivers. Our findings should be useful for making air pollution control policies to improve China's air quality.

引言

自2010年以来我国城市人口比例已超过50%且还在不断增长(Liu et al., 2014; Wu et al., 2014)。但快速城市化和经济飞速增长的同时,环境退化加剧,空气质量恶化(Bechle et al., 2011; Huang, 2014; Lue et al., 2010; Shao et al., 2006; 贺灿飞等, 2013; 谢志英等, 2015),特别是$PM_{2.5}$因其对健康的严重危害受到了广大群众、科学家和政府部门的高度重视(Pope III and Dockery, 2006; Schwartz et al., 1996; 贺克斌等, 2009; 王跃思等, 2014b; 张人禾等, 2014)。$PM_{2.5}$是指大气中直径小于2.5 μm的细小悬浮颗粒物,又称可吸入颗粒物(王跃思等, 2014b)。2013年,作为受$PM_{2.5}$污染最严重的城市之一,北京市重新修订了霾预警标准,将$PM_{2.5}$浓度作为指标之一引入了霾预警指标体系。即使受到了如此重视,2013年北京地区霾日数仍超过70天(CMA, 2014)。已有研究指出长时间暴露在高浓度$PM_{2.5}$污染物之中能显著增加人类心肺疾病发病率和死亡率(Pope III and Dockery, 2006; Schwartz et al., 1996)。我国的相关研究进一步

表明 $PM_{2.5}$ 浓度每增加 100 $\mu g \cdot m^{-3}$ 将使人民平均寿命减少约 3 年(Chen et al., 2013)。2013 年 1 月发生在我国中东部地区的大面积霾污染事件,就是以 $PM_{2.5}$ 污染物为主,除一次排放产生的 $PM_{2.5}$ 外还包括了 NO_x 和 SO_2 等其他污染物向 $PM_{2.5}$ 的协同转化(王跃思等, 2014a),是在当地东亚季风异常偏弱、近地面逆温、地表风速及其上空对流层中低层水平风垂直切变等气象条件不利的情况下产生的,污染范围涉及近 10 个省、市、自治区,造成了呼吸道疾病暴发、航班延误、高速公路封闭等严重影响公众生活的事件。总之,空气污染已经成为影响我国人民身体健康和福祉的重大环境挑战。为解决上述问题,首先需要准确刻画我国空气污染类型及其时空格局,在此基础上探求不同时空尺度下导致大气污染的主导因素,这对于提高对大气污染这一复杂过程的认识不仅具有理论意义,同时对于优化大气污染监测网络等具有借鉴意义。

当前对大气污染监测和预报的办法主要包括:空气质量监测网络、遥感卫星监测和中尺度气象模式预报。由多个空气质量监测站所组成的监测网络能够连续提供高时间分辨率甚至实时的大气污染物浓度监测数据,是最直观、最有效的监测办法之一。但受物理条件、经济条件和技术条件的限制,监测网络不可能做到空间上的“完全”覆盖,导致既难以精确估测污染范围,也难以在区域尺度上获取污染变化过程信息(陈良富等, 2015),因此更加需要通过合理地设置监测网络的密度、科学地配置监测站点的位置加以弥补(Pope and Wu, 2014; Wu, 1999)。遥感卫星监测技术的出现弥补了空气质量监测网络缺乏空间“全覆盖”信息的先天不足,二者的结合能更好地反映大气污染的时空变化特征(陈良富等, 2015)。例如,根据星载/机载传感器观测到的气溶胶光学厚度(aerosol optical depth, AOD)和地基观测 $PM_{2.5}$ 浓度之间存在的良好相关关系(Engel-Cox et al., 2004; Green et al., 2009; Lee et al., 2011; van Donkelaar et al., 2006; Wang and Christopher, 2003; Wang et al., 2010b),van Donkelaar 等(2015)研究了全球 1999—2011 年 $PM_{2.5}$ 浓度的时空格局变化,研究表明中国中东部地区年均 $PM_{2.5}$ 浓度已超过 80 $\mu g \cdot m^{-3}$,远远超过世界卫生组织(WHO)所设定的最“宽松”的浓度阈值——35 $\mu g \cdot m^{-3}$。在对空气污染观测的基础上,将中尺度气象模式耦合大气化学模块以模拟气溶胶产生、传输、混合和化学转化过程,能够在区域尺度进行污染物传输模拟研究以及空气质量预报,这种方法依赖于准确的污染物排放清单(Cuchiara et al., 2014; Wang et al., 2012a, 2012b, 2010a; Yahya et al., 2014; 刘欢等, 2008)。

通过以上多种大气污染监测方法和典型大气污染事件成因分析,能够发现大气污染与污染物局地排放、二次污染粒子转化、周边污染气团输送、局地气象扩散条件不利等因素息息相关。首先,局地污染物排放是城市大气污染的根本原因之一(贺克斌等, 2003)。如北京市 2012—2013 年 $PM_{2.5}$ 来源中,本地污染物排放贡献占 64%~72%,其中机动车排放占 31.1%、燃煤排放占 22.4%、工业生产排放占18.1%、扬尘占14.3%、餐饮/建筑涂装等排放占14.1%;此外,区域污染传输贡献占28%~36%(北京市环境保护局, 2014)。在区域污染传输因素中,包括了污染物传输(Wang et al., 2012a; 贺克斌等, 2009; 王淑兰等, 2005)、沙尘传输(Lue et al., 2010; Tao et al., 2014)和秸秆燃烧(Shi et al., 2014; 朱彬等, 2010)等。其次,二次污染粒子的转化贡献同样不可忽视(Huang et al., 2014)。二次有机物(secondary organic aerosol, SOA)和二次无机物(secondary inorganic aerosol, SIA)在2013年1月的大气污染事件中在北京的贡献为51.1%、在上海的贡献为73.7%、在广州的贡献高达77.1%(Huang et al., 2014)。最后,大气环流状况和局地气象条件也能影响大气污染物的累积、扩散等过程(张人禾等, 2014; 朱敏等, 2008)。静稳天气能够严重阻碍大气污染物的水平和垂直流动,如较低的水平风速和垂直方向上逆温状况等均与大气污染物浓度变化呈现较好的相关关系(杨龙等, 2005; 张人禾等, 2014; 朱敏等, 2008)。高湿度、较低的混合层高度能够导致局地污染物累积和扩散空间减少,使得污染物浓度迅速升高(Tao et al., 2014; 王跃思等, 2013)。在大气污染时空格局上,已有研究表明城市的空间格局指数既能有效表征城市的时空格局变化(Buyantuyev et al., 2010; Li et al., 2013a; Li et al., 2013b; Wu et al., 2011),也能从城市的时空格局变化中发现与大气污染的显著相关关系(Bechle et al., 2011; Bereitschaft and Debbage, 2013; Borrego et al., 2006; Lv and Cao, 2011),更能展现大气污染在不同尺度下的时空特征(Blanchard et al., 2011),如污染物具有显著的季节性特征(王昂扬等, 2015)或空间聚集性(王华等,2013)。

综上所述,当前有关大气污染时空格局研究因大气污染时空异质性较高,且不同地区由于自然环境、经济发展水平、工业类型的差异表现出不同的污染类型和时空格局特征。对于这样一个时空异质性高,过程复杂且成因多样的问题,本研究尝试找出能够有效且定量刻画大气污染时空格局的评价指标,并在此基础上结合人口分布格局评估中国$PM_{2.5}$污染的人口暴露性。

3.1 数据与方法

3.1.1 $PM_{2.5}$浓度

本研究采用加拿大达尔豪斯大学通过MODIS(moderate resolution imaging spectroradiometer)和MISR(multiangle imaging spectroradiometer)传感器获取的气溶胶光学厚度数据并反演得到中国地区年均$PM_{2.5}$浓度(Van Donkelaar et al., 2015)。反演过程中需建立气溶胶光学厚度与地表观测$PM_{2.5}$浓度的转换关系,通过GEOS-Chem气候模式模拟当时的气溶胶类型、粒径、日温差和相对湿度等因子加以修正(Van Donkelaar et al., 2015)。最终,该数据集空间分辨率为10 km×10 km,时间分辨率为逐年,年均$PM_{2.5}$浓度的反演精度为±5 $\mu g \cdot m^{-3}$。

3.1.2 $PM_{2.5}$污染时空格局量化

首先,基于世界卫生组织(WHO)和我国空气质量标准(MEP, 2013),将全国 $PM_{2.5}$浓度高于 35 μg·m^{-3}的地区定义为"$PM_{2.5}$污染区",然后对 $PM_{2.5}$污染区进行景观指数计算和时空格局量化。景观指数已在生态学和地理科学中广泛应用且被证明是刻画景观时空格局变化的有效手段之一(Buyantuyev et al., 2010; Li et al., 2013a, 2013b; Wu et al., 2011)。近年来,大量研究应用景观指数刻画土地覆盖/利用变化或城市格局并以此研究与空气污染的关系(Bechle et al., 2011; Bereitschaft and Debbage, 2013; Borrego et al., 2006; Lv and Cao, 2011)。

为详尽刻画 $PM_{2.5}$污染区的时空格局,所选指数需能够全面反映污染区空间格局的组成与配置等相关信息,格局组成信息需包含污染区个数、面积及其所占国土面积比例等,而格局配置信息则需涵盖单个污染区边缘长度、形状复杂度等以及多个污染区之间的连通度和聚集程度等,以便通过污染区的时空格局评估出大气污染物的移动速度、方向、对周边地区的蔓延可能性等过程信息,进而推测潜在污染源/汇地区及其成因,为大气污染监测与预报提供基础。因此,本文选择了 10 个类型尺度(class-level)景观指数,包括污染区斑块总面积、斑块比例、斑块个数、斑块平均面积、最大斑块指数、斑块边缘总长度、形状指数、分维数、聚集度指数和连接度指数(表 3.1)。这些指数已在解释城市化或景观变化对生物多样性、生态系统初级生产力或城市热岛影响等方面取得了良好效果(Buyantuyev and Wu, 2010; Buyantuyev et al., 2010; Li et al., 2013a, 2013b; Wu, 2004; Wu et al., 2011, 2002)。斑块总面积指全国 $PM_{2.5}$浓度高于 35 μg·m^{-3}的所有污染斑块的面积总和。斑块比例指污染斑块总面积占全国面积的百分比。斑块个数和平均面积指全国所有 $PM_{2.5}$污染斑块的个数和平均面积,指示了污染斑块的破碎程度。斑块边缘总长度、形状指数和分维数描述污染斑块的形状复杂程度。聚集度指数(He et al., 2000)和连接度指数反映了污染斑块之间的聚合/连接程度。上述所有景观指数均通过 FRAGSTATS 4.2 计算(McGarigal et al., 2012)。

3.1.3 人口暴露性评估

首先,根据 2010 年我国各省份常住人口数量并结合 LandScan 人口数据库(Bright et al., 2011),获得人口空间分布数据。其次,在地理信息系统中提取 $PM_{2.5}$污染区(即 $PM_{2.5}$浓度高于 35 μg·m^{-3}的地区)矢量边界,将之与人口数据叠合,以统计 $PM_{2.5}$污染人口暴露数量、比例和范围。

表 3.1 大气污染斑块*空间格局指数名称与含义

指数名称	英文名称	缩写	含义
斑块总面积	total area	TA	污染斑块总面积
斑块比例	percent of landscape	PLAND	污染斑块总面积占全国面积比例
斑块个数	number of patches	NP	污染斑块个数
斑块平均面积	mean patch area	MPA	污染斑块平均面积
最大斑块指数	largest patch index	LPI	最大的一个污染斑块面积占全国面积比例
斑块边缘总长度	total edge	TE	污染斑块边缘总长度
形状指数	landscape shape index	LSI	污染斑块周长与面积比,衡量污染斑块形状复杂度
分维数	area weighted mean fractal dimension	AWMFD	对污染斑块进行面积加权后的平均分维数
聚集度指数	aggregation index	AI	污染斑块相邻区域为污染斑块的比例
连接度指数	clumpiness index	CLUMPY	相邻污染斑块连接度

注:* 污染斑块:年均 $PM_{2.5}$浓度>35 $\mu g \cdot m^{-3}$的区域。

3.2 结果与讨论

3.2.1 中国 $PM_{2.5}$污染时空格局

研究结果表明,1999—2011 年,中国年均 $PM_{2.5}$浓度呈总体上升趋势,高 $PM_{2.5}$污染地区集中于北京、天津、河北、山东、河南、江苏北部和安徽北部地区的华北平原和长江中下游平原。

格局指数显示,污染区总面积在 1999—2003 年约为 210×10^4 km^2,至 2006 年迅速上升至超过 280×10^4 km^2,随后至 2011 年保持平稳(图 3.1a)。污染斑块的平均面积从 1999 年的约 5 000 km^2 上升至 2006 年的约 10 000 km^2,随后至 2011 年下降至约 8 000 km^2(图 3.1a)。从比例上,全国 $PM_{2.5}$污染总面积从 1999 年约占国土面积的 20%逐渐上升至 2011 年的 28%左右,其中分布于华北平原和长江中下游平原的连续污染斑块面积不断扩大,从 1999 年约占国土面积的 14%逐渐上升至 2011 年的 22%左右(图 3.1b)。与此趋势相反,污染斑块总数量和边缘总长度在 1999—2006 年呈下降趋势,2006—2011 年呈波动上升趋势(图 3.1c)。

从形状复杂度上来看，污染斑块形状指数先上升后下降，分维数则表现为无规律波动（图 3.1d）。污染斑块聚集度指数和连接度指数均呈现先上升后下降的趋势（图 3.1e）。

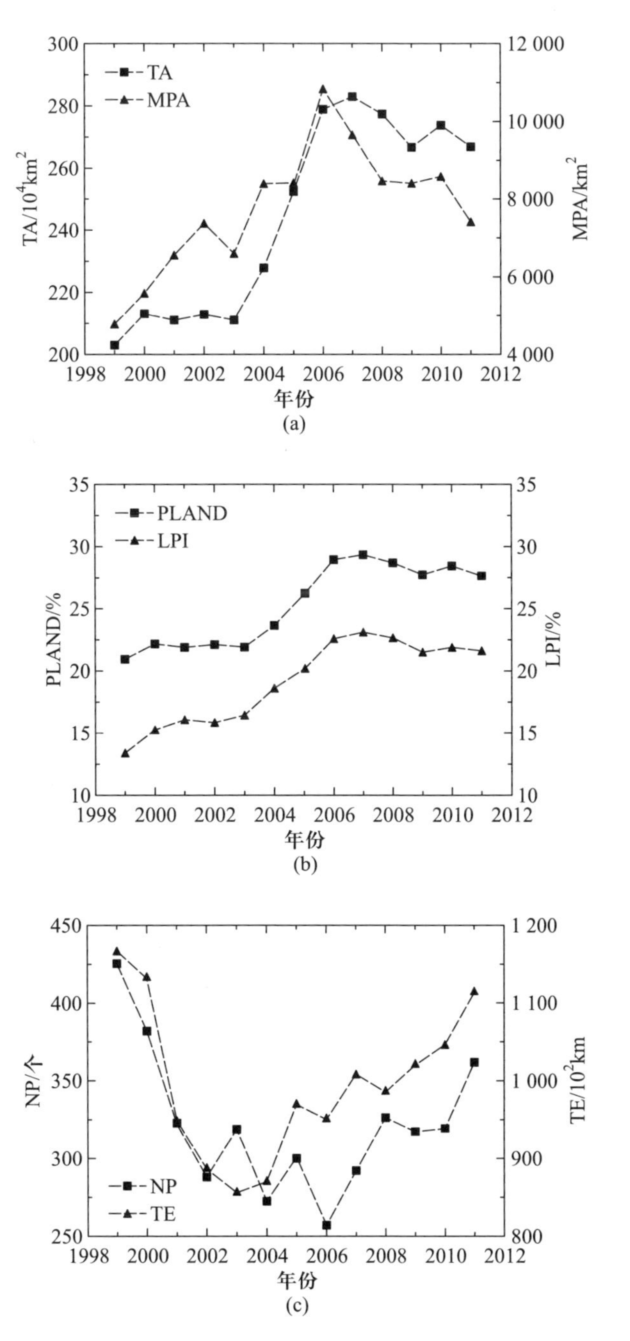

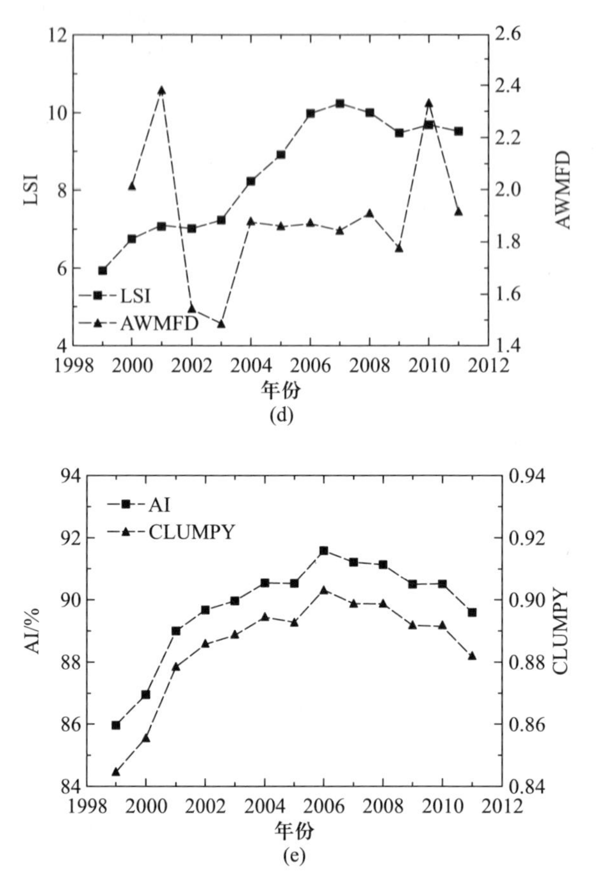

图 3.1 通过景观指数刻画 1999—2011 年 $PM_{2.5}$污染区($PM_{2.5}$浓度>35 $\mu g \cdot m^{-3}$)时空格局。

以上结果表明,1999—2011 年 $PM_{2.5}$污染可以大体分为 3 个阶段:① 1999—2003 年为污染聚合期,以原分散的污染斑块逐渐融合的过程为主,表现为污染总面积、比例未升高,但污染斑块数量下降且平均面积增大;② 2003—2006 年为污染爆发期,表现为污染斑块总面积、比例、数量、斑块平均面积、形状复杂度、聚集度和连接度等指标均有所升高;③ 2006—2011 年为缓解期,表现为污染斑块平均面积、聚集度和连接度均下降,但总面积、比例、形状复杂度变化不明显。

以上三个发展阶段的形成与我国的城市化进程和大气污染防治政策制订和实施息息相关。近十几年来,我国的快速城市化、经济增长以及能源的大量使用是造成大气环境恶化和空气污染加剧的重要原因(Fritze, 2004; Wu et al., 2014)。2006 年之后,由于城市集中供暖范围扩大,供热效率提高降低了城市家庭的能源消耗和 $PM_{2.5}$的直接排放(Guan et al., 2014)。同时,由于政府自 2007 年开始要求发电厂对排放废气进行脱硫处理,大幅降低了 $PM_{2.5}$前体物 SO_2的排放量(Li et al., 2010),间接降低了 $PM_{2.5}$的二次转化与生成,使得 $PM_{2.5}$污染得到有效遏制甚至略有缓解。

3.2.2 中国 $PM_{2.5}$污染人口暴露

2010 年我国 $PM_{2.5}$污染区(浓度>35 $\mu g \cdot m^{-3}$)总面积约 275×10^4 km^2,约占国土面积的 29%。居住在 $PM_{2.5}$污染区的人口约为 8.5 亿人,约占全国人口的 64%。表 3.2 统计了 2010 年我国各地区 $PM_{2.5}$污染面积、比例和居住在污染区的常住人口。其中,山东、河南、江苏、湖南和安徽 5 省污染范围大,比例高,且常住人口多,无论统计污染面积、比例还是污染区常住人口数量,都是受 $PM_{2.5}$污染影响最大的省份。广东、湖北、河北、江西、浙江、广西、四川、辽宁、山西、重庆、陕西、上海、北京、贵州、天津和新疆 16 个省(自治区、直辖市)中存在着两种情况:① 污染面积小,但比例大,且人口集中(如直辖市);② 污染面积大(比例为 30%~90%)、省内常住人口多的省份,受其统计口径影响较大,不同口径将在很大程度上影响其排序。其余省份无论是污染面积、比例还是污染区常住人口都处于相对低值,受 $PM_{2.5}$ 污染影响较小。此外,通过中国大气污染物排放清单(MEIC)叠加分析发现,常住人口较多的地区同时也是工业生产旺盛、生活污染排放较高的地区,表明工业污染排放和生活污染排放是影响我国 $PM_{2.5}$排放总量的重要因素。

表 3.2 我国 2010 年各地区 $PM_{2.5}$污染范围与潜在暴露人口

地区*	污染面积/km^2	污染面积比例/%	$PM_{2.5}$污染区常住人口/万人
山东省	15.27	99.03	9 494.60
河南省	16.04	99.44	9 352.99
江苏省	9.64	98.47	7 748.77
湖南省	18.08	93.34	6 132.55
安徽省	13.20	98.43	5 863.43
广东省	7.61	48.88	5 103.13
湖北省	15.21	86.72	4 967.02
河北省	13.04	66.70	4 798.19
江西省	13.00	85.19	3 801.39
浙江省	5.33	56.88	3 098.17
广西壮族自治区	13.04	62.18	2 866.69
四川省	15.24	33.51	2 695.79
辽宁省	9.43	60.10	2 629.40
山西省	11.66	73.10	2 612.80

续表

地区*	污染面积/km^2	污染面积比例/%	$PM_{2.5}$污染区常住人口/万人
重庆市	6.53	84.48	2 436.81
陕西省	13.18	64.48	2 408.53
上海市	0.57	96.61	2 224.60
北京市	1.58	91.86	1 802.21
贵州省	7.76	48.44	1 685.18
天津市	1.21	99.18	1 288.64
新疆维吾尔自治区	45.64	26.01	568.32
吉林省	3.01	14.14	388.50
甘肃省	6.02	14.52	371.71
云南省	1.11	3.24	149.13
内蒙古自治区	6.55	5.07	125.41
福建省	0.30	2.74	101.09
宁夏回族自治区	0.84	15.76	99.75
青海省	2.84	3.98	22.42
西藏自治区	0.73	0.64	1.92
黑龙江省	0.01	0.02	0.70
海南省	0.00	0.00	0.00

注:* 香港、澳门和台湾未列入统计。

3.3 结论

在研究方法上,本文结合遥感观测得到大气污染数据和景观生态学中的空间格局指数,量化了 1999—2011 年中国 $PM_{2.5}$污染的格局与过程,为定量刻画大气污染时空特征找到了有效指标。由于空间格局指数高度凝练了大气污染的时空特征,并包含了空气污染物经排放、传播过程至最终形成污染的全部信息,所以能够为指示大气污染潜在源/汇区、评估大气污染主要影响因素等研究提供有力帮助。

研究结果表明,中国 $PM_{2.5}$污染区的面积、污染强度、聚集度和形状复杂度均呈增长趋势。$PM_{2.5}$污染最严重的华北平原和长江中下游平原同时也是我国人口最稠密的地区。由于长期暴露在高污染环境中会对居民健康造成巨大威胁,本研究开展对空气污染区的时空格局刻画和人口暴露性评估有助于在全国尺度制订有效的空气污染防治策略，进一步改善空气质量。

致谢

本文受科技部国家重点基础研究发展计划（2014CB954303，2014CB954301）资助。特别感谢北京师范大学人与环境系统可持续研究中心各位同仁对本文的指导和帮助。

参考文献

北京市环境保护局. 2014. 北京市 $PM_{2.5}$ 来源解析.

陈良富，陶金花，王子峰，李莘莘，张莹，范萌，李小英，余超，邹铭敏，苏林，陶明辉. 2015. 空气质量卫星遥感监测技术进展. 大气与环境光学学报，10：117-125.

贺灿飞，张腾，杨晟朗. 2013. 环境规制效果与中国城市空气污染. 自然资源学报，10：1651-1663.

贺克斌，贾英韬，马永亮，雷宇，赵晴，Shigeru，T.，Tomoaki，O. 2009. 北京大气颗粒物污染的区域性本质. 环境科学学报，29：482-487.

贺克斌，余学春，陆永祺，郝吉明，傅立新. 2003. 城市大气污染物来源特征. 城市环境与城市生态，16：269-271.

刘欢，贺克斌，王岐东. 2008. 天津市机动车排放清单及影响要素研究. 清华大学学报（自然科学版），48：370-373.

王昂扬，潘岳，童岩冰. 2015. 长三角主要城市空气污染时空分布特征研究. 环境保护科学，41：131-136.

王华，郭阳洁，洪松，牛蓓蓓. 2013. 区域气溶胶光学厚度空间格局特征研究. 武汉大学学报（信息科学版），38：869-874.

王淑兰，张远航，钟流举，李金龙，于群. 2005. 珠江三角洲城市间空气污染的相互影响. 中国环境科学，25：133-137.

王跃思，姚利，刘子锐，吉东生，王莉莉，张军科. 2013. 京津冀大气霾污染及控制策略思考. 中国科学院院刊，3：353-363.

王跃思，姚利，王莉莉，刘子锐，吉东生，唐贵谦，张军科，孙扬，胡波，辛金元. 2014a. 2013 年元月我国中东部地区强霾污染成因分析. 中国科学：地球科学，44：15-26.

王跃思，张军科，王莉莉，胡波，唐贵谦，刘子锐，孙扬，吉东生. 2014b. 京津冀区域大气霾污染研究意义、现状及展望. 地球科学进展，29：388-396.

谢志英，刘浩，唐新明，李腾腾，张文君. 2015. 北京市近 12 年空气污染变化特征及其与气象要素的相关性分析. 环境工程学报，9：4471-4478.

杨龙，贺克斌，张强，王歧东. 2005. 北京秋冬季近地层 $PM_{2.5}$ 质量浓度垂直分布特征. 环境科学研究，18：23-28.

张人禾，李强，张若楠. 2014. 2013 年 1 月中国东部持续性强雾霾天气产生的气象条件分析.

中国科学：地球科学，44：27-36.

朱彬，苏继锋，韩志伟，尹聪，王体健. 2010. 秸秆焚烧导致南京及周边地区一次严重空气污染过程的分析. 中国环境科学，30：585-592.

朱敏，王体健，卢兆民. 2008. 一次持续空气污染过程的气象条件分析. 气象科学，28：673-677.

Bechle, M. J., D. B. Millet, and J. D. Marshall, 2011. Effects of income and urban form on urban NO_2: Global evidence from satellites. Environmental Science & Technology, 45: 4914-4919.

Bereitschaft, B., and K. Debbage. 2013. Urban form, air pollution, and CO_2 emissions in large U. S. metropolitan areas. The Professional Geographer, 65: 612-635.

Blanchard, C. L., S. Tanenbaum, and N. Motallebi. 2011. Spatial and temporal characterization of $PM_{2.5}$ mass concentrations in California, 1980-2007. Journal of the Air & Waste Management Association, 61: 339-351.

Borrego, C., H. Martins, O. Tchepel, L. Salmim, A. Monteiro, and A. I. Miranda. 2006. How urban structure can affect city sustainability from an air quality perspective. Environmental Modelling & Software, 21: 461-467.

Bright, E. A., P. R. Coleman, A. N. Rose, and M. L. Urban. 2011. LandScan 2010, 2010 ed. Oak Ridge: Oak Ridge National Laboratory.

Buyantuyev, A., and J. Wu. 2010. Urban heat islands and landscape heterogeneity: Linking spatiotemporal variations in surface temperatures to land-cover and socioeconomic patterns. Landscape Ecology, 25: 17-33.

Buyantuyev, A., J. Wu, and C. Gries. 2010. Multiscale analysis of the urbanization pattern of the Phoenix metropolitan landscape of USA: Time, space and thematic resolution. Landscape and Urban Planning, 94: 206-217.

Chen, Y., A. Ebenstein, M. Greenstone, and H. Li. 2013. Evidence on the impact of sustained exposure to air pollution on life expectancy from China's Huai River policy. Proceedings of the National Academy of Sciences of the United States of America, 110: 12936-12941.

CMA(China Meteorological Administration). 2014. China Climate Change Bulletin in 2013. Beijing.

Cuchiara, G. C., X. Li, J. Carvalho, and B. Rappenglück. 2014. Intercomparison of planetary boundary layer parameterization and its impacts on surface ozone concentration in the WRF/Chem model for a case study in Houston/Texas. Atmospheric Environment, 96: 175-185.

Engel-Cox, J. A., C. H. Holloman, B. W. Coutant, and R. M. Hoff. 2004. Qualitative and quantitative evaluation of MODIS satellite sensor data for regional and urban scale air quality. Atmospheric Environment, 38: 2495-2509.

Fritze, J. J. 2004. Urbanization, Energy, and Air Pollution in China. Washinton, D. C.: The National Academies Press.

Green, M., S. Kondragunta, P. Ciren, and C. Xu. 2009. Comparison of GOES and MODIS aerosol optical depth(AOD) to Aerosol Robotic Network(AERONET) AOD and IMPROVE $PM_{2.5}$ mass at Bondville, Illinois. Journal of the Air & Waste Management Association, 59: 1082-1091.

Guan, D., X. Su, Q. Zhang, P. G. Peters, Z. Liu, Y. Lei, and K. He, 2014. The socioeconomic drivers of China's primary $PM_{2.5}$ emissions. Environmental Research Letters, 9: 024010.

He, H., B. DeZonia, and D. Mladenoff. 2000. An aggregation index(AI) to quantify spatial patterns of landscapes. Landscape Ecology, 15: 591-601.

Huang, G. 2014. $PM_{2.5}$ opened a door to public participation addressing environmental challenges in China. Environmental Pollution, 197: 313-315.

Huang, R., Y. Zhang, C. Bozzetti, K. Ho, J. Cao, Y. Han, K. R. Daellenbach, J. G. Slowik, S. M. Platt, F. Canonaco, P. Zotter, R. Wolf, S. M. Pieber, E. A. Bruns, M. Crippa, G. Ciarelli, A. Piazzalunga, M. Schwikowski, G. Abbaszade, J. Schnelle-Kreis, R. Zimmermann, Z. An, S. Szidat, U. Baltensperger, I. E. Haddad, and A. S. H. Prevot. 2014. High secondary aerosol contribution to particulate pollution during haze events in China. Nature, 514: 218-222.

Lee, H. J., Y. Liu, B. A. Coull, J. Schwartz, and P. Koutrakis. 2011. A novel calibration approach of MODIS AOD data to predict $PM_{2.5}$ concentrations. Atmospheric Chemistry and Physics, 11: 7991-8002.

Li, C., J. Li, and J. Wu. 2013a. Quantifying the speed, growth modes, and landscape pattern changes of urbanization: A hierarchical patch dynamics approach. Landscape Ecology, 28: 1875-1888.

Li, C., Q. Zhang, N. A. Krotkov, D. G. Streets, K. He, S. -C. Tsay, and J. F. Gleason. 2010. Recent large reduction in sulfur dioxide emissions from Chinese power plants observed by the Ozone Monitoring Instrument. Geophysical Research Letters, 37: 292-305.

Li, J., C. Li, F. Zhu, C. Song, and J. Wu. 2013b. Spatiotemporal pattern of urbanization in Shanghai, China between 1989 and 2005. Landscape Ecology, 28: 1545-1565.

Liu, Z., C. He, Y. Zhou, and J. Wu. 2014. How much of the world's land has been urbanized, really? A hierarchical framework for avoiding confusion. Landscape Ecology, 29: 763-771.

Lue, Y., L. Y. Liu, X. Hu, L. Wang, L. L. Guo, S. Y. Gao, X. X. Zhang, Y. Tang, Z. Q. Qu, H. W. Cao, Z. J. Jia, H. Y. Xu, and Y. Y. Yang. 2010. Characteristics and provenance of dustfall during an unusual floating dust event. Atmospheric Environment, 44: 3477-3484.

Lv, B., and N. Cao. 2011. Environmental performance evaluation of Chinese urban form. Urban Studies(in Chinese), 18: 38-47.

McGarigal, K., S. A. Cushman, and E. Ene. 2012. FRAGSTATS v4: Spatial pattern analysis program for categorical and continuous maps. Computer software program produced by the authors at the University of Massachusetts, Amherst.

MEP. 2013. Ambient Air Quality Standards. Beijing: China Environmental Science Press.

Pope III, C. A., and D. W. Dockery. 2006. Health effects of fine particulate air pollution: Lines that connect. Journal of the Air & Waste Management Association, 56: 709-742.

Pope, R., and J. Wu. 2014. Characterizing air pollution patterns on multiple time scales in urban areas: A landscape ecological approach. Urban Ecosystems, 17: 855-874.

Schwartz, J., D. W. Dockery, and L. M. Neas. 1996. Is daily mortality associated specifically with fine particles? Journal of the Air & Waste Management Association, 46: 927-939.

Shao, M., X. Tang, Y. Zhang, and W. Li. 2006. City clusters in China: Air and surface water pollution. Frontiers in Ecology and the Environment, 4: 353-361.

Shi, T., Y. Liu, L. Zhang, L. Hao, and Z. Gao. 2014. Burning in agricultural landscapes: An emerging natural and human issue in China. Landscape Ecology, 29: 1785-1798.

Tao, M., L. Chen, Z. Wang, P. Ma, J. Tao, and S. Jia. 2014. A study of urban pollution and haze clouds over northern China during the dusty season based on satellite and surface observations. Atmospheric Environment, 82: 183-192.

van Donkelaar, A., R. V. Martin, M. Brauer, and B. L. Boys. 2015. Use of satellite observations for long-term exposure assessment of global concentrations of fine particulate matter. Environmental Health Perspectives, 123: 135-143.

van Donkelaar, A., R. V. Martin, and R. J. Park. 2006. Estimating ground-level $PM_{2.5}$ using aerosol optical depth determined from satellite remote sensing. Journal of Geophysical Research: Atmospheres, 111: D21201.

Wang, J., and S. A. Christopher. 2003. Intercomparison between satellite-derived aerosol optical thickness and $PM_{2.5}$ mass: Implications for air quality studies. Geophysical Research Letters, 30: 2095.

Wang, L., J. Xu, J. Yang, X. Zhao, W. Wei, D. Cheng, X. Pan, and J. Su. 2012a. Understanding haze pollution over the southern Hebei area of China using the CMAQ model. Atmospheric Environment, 56: 69-79.

Wang, T., F. Jiang, J. Deng, Y. Shen, Q. Fu, Q. Wang, Y. Fu, J. Xu, and D. Zhang. 2012b. Urban air quality and regional haze weather forecast for Yangtze River Delta region. Atmospheric Environment, 58: 70-83.

Wang, X., X. Liang, W. Jiang, Z. Tao, J. X. L. Wang, H. Liu, Z. Han, S. Liu, Y. Zhang, G. A. Grell, and S. E. Peckham. 2010a. WRF-Chem simulation of East Asian air quality: Sensitivity to temporal and vertical emissions distributions. Atmospheric Environment, 44: 660-669.

Wang, Z., L. Chen, J. Tao, Y. Zhang, and L. Su. 2010b. Satellite-based estimation of regional particulate matter(PM) in Beijing using vertical-and-RH correcting method. Remote Sensing of Environment, 114: 50-63.

Wu, J. 1999. Hierarchy and scaling: Extrapolating information along a scaling ladder. Canadian Journal of Remote Sensing, 25: 367-380.

Wu, J. 2004. Effects of changing scale on landscape pattern analysis: Scaling relations. Landscape Ecology, 19: 125-138.

Wu, J., G. D. Jenerette, A. Buyantuyev, and C. L. Redman. 2011. Quantifying spatiotemporal patterns of urbanization: The case of the two fastest growing metropolitan regions in the United States. Ecological Complexity, 8: 1-8.

Wu, J., W. Shen, W. Sun, and P. T. Tueller. 2002. Empirical patterns of the effects of changing scale on landscape metrics. Landscape Ecology, 17: 761-782.

Wu, J., W. Xiang, and J. Zhao. 2014. Urban ecology in China: Historical developments and future directions. Landscape and Urban Planning, 125: 222-233.

Yahya, K., Y. Zhang, and J. M. Vukovich. 2014. Real-time air quality forecasting over the southeastern United States using WRF/Chem-MADRID: Multiple-year assessment and sensitivity studies. Atmospheric Environment, 92: 318-338.

全球尺度上城市树木种类生物同质化分析

第4章

杨军[①]　闫蓬勃[②]

摘　要

在全球尺度上对城市生物多样性格局的研究对于认识城市化影响生物多样性的一般规律具有重要意义。本研究使用建立的城市树木种类数据库,分析对比了全球尺度上81个城市间树木群组的种类多样性的差异;同时从全球生物多样性信息网络数据库中获取城市周边树木种类分布信息作为非城市树木群组对照,使用基于两两间的种类组成不相似性指数和基于多区域的不相似性指数检验了城市化引起生物同质化的假设;并使用基于距离的冗余分析方法,对形成城市树木群组间种类组成差异的影响因素进行了分析。研究结果显示:城市树木群组间种类组成的不相似性低于城市周边树木群组间种类组成的不相似性,同样城市树木群组间种类组成的差异分布较后者更为均匀。这表明城市化在一定程度上确实减少了城市间树木种类组成的差异性,这个发现与前人城市化减少城市间树木β多样性的发现一致。同时,城市树木群组间种类组成的不相似性和地理空间距离显著相关,气候因子对城市树木群组间种类组成的不相似性的影响远大于社会经济因素,这显示在全球尺度上城市的树木多样性仍然主要受到生态因子的影响。根据研究的结果可以得出如下结论:城市化在一定程度上减少了城市区域树木的β多样性,但需要注意的是本研究中使用基于物种分布数据所计算的不相似性指数的值之间的差异较小,不能充分说明城市化的影响。因此,需要在未来采用城市树木的多度信息做进一步的分析来检验城市化的生物同质化作用的显著性。

① 清华大学地球系统科学系,北京,100084,中国;

② 桂林旅游学院旅游管理学院,桂林,541006,中国。

Abstract

To study urban biodiversity at the global scale is important for understanding the impact of urbanization on biodiversity. In this study, the differences in taxonomic diversity of urban tree assemblages in 81 cities worldwide were analyzed using a database of worldwide tree species. Using occurrence data of tree species in areas surrounding these cities extracted from the Global Biological Information Facility(GBIF) as non-urban tree assemblages, the hypothesis that urbanization causes biotic homogenization in urban areas was tested by calculating a paired dissimilarity index and a multiple-site dissimilarity index. Furthermore, the influence of socioeconomic and climatic factors on species composition dissimilarity was analyzed using db-RDA. The results showed that the values of compositional dissimilarity between urban tree assemblages were lower than these of non-urban tree assemblages. Also, the variation of species composition dissimilarity among urban tree assemblages was lower than that of non-urban tree assemblages. The finding that urbanization reduced the dissimilarity between urban tree assemblages agrees with the prior finding that urbanization can reduce β diversity of urban trees. At the same time, compositional similarity of urban tree assemblages was significantly correlated with geographic distance; climatic factors were found to explain more variation of species composition dissimilarity than socioeconomic factors. These findings indicate that ecological factors still play a major role in determining the species composition of urban tree assemblages at the global scale. Based on these results, it can be concluded that urbanization reduces taxonomic β diversity of trees in urban areas in certain degrees. However, the small differences in values of compositional dissimilarity indicators calculated using occurrence data in this study could not fully reveal the influence of urbanization. Further studies based on analysis of abundance data of urban trees are needed to provide more robust evidences.

引言

生物同质化(biotic homogenization)是指不同地区的动植物的基因、功能和种类之间的相似性增加的现象(McKinney and Lockwood, 1999)。生物同质化是人类活动对地球生物圈产生影响的一个重要标志,是造成全球生物多样性丧失的一个主要原因,具有重要的生态和进化上的后果(Olden et al., 2004)。城市化是造成生物同质化的一种主要人类扰动。城市化通过影响物种的栖息地,影响生物之间的交互作用和改变景观的异质性等一系列过程影响生物在种类、功能和遗传上的多样性（王光美等，2009；毛奇正等，2013）。现有的研究显示，植物对城市化引起的生物同质化的反应是所有受城市化影响的生物中最为明显的（Olden et al.，2006），因此通过对城市树木的研究可以揭示城市化驱动的生物同质化的格局和过程。

目前对城市树木的同质化格局的研究主要集中在分类多样性（taxonomic diversity）的同质化研究上，对单个城市尺度上（Trentanovi et al.，2013）或在区域（Kühn and Klotz，2006；Wang et al.，2014），大陆和跨大陆的城市之间（Lososová et al.，2012a；La Sorte et al.，2014）的种类同质化格局都已经有研究进行了描述。这些研究的结果都揭示了相似的格局，即不同地区之间的城市植物（含树木）或树木的种类组成的相似度增加而 β 多样性降低。虽然大多数的研究都显示了城市树木生物同质化格局的存在，但对城市树木的生物同质化是否是一个全球现象仍然存在争议。一些研究得出了不同的结论。在大陆尺度上，一项研究在比较了美国 27 个城市的树种组成之后认为，不同生态分区内的城市树木群落没有表现出生物同质化的现象（Ramage et al.，2013）。在跨大陆尺度上，对欧洲和北美的城市植被进行了比较之后，Winter 等（2010）认为两地之间的植被仍然存在显著的不同。Yang 等（2015）对 38 个城市的树木种类分别在区域、大陆和全球尺度上进行了研究，结果发现生物同质化的影响是一种基于尺度的现象。

对城市树木生物同质化现象认识不一致的一个重要原因是同质化的量化方法不同。采用 β 多样性指数对不同城市的树木的种类组成的多样性进行对比分析是目前应用最广泛的生物同质化定量分析方法。该方法是假设如果两个城市的树木群组经历了生物同质化，表现在 β 多样性指数上是种类的 β 多样性指数的数值减少（Olden and Poff，2003）。目前研究中使用的 β 多样性指数有近 20 种，常用的包括 Jaccard 指数、Sorenson 指数、Simpson 指数等（Legendre and De Cáceres，2013）。研究人员使用这些指数对不同地区间或不同时间段的城市树木的种类组成进行对比分析，判断其同质化或分异的趋势（Lososová，et al.，2012a；Wang et al.，2014）。采用 β 多样性指数来量化城市树木生物同质化格局的分析方法具有生物学意义明确、求解方便的特点，但大部分的比较研究是直接对比不同城市中的树木群组的种类组成，根据指数值的大小，从而得出相似性在增加或没有增加，即 β 多样性在减少或没有变化的结论。简单地将城市树木生物同质化等同于不同树木群组的种类组成的相似度忽略了生物同质化格局是树木群组在一个特定时间段内经历了生态过程而形成的结果，因此在研究中需要有一个时间或空间上的参照对象来判断城市树木的种类的组成是否变得更加相似，且判断其改变的程度大小。否则研究所得到的仅仅是城市间树木种类组成有多相似，而并不是城市化对城市树木的种类组成的相似性造成了什么样的影响。但当前的比较研究中只有很少的一部分研究考虑了时间或空间上的对照。

另一个原因是上述的研究都存在的地理区域偏差,如大部分的研究都集中在欧洲或者美洲,很少有研究是真正地在全球的尺度展开。

因此,针对以上研究中的不足,本研究以全球尺度上城市树木的分类多样性为研究对象,通过对比城市树木群组间种类组成的相似性以及城市的周边非城市地区的树木群组间种类组成的相似性来验证城市化导致城市树木生物同质化的假设。

4.1 研究方法

城市树木的分类多样性是本项研究的内容。为了分析分类多样性的格局,首先基于调查数据和文献数据建立了全球城市树木种类信息数据库,在此基础上选择典型代表性城市,比较其多样性的差异,并结合社会经济数据和生物气象数据来分析观察到的城市树木生物多样性空间格局的影响因素。

4.1.1 城市树木种类数据库建立

城市树木种类数据库包括调查数据和文献数据。调查数据来源于 1998—2013 年在中国 9 个城市开展的城市树木调查。文献数据的来源是在 2012—2015 年开展的对城市树木种类的系统综述分析。文献的选择遵循以下规则:① 针对城市树木的实地调查;② 在全城范围内开展的调查;③ 调查数据中未包含植物园数据,以避免对城市树种多样性的认识的偏差。数据直接从文献中摘录,或通过联系作者获得。具体的调查数据和文献数据的选择和整理方法可参考 Yan 和 Yang(2017)的文章。

4.1.2 研究区域的确定

在建立了城市树木种类数据库之后,采用以下步骤对研究区域进行筛选。首先,为了让研究的城市具有更好的代表性,本研究使用世界自然基金会的生态分区(ecoregion,共 851 个)对城市进行筛选。筛选的原则是:① 选取的城市的树木种类数据相对完整;② 每个生态分区内选取的城市数量不多于两个。采用如上标准从有树木种类数据的 689 个城市中筛选出 196 个城市做进一步分析。

为了解决城市化的生物同质化作用研究缺乏空间上的参照对象的问题,在本研究中使用筛选出来的 196 个城市的城市中心空间坐标,对每个城市做 100 km×100 km 的正方形缓冲区,使用缓冲区对全球生物多样性信息网络(GBIF)中的树木种类信息进行了查询,在查询的结果中只保留了人类观察数据(human observation)这一类数据,这是为了和城市中基于实地调查的树木种类数据相对应。查询结果进一步采用全球树木研究(Global Tree Search)数据库的全球树木名录进行筛选,去除任何没有被认定为树木的植物。筛选后的结果再使用哥伦比亚大学发布的全球农村和城市范围数据(GRUMP)对 10 000 km^2 缓冲区内的城市区域进行掩膜,只保留非城市范围的树木分布数据。整个数据获取的流程见图 4.1。根据获得的结果,对 196 个城市进行进一步筛选,只保留有较好的非城市区域树木种类分布数据的城市进行进一步分析。在经过第二次筛选之后,共保留 81 个城市。

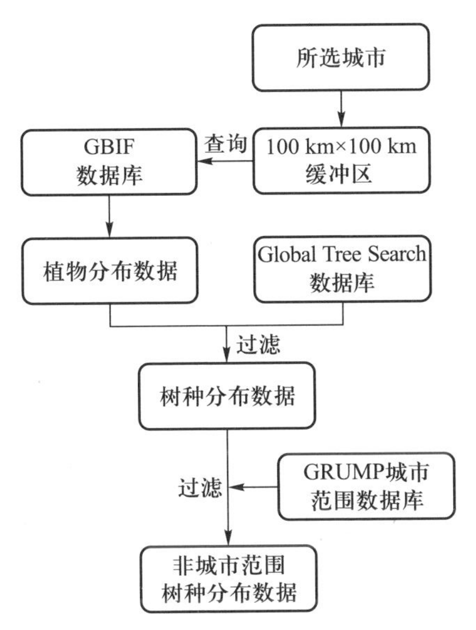

图 4.1　非城市范围的树种分布数据的获取流程。

4.1.3　数据分析方法

4.1.3.1　城市树木组成多样性格局

首先将数据中所有种以下的分类单位都归并到种一级,然后对 81 个城市和城市周边非城市范围内的树木种类的概况进行了总结,包括物种丰富度,分布的城市数量和频率。

城市两两间、城市与其所在的周边地区间,以及两个城市的周边地区的树木群组种类组成的差异采用 Simpson 不相似性指数表示(Simpson dissimilarity index),通过公式 4.1 计算。

$$\beta_{sim}=\frac{\min(b,c)}{\min(b,c)+a} \tag{4.1}$$

其中,b 和 c 分别是两个地区的树木独有种,a 是两个地区的共有种。β_{sim} 的取值为 0~1,当取值为 0 的时候表示两个地区间的树木种类完全相似,当取值为 1 的时候表示两个地区间的树木种类完全不相似。

根据生物同质化假设,如果城市化增加了城市树种组成的相似性,可以期望城市两两间和两个城市的周边地区的树木群组种类组成的差异性应该不同,且后者大于前者。为验证这一假设,采用了配对 Student-t 检验对城市两两间和城市周边两两间树木群组的 β_{sim} 差异的显著性进行了检验。

同样基于假设,由于城市化的生物同质化作用,可以期望各城市树木群组树种组成的差异变化比周边地区的树木群组种类组成的差异变化更小,即更为均值化。为检验这个假设,计算了基于种类组成的群体离散度的均值程度(homogeneity of group dispersion),该指数的计算是假设所有城市的树种共同构成一个多维空间,根据每个城市的树木群组的种类组成可以计算该城市的树木群组到这个多维空间中心点的距离,而综合各城市计算得到距离可以表征由这些城市树木群组构成的群体内部的差异变化的均匀程度。值越小则均值化程度越高,各城市树木群组间种类组成变异越小。对城市树木群组和周边树木群组分别进行计算,并对获得的结果的差异进行显著性检验。

一些研究人员提出使用两两比较的指数的平均值对多个区域间的 β 多样性进行分析无法反映多个地区间的组成的异质性(Baselga, 2013; La Sorte et al., 2014),因此在本研究中进一步采用了多区域不相似性指数(multiple-site dissimilarity index)进行分析。由于区域之间树种组成上的差异是由树种的替换(即不同区域在树种上的周转,turn over)和树种的损失(即不同区域在树种上的嵌套,nestedness)共同作用的结果,所以在分析中,将多区域不相似性指数 Sorenson 指数($M\beta_{sor}$)拆分为周转组分 $M\beta_{sim}$ 和嵌套组分 $M\beta_{sne}$(Baselga, 2010)。基于以上原理,所有的城市树木群组可以计算一个 $M\beta_{sor}$ 值,并可以将其分解为 $M\beta_{sim}$ 和 $M\beta_{sne}$ 的值。同样采用该方法可以计算周边地区树木群组的多区域不相似性指数。根据本文的假设,可以期望周边地区树木群组的多区域不相似性指数的值应该高于城市树木群组的多区域不相似性指数的值。

4.1.3.2　城市树种组成多样性的影响因子分析

为了测试城市树木群组的 β_{sim} 是否受到地理空间位置的影响,存在一个空间衰减的现象,即相似性随着两个城市间的距离增加而减小,采用城市树木群组两两间的 β_{sim} 值构成的矩阵和城市间的空间距离矩阵进行了 Mantel 检验。Mantel 检验的值的正负代表关系的正负,大小代表关系的强弱,显著性判断表示关系是否在统计上是显著的。同样采用 Mantel 检验对周边树木群组进行了检验。由于城市化的生物同质化作用,可以期望空间距离对城市树木群组两两间的 β_{sim} 值的影响应该低于对周边地区树木群组的 β_{sim} 值的影响。为检验其差异的显著性,使用城市间树木群组的 β_{sim} 和周边使用城市间树木群组的 β_{sim} 与空间距离进行回归,并用 ANOVA 分析检验斜率的差异显著性。

城市树木种群间种类组成的相似性受到社会经济和自然因素的影响,为了检验这些影响因素的作用,根据前人(Qian and Ricklefs, 2006; La Sorte et al., 2014; Winter et al., 2010)的研究发现,选取了年均温度、年均降雨量、温度的季节性、降雨的季节性、最干季的降雨量 5 个生物气候因子;人口、国民生产总值和建成区面积 3 个社会经济因子,采用基于距离的冗余分析方法(db-RDA)分析了这些因子对城市树木群组间种类相似性的影响,并对 db-RDA 分析的结果进行显著性检验和依据方差膨胀系数(variance inflation factor)对解释变量进行筛选，筛除方差膨胀系数大于 4 的解释变量。在确定解释变量后，将其归纳为社会经济变量和气候变量两类，采用方差分解(variation partitioning)的方法对两类变量对于各城市树木群组种类组成的差异的解释程度进行分析。其中，气候数据是使用基于 Landsat 数据提取的建成区边界(具体提取方法参见 Huang et al., 2017)在 WorldClim(Hijmans et al., 2005)中下载相应边界范围内空间分辨率为 30 arsec 的生物气候变量栅格数据，然后计算各城市的平均值。城市人口和国民生产总值主要从各城市官方网站和 Wikipedia 获得。

以上的分析均在 R(Version 3.4.1)中完成，其中，β_{sim}、扩散程度和 db-RDA 的分析使用 Vegan 软件包，多区域不相似性指数的计算使用 Betapart 软件包，空间距离的计算使用 Fields 软件包。

4.2 结果与分析

在 81 个城市中，城市树种丰富度，组成上的相似性和周边树木种类组成相比的差异性，以及城市树木群组间种类组成差异性的影响因素的分析结果如下。

4.2.1 研究城市及其周边地区的树木多样性概况

在归并到种后，81 个城市中保留 6 109 条不重复的树木种类的记录，共有 1 647种树木。在 GBIF 中获取了这些城市周边归并到种后保留 9 219 条不重复的树木种类的记录，共有 2 675 种树木。

81 个城市中树种的丰富度差异很大，平均树种数量是 60 个，报告树种丰富度最多的是在丹麦奥尔胡斯(Aarhus)市，共记录了 287 种，最少的是在埃及的瑞莫丹(Ramadan)市，记录了 6 种。城市周边的非城市范围内平均树种丰富度高于城市中的树种丰富度(图 4.2)，在城市周边的非城市范围内的平均树种丰富度是 81 个，最多的记载是在中国的台中市周围，共 549 个，最少的是在埃及瑞莫丹市周围，只有 1 个树种的记录。城市周边的树种丰富度的分布大致与生态分区一致，即处于森林地区的城市周边记录的树种丰富度高于在沙漠地区的城市周边记录的树种丰富度。

4.2.2 城市树木群组间以及周边树木群组间种类组成的差异

城市树木群组两两之间、城市与其周边树木群组两两间以及周边树木群组间的 β_{sim} 值比较显示，城市与城市树木群组之间的 β_{sim} 值低于周边树木群组之间的值，和城市与其周边树木群组之间的值差距不明显(图 4.3)。进一步以所有配对的城市树木群组的 β_{sim} 值与所有配对的周边树木群组的 β_{sim} 值做配对 Student-t 检验的结果显示两者之间存在显著差异。两组值之间的差异为 0.062($P<0.001$)。

城市树木群组间种类组成的多区域不相似性指数值稍低于周边地区树木的

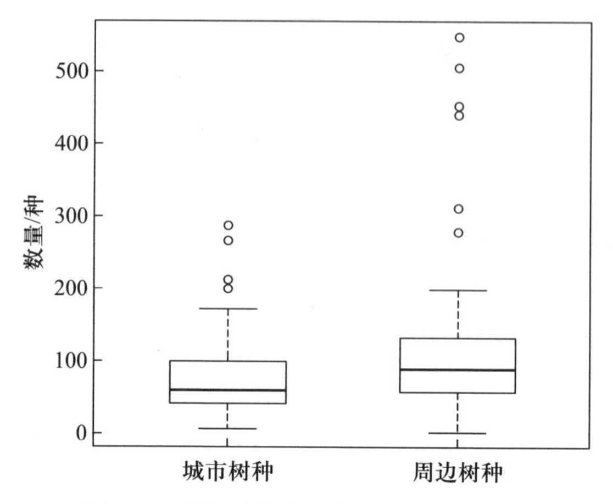

图 4.2 研究城市中的树种丰富度分布。

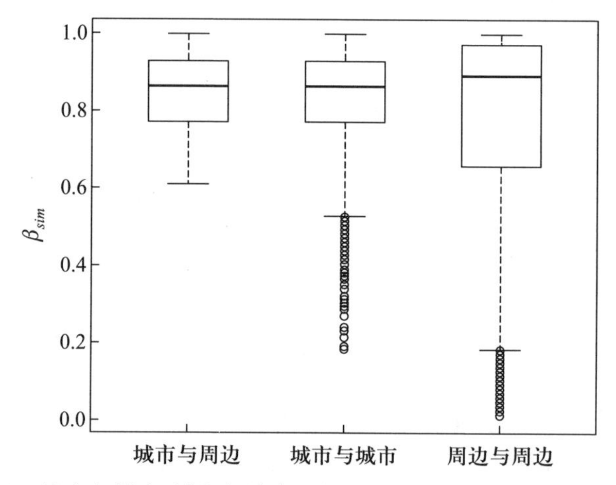

图 4.3 城市与周边、城市与城市和周边与周边的树木群组 β_{sim} 比较。

值,而这种差异主要是由树种的损失引起的($M\beta_{sne}$)。城市间由树种替换导致的多区域不相似性($M\beta_{sim}$)高于城市周边间(表 4.1)。

表 4.1 各城市间和各城市的周边地区间树木群组种类组成的多区域不相似性

类别	$M\beta_{sor}$	$M\beta_{sim}$	$M\beta_{sne}$
城市树木	0.979 8	0.965 9	0.013 9
周边地区树木	0.979 9	0.961 5	0.018 4

不相似性离散度比较的结果显示城市间树种组成的变异性显著小于城市周边间树种组成的变异性[$Pr(>F)$ = 0.004 6](图 4.4)。

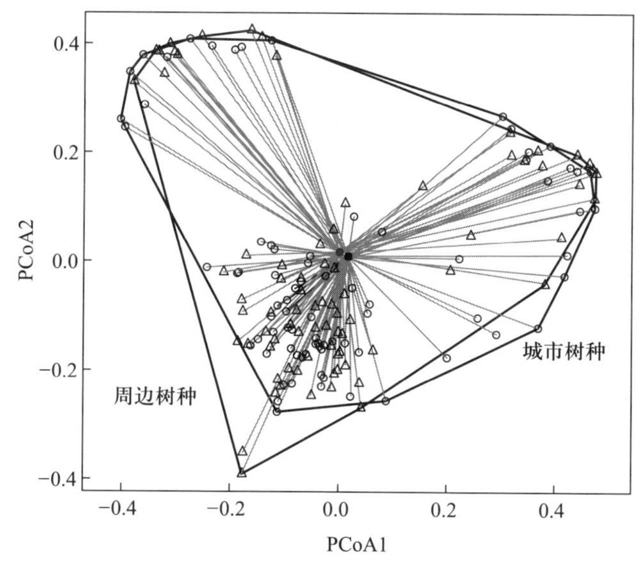

图 4.4　周边和城市树木群组种类组成不相似性的离散度比较。

根据 β 多样性指数的数值，不论是两两间的 β_{sim} 的数值，还是多区域的不相似性的数值大小，可以得出城市树木群组间种类组成的不相似性依然很高的结论。城市树木群组两两间的 β_{sim} 的平均值是 0.832 4，而 $M\beta_{sor}$ 值更是高达 0.979 8。这个结论和 Aronson 等(2014)发现的全球 110 个城市中的植物种类依然主要反映所在地区的种源库的结论相符合，也和 Ramage 等(2013)发现的处于美国不同生态分区内的 27 个城市的树木群组的种类组成存在很大的不同相吻合。

但在加入和周边树木组群的比较后可见，尽管城市树木群组间种类组成的不相似性较高，但城市树木群组两两间 β_{sim} 仍显著低于城市周边间。多区域不相似指数的数值也显示了相同的趋势。且所有城市树木群组之间种类组成的变异性小于所有周边树木群组之间种类组成的变异性。这些结果均指向了城市化减少城市所在区域的树木 β 多样性的这一趋势。指数间较小的差异可能是由于这些指数是基于物种的分布(occurrence)数据而不是多度(abundance)数据计算引起的。使用物种分布数据计算 β 多样性是将稀有的和大量分布的种类同等对待(Chao et al., 2006)。但是在城市环境中有很多外来树种的种植数量都很少(Sjöman et al., 2012)。Yang 等(2015)的研究中显示，当基于物种分布数据计算的多区域 Jaccard 指数为 0.818 的时候，用基于多度数据计算的同样的指数的值为 0.055。所以在本研究中揭示的城市化对城市树木的同质化作用可能被低估，需要在有多度数据的情况下做进一步的研究。

4.2.3　城市的树木 β 多样性影响因素分析

Mantel 检验结果显示城市与城市树木群组间种类组成的相似性受到空间距离

的显著影响(表 4.2),但空间距离对周边树木组成相似性的影响更大(图 4.5),ANOVA 分析的结果显示差异显著。这一发现在一定程度上证实了早期研究中的城市植被的生物同质化或异质化主要取决于城市之间的空间距离的观点(McKinney, 2008)。空间距离显著影响城市树木群组间的种类组成的相似性,但和周边的树木群组相比,与空间距离的相关性减少,这可能是由于一些广泛分布的树种替换了当地的特有种,增加了相似性,减少了空间距离的影响。

表 4.2　Mantel 检验的结果

类别	Mantel r	显著性
城市树木群组间种类组成相似性	0.316 1	0.001
城市周边树木群组间种类组成相似性	0.579 3	0.001

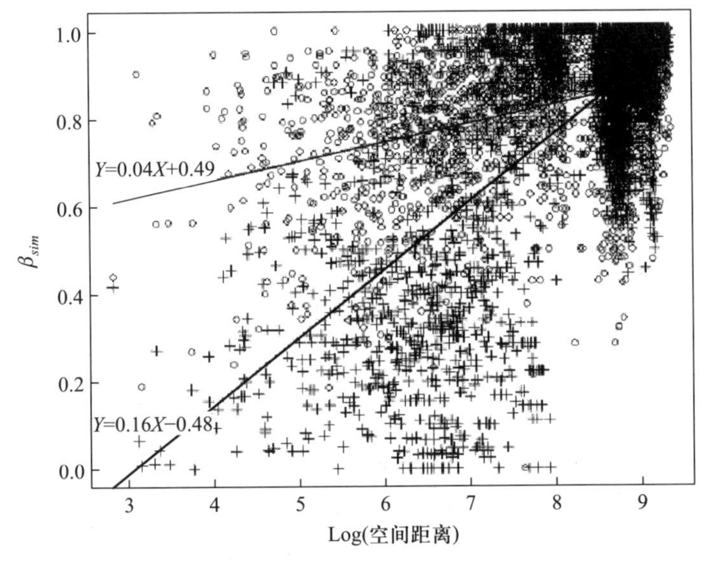

图 4.5　城市间和周边地区间树木群组的 β_{sim} 与空间距离关系。图中圆圈代表城市间数据,十字标记代表周边地区间数据,两条直线分别代表拟合的趋势线。

根据 db-RDA 的结果,城市间的树种组成的不相似性受到年均温度、年均降雨量、温度的季节性、降雨的季节性、最干季的降雨量、GDP、人口和建成区面积的影响(图 4.6)。这些因子中,人口和建成区面积的影响较小。

所有的解释变量能解释各城市树木群组间种类组成差异的 18.7%,分解到社会经济因素和气候因素之后,可见气候因素的影响显著大于社会经济因素(图 4.7)。

地理空间位置和气候因素对城市树木群组的种类组成差异性的影响较大,和目前的认识一致。气候和地理距离对城市植被中的本土植物种类组成的限制

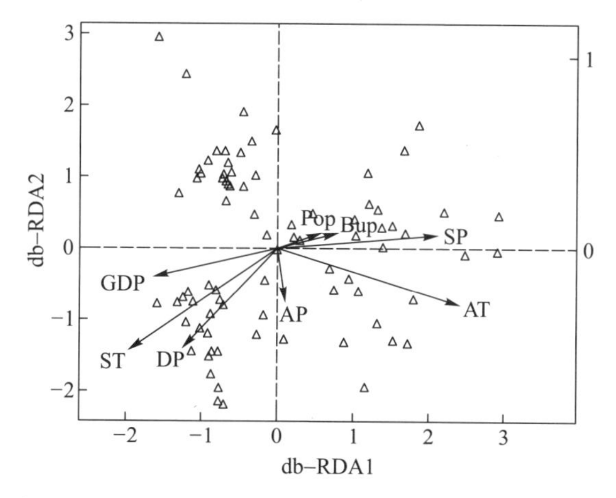

图 4.6　冗余分析双标图。图中缩写分别为:GDP = 国民生产总值,ST = 温度的季节性,DP = 最干季的降雨量,AP = 年均降雨量,AT = 年均温度,SP = 降雨的季节性,Pop = 人口,Bup = 建成区面积。

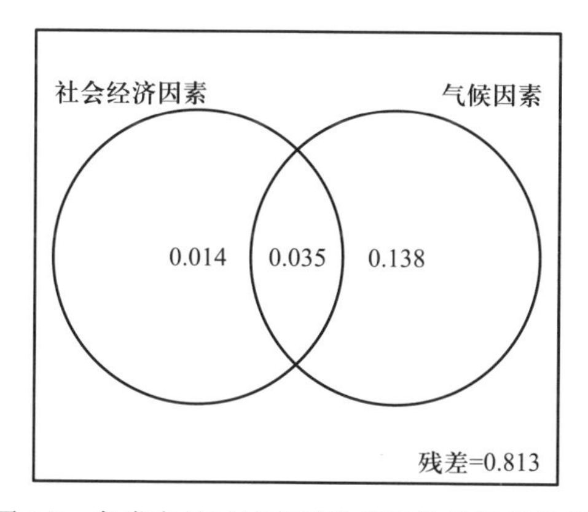

图 4.7　各类变量对城市树种相似性的解释程度。

作用非常显著(Garcillán et al., 2014; La Sorte et al., 2014; Winter et al., 2010)。而非本土植物种群的建立和扩散都受到这些物种气候适应性的影响(Winter et al., 2010)。气候可能在一个较长的时间尺度上起到过滤器的作用,将不适应本地气候的非本地植物种类过滤掉(Loeb, 2011)。

本研究中采用的社会经济因素对城市树木群组的种类组成差异性的影响较小,但依然是显著的。这说明城市环境的过滤效果和人类的选择依然是城市化驱动城市植被同质化的因素。不同地区的城市通常具有相似的空间结构和相似的小气候环境,如城市热岛、破碎的景观和 N 等营养元素的输入(McKinney, 2006; Williams et al., 2009)。这些环境条件更适合具有一些特定属性的植物生长,如耐旱和种子较大的植物等(Duncan et al., 2011)。与此同时,人类有意识地引进和通过交通线路的传播能够帮助非本土植物入侵城市并定居。其后果是造成城市植被的生物同质化或异质化(Lososová et al., 2012b)。在其他对城市植被生物同质化的研究中也发现城市化的驱动作用大小和城市的面积、建成时间以及人口数量密切相关(McKinney, 2006; La Sorte et al., 2014; Lososová et al., 2012b)。

4.3 结论

基于全球81个城市中的树木种类数据及其周边非城市区域的树种分布数据做的对比分析,证实了存在城市化对城市树木物种多样性的生物同质化作用。但是受到数据可得性的限制,选择的城市多集中在欧洲和北美,此外采用树种分布数据来计算的 β 多样性指数数值差距小,仅能够指示这一作用的存在,但不能充分说明该作用的大小,在未来需要使用多度数据进一步验证。城市树木群组的种类组成相似性的差异受到地理空间距离、气候因素和社会经济因素的影响。在全球尺度上,气候因素的影响大于社会经济因素的影响,但社会经济因素(人口、建成区面积和GDP)的影响都是显著的。这显示了人类活动对生物同质化的促进作用。进一步的研究可以聚焦于人类活动如何影响生物同质化的机制上,包括分析人为引入外来种的强度和对环境因子的改变程度与生物同质化的程度之间的数量关系。

尽管存在着以上的不足,本研究首次在全球尺度上尝试采用公开获取的数据来解决城市化的生物同质化作用研究缺乏空间上的参照对象的不足。随着更多含有物种多度信息的调查数据的获取和共享,采用文中建立的方法可对生物同质化理论进一步验证。同时,研究发现的城市化对城市地区的树木物种多样性的同质化作用也值得引起管理者的警惕。在城市建设过程中需要注意对原有植被的保护,避免减少城市区域树木的 β 多样性。

致谢

清华大学黄从红、鲁思然、金晶和姜鹏参与了研究数据的收集工作;国内外多名研究人员提供了所在城市的树木数据,因人数众多,不便一一列出,在此一并致谢。本项研究由国家自然基金面上项目“城市植被生物同质化格局及驱动机制的尺度效应研究”支持(基金号:31570458)。

参考文献

毛奇正, 马克明, 邬建国, 唐荣莉, 张育新, 罗上华, 宝乐, 蔡小虎. 2013. 城市生物多样性分布格局研究进展. 生态学报, 33(4): 1051-1064.

王光美，杨景成，姜闯道，赵洪涛，张志东. 2009. 生物同质化研究透视. 生物多样性，17(2)：117-126.

Aronson, M. F., F. A. La Sorte, C. H. Nilon, M. Katti, M. A. Goddard, and C. A. Lepczyk. 2014. A global analysis of the impacts of urbanization on bird and plant diversity reveals key anthropogenic drivers. Proceedings of the Royal Society B: Biological Sciences, 281(1780): 20133330.

Baselga, A. 2013. Multiple site dissimilarity quantifies compositional heterogeneity among several sites, while average pairwise dissimilarity may be misleading. Ecography, 36(2): 124-128.

Baselga, A. 2010. Partitioning the turnover and nestedness components of beta diversity. Global Ecology and Biogeography, 19(1): 134-143.

Chao, A., R. L. Chazdon, R. K. Colwell, and T. J. Shen. 2006. Abundance-based similarity indices and their estimation when there are unseen species in samples. Biometrics, 62(2): 361-371.

Duncan, R. P., S. E. Clemants, R. T. Corlett, A. K. Hahs, M. A. McCarthy, and M. J. McDonnell. 2011. Plant traits and extinction in urban areas: A meta-analysis of 11 cities. Global Ecology and Biogeography, 20(4): 509-519.

Garcillán, P. P., E. D. Dana, J. P. Rebman, and J. Peñas. 2014. Effects of alien species on homogenization of urban floras across continents: A tale of two mediterranean cities on two different continents. Plant Ecology and Evolution, 147(1): 3-9.

Hijmans, R. J., S. E. Cameron, Parra, J. L., P. G. Jones, and A. Jarvis. 2005. Very high resolution interpolated climate surfaces for global land areas. International Journal of Climatoloty, 25(15): 1965-1978.

Huang, C., J. Yang, H. Lu, H. Huang, and L. Yu. 2017. Green spaces as an indicator of urban health: Evaluating its changes in 28 mega-cities. Remote Sensing, 9(12): 1266.

Kühn, I., and S. Klotz. 2006. Urbanization and homogenization—Comparing the floras of urban and rural areas in Germany. Biological Conservation, 127(3): 292-300.

La Sorte, F. A., M. F. J. Aronson, N. S. G. Williams, L. Celesti-Grapow, S. Cilliers, and B. D. Clarkson. 2014. Beta diversity of urban floras among European and non-European cities. Global Ecology and Biogeography, 23(7): 769-779.

Legendre, P., and M. De Cáceres. 2013. Beta diversity as the variance of community data: Dissimilarity coefficients and partitioning. Ecology Letters, 16(8): 951-963.

Lososová, Z., M. Chytrý, L. Tichý, J. Danihelka, K. Fajmon, and O. Hájek. 2012a. Native and alien floras in urban habitats: A comparison across 32 cities of central Europe. Global Ecology and Biogeography, 21(5): 545-555.

Lososová, Z., M. Chytrý, L. Tichý, J. Danihelka, K. Fajmon, and O. Hájek. 2012b. Biotic homogenization of Central European urban floras depends on residence time of alien species and habitat types. Biological Conservation, 145(1): 179-184.

Loeb, R. E. 2011. What and where are old growth urban forests? In *Old Growth Urban Forests*. R. E. Loeb(eds.), New York: Springer , 1-14.

McKinney, M. L., and J. L. Lockwood. 1999. Biotic homogenization: A few winners replacing many losers in the next mass extinction. Trends in Ecology and Evolution, 14(11): 450-453.

McKinney, M. L. 2006. Urbanization as a major cause of biotic homogenization. Biological Conservation, 127(3): 247-260.

McKinney, M. 2008. Do humans homogenize or differentiate biotas? It depends. Journal of Biogeography, 35(11): 1960-1961.

Olden, J. D., and N. L. Poff. 2003. Toward a Mechanistic Understanding and Prediction of Biotic Homogenization. American Naturalist, 162(4): 442-460.

Olden, J. D., N. L. Poff, M. R. Douglas, M. E. Douglas, and K. D. Fausch. 2004. Ecological and evolutionary consequences of biotic homogenization. Trends in Ecology and Evolution, 19(1): 18-24.

Olden, J. D., N. L. Poff, and M. L. McKinney. 2006. Forecasting faunal and floral homogenization associated with human population geography in North America. Biological Conservation, 127(3): 261-271.

Qian, H., and R. E. Ricklefs. 2006. The role of exotic species in homogenizing the North American flora. Ecology Letters, 9(12): 1293-1298.

Ramage, B. S., L. A. Roman, and J. S. Dukes. 2013. Relationships between urban tree communities and the biomes in which they reside. Applied Vegetation Science, 16(1): 8-20.

Sjöman, H., J. Östberg, and O. Bühler. 2012. Diversity and distribution of the urban tree population in ten major Nordic cities. Urban Forestry & Urban Greening, 11(1): 31-39.

Trentanovi, G., M. Lippe, T. Sitzia, U. Ziechmann, I. Kowarik, and A. Cierjacks. 2013. Biotic homogenization at the community scale: Disentangling the roles of urbanization and plant invasion. Diversity and Distributions, 19(7): 738-748.

Wang, G., J. Zuo, X. Li, Y. Liu, J. Yu, and H. Shao. 2014. Low plant diversity and floristic homogenization in fast-urbanizing towns in Shandong Peninsular, China: Effects of urban greening at regional scale for ecological engineering. Ecological Engineering, 64(1): 179-185.

Williams, N. S. G., M. W. Schwartz, P. A. Vesk, M. A. McCarthy, A. K. Hahs, and S. E. Clemants. 2009. A conceptual framework for predicting the effects of urban environments on floras. Journal of Ecology, 97(1): 4-9.

Winter, M., I. Kühn, F. A. La Sorte, O. Schweiger, W. Nentwig, and S. Klotz. 2010. The role of non-native plants and vertebrates in defining patterns of compositional dissimilarity within and across continents. Global Ecology and Biogeography, 19(3): 332-342.

Yan, P., and J. Yang. 2017. Species diversity of urban forests in China. Urban Forestry & Urban Greening, 28: 160-166.

Yang, J., F. A. La Sorte, P. Pyšek, P. Yan, D. Nowak, and J. McBride. 2015. The compositional similarity of urban forests among the world's cities is scale dependent. Global Ecology and Biogeography, 24(12): 1413-1423.

基于眼动分析的城市景观空间绿视率及其评价

第 5 章

李杰[①②]　高峻[①]　马剑瑜[③]　陈婉珍[④]

摘　要

随着城镇化进程的加快，推进城市景观空间作为市民游憩活动的依托和载体，在日常生活中愈发重要。本研究以绿视率为切入点，引入眼动数据作为中介因素，旨在了解人们对城市景观空间的感知特征，探索绿视率、景观元素与景观评价之间的关系，为相关设计与管理工作提供参考。

以分别代表公园、滨水空间和社区空间的上海市徐家汇公园，徐汇滨江和康健绿苑为研究区域，采集 20 张具有不同等级绿视率的照片，通过对 83 名被试者进行眼动和网络照片问卷调查，采用双变量相关、偏相关分析等方法，对被试者的景观评价及其眼动数据和场景中各类元素比例的相关性进行定量分析。

结果表明：① 景观评价指标与乔木、灌木、水生植物、水面比例呈正相关，与硬质景观、视觉主导元素比例呈负相关。人们关注乔木、行人越多，视觉主导元素越少，越可能给出较高的景观评价。说明偏自然的景观元素有助于休闲氛围的营造，给人更多的美感与舒适度，偏人工的景观元素过多则会减少人们对绿意的感知，甚至破坏空间的休闲氛围。② 场景中绿视率越高，被试者对绿意程度、空间舒适度、休闲功能满意度、空间利用度、美景度评价都相应较高。被试者对乔木的关注高于其他类型的植物；对灌木和草本植物的关注度接近，都低于视觉主导元素和硬质景观等非植物元素；被试者对水生植物的关注度较高。说明城市景观空间多栽种植物和丰富绿化的举措可以提升视觉景观品质，有助于提升使用者的好感和景观评价。

最后，基于研究结果提出了相应的城市景观空间规划建议。

① 上海师范大学环境与地理科学学院，上海，200234，中国；
② 普渡大学林业与自然资源系，西拉法叶，47907，美国；
③ 上海师范大学旅游学院，上海，200234，中国；
④ 华东理工大学社会与公共管理学院，上海，200237，中国。

Abstract

Urban landscape, with the speeding up of urbanization process, is becoming more important as part of the support and carrier of leisure and recreational activities. This study presents the research which focuses on the correlation between green appearance percentage, landscape elements in the scene and user's landscape assessments, and provides insights for design and management.

The first process of this study refers to twenty photographs that depicted urban landscapes with different levels of green appearance percentage in Shanghai and generates a questionnaire survey. 83 people were surveyed using eye tracking and web photo-questionnaire consists of twenty photographs. The survey was analyzed using SPSS statistic methods including bivariate correlation and partial correlation analysis aiming to analyze correlation between user's landscape assessments, eye tracking data and the proportion of landscape elements in the scene.

The results show: ① Landscape assessments are positively correlated with the proportion of trees, shrubs, aquatic plants and water, while negatively correlated with the proportion of hardscape and visual dominant elements. Participants, paying more attention to trees and pedestrians but less attention to visual dominant elements, may give a higher evaluation to the landscapes. The natural landscape elements, such as plants and water, contribute to the leisure atmosphere, beauty and comfortability, while excessive artificial landscape elements reduce people's perception of greenness, and even destruct space leisure atmosphere. Meanwhile, pedestrians walking in the scene usually give higher assessments. ② Photographs with high green appearance percentage were received high landscape assessments. The participants generally paid more attention to trees than other plants. Shrubs and grasses were less concerned than non-plant elements, such as visual dominant elements and hardscape. Participants pay a lot of attention to aquatic plants. Therefoe, in urban landscape space, adding plants can improve visual landscape quality and increase user's favor.

Based on the results of the study, some suggestions are put forward to improve the urban landscape planning.

引言

景观评价是评估者心理活动与景观交互作用的结果,而景观视觉质量评估是基于视觉感知对外部功能景观的价值判断。目前,景观视觉质量评估主要采用心理物理学方法，包括美景度评价法（scenic beauty estimation，SBE）（Daniel and Boster，1976），比较评价法（law of comparative judegement，LCJ）（Hull et al.，1984）和语义解析法（semantic differential，SD）（Bradley and Lang，1994）等。这些方法在景观评价中得到了广泛的应用，通常由专业人员、随机采访的受众、高校学生等采用主观打分的形式完成评价，但缺少客观评价指标进行验证（郭素玲等，2017）。

城市景观空间评价通常将景观元素分类分析，包括植物、行人、建筑、视觉主导元素、水体等（Nordh et al.，2013）。植物是城市景观空间的重要组成部分，对景观评价有显著的影响（Noland et al.，2017）。青木阳二在 1987 年提出绿视率（green appearance percentage），即人的视野中绿化面积所占的比率（Aoki，1987），这一概念将环境与心理两者之间的关系抽象量化，为城市景观空间的植物景观评价提供了全新的衡量角度。另外，作为景观设计的主要内容，建筑和硬质景观等人工设施对景观空间的评价也有较大影响（Henderson and Ferreira，2004；Noland et al.，2017）。

眼动追踪是一种用于帮助研究人员理解视觉注意的技术。眼动追踪具有检测并跟踪眼球注视刺激物时的运动轨迹的独特能力，能够帮助研究和设计人员更清楚地了解人类视觉系统的运作过程，使研究者可以通过这一技术检测被试者眼部在某个时刻的注视位置，注视时长以及眼球运动的轨迹。眼动仪是辅助眼动追踪研究的工具，研究人员通过观察被试者眼睛的位置，进而得知注视的习惯。眼动追踪技术已广泛应用于市场营销、认知科学和人机交互等领域（Xu et al.，2017），并在近年来逐渐引入地理学、地图学及景观评估等研究领域，相关研究包括视觉偏好和城市设计（Noland et al.，2017）、受众对生态系统服务决策支持系统的使用和理解（Klein et al.，2016），受众对城乡梯度的视觉景观的感知差异（Dupont et al.，2017）等。

景观评价的研究大多从评价者主观打分的角度出发，景观元素比例和绿视率是景观场景元素构成的主要量化指标，本研究试图引入眼动数据作为中介因素来分析景观元素与评价之间的关系：① 景观元素如何通过眼动行为影响景观评价；② 绿视率如何通过眼动行为影响景观评价。通过引入先进的眼动追踪技术，由被试者的视觉行为来解释景观元素和绿视率影响景观评估的机制，为城市景观空间评价及规划建设管理提供参考。

5.1　研究区域与方法

5.1.1　研究对象

选择位于上海市徐汇区的徐家汇公园、徐汇滨江（南浦站-东安路段）和康健绿苑三处城市景观空间作为研究对象，分别代表公园、滨水和社区三种景观空间类型（图 5.1）。徐家汇公园和徐汇滨江是上海市知名度较高的景观绿地，服务于全市居民;康健绿苑是社区型景观绿地,主要服务于徐汇区康健街道及周边的居民。三处城市景观空间使用率高,类型和尺度各异,建成时间跨度从 20 世纪 80 年代到 21 世纪初,具有上海地域特色,是反映上海城市景观空间不同时期发展水平的典型代表。

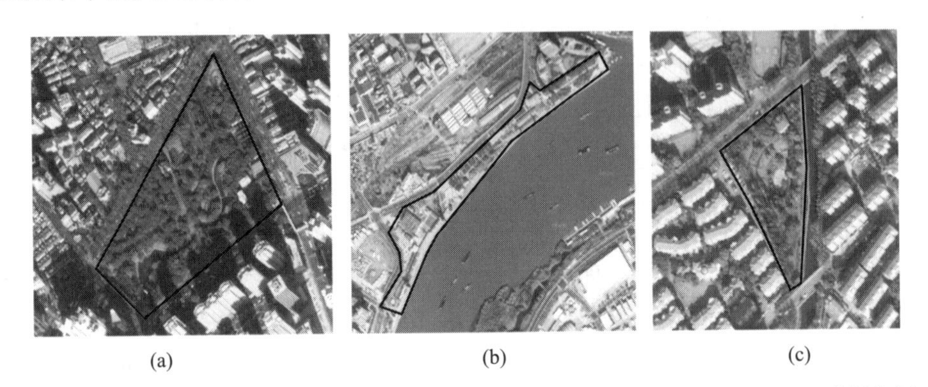

图 5.1 徐家汇公园(a)、徐汇滨江(南浦站-东安路段)(b)、康健绿苑(c)卫星遥感影像图。(参见书末彩插)

5.1.1.1 公园景观空间:徐家汇公园

徐家汇公园位于徐家汇广场东侧,建于 2000 年,面积为 8.66 hm^2,东、南、西、北分别由宛平路、肇嘉浜路、天平路、衡山路围合而成。公园设计以生态、绿色为指导理念,保留原大中华橡胶厂烟囱、原中国唱片厂办公楼等传承场地的历史记忆,设计布局呈上海版图形状,模拟黄浦江等水域,由近 200 m 长的天桥贯通,将徐家汇商业圈与衡山路花园别墅风格融合(陈艺平, 2016)。使用者包括游客、周边居民和上班族等。

徐家汇公园的景观设计将西方法式园林与中国传统园林的设计融合,植物造景采用自然与规则相结合的形式。种植设计将乔灌木和草本植物与建筑、景观小品、景观水体及廊桥等融合,植物搭配合理,品种丰富,层次感强,是传统中式园林和现代西方景观的有机结合。

5.1.1.2 滨水景观空间:徐汇滨江(南浦站-东安路段)

徐汇滨江位于黄浦江的前滩地区,本研究调查的南浦站-东安路段长度约 1.7 km,宽度 80~260 m,场地东临黄浦江、南至东安路、西靠瑞宁路和龙腾大道、北达原南浦车站。该地保留原场地上的工业设施设备并结合现代设计改造利用(李正平, 2013),是滨水工业用地更新改造的典型。场地使用者包括游客、周边居民和上班族等。

徐汇滨江的种植设计以规则式为主,大量使用种植池和花坛等分隔出种植空间,列植以香樟、榉树、银杏为主,绿篱植物包括法国冬青、金边黄杨和红叶石楠等。南浦站铁路沿线以自然式种植为主,将香樟、水杉疏林与芦苇等结合,营造自然体验。

5.1.1.3　社区景观空间:康健绿苑

康健绿苑建于 20 世纪 80 年代,北起浦北路、南至桂林西街、西临康新花园、东近东上澳塘港,整体呈三角形,面积约 1 hm^2。场地是周边小区配套的社区景观绿地,包括康新花园、康健星辰和寿德坊等小区及上海市世界外国语小学和上海师范大学第一附属小学等学校。使用者以周边社区居民、学生和家长为主。

园内有花架、凉亭和座椅等休闲设施,乔灌草木组合搭配,是小尺度居民生活游憩空间。种植设计将乔灌木、草本植物与景观小品、廊架等融合,植物配置合理,体现层次感,以自然式种植为主,绿化植物主要包括水杉、垂柳、加拿利海枣、棕榈和紫藤等。

5.1.2　研究方法

本研究共分为照片数据采集、照片数据筛选、照片处理与分析、问卷设计与实验四个阶段(图 5.2)。照片数据采集阶段,通过实地走访绿地、广场和水体等不同场景拍摄城市景观空间照片;照片数据筛选阶段,使用 Adobe Photoshop CS5 软件查看整张照片和绿色植物的像素值,得出绿视率,综合植物组合搭配筛选出 20 张照片用于后续实验;照片处理与分析阶段,使用 Tobii Pro Studio 软件绘制兴趣区,统计图片中 8 类景观元素比例;问卷设计与实验阶段,设计眼动问卷和网络问卷,遴选各类用于分析的指标,共得到 83 人的有效数据,并进行相应分析。

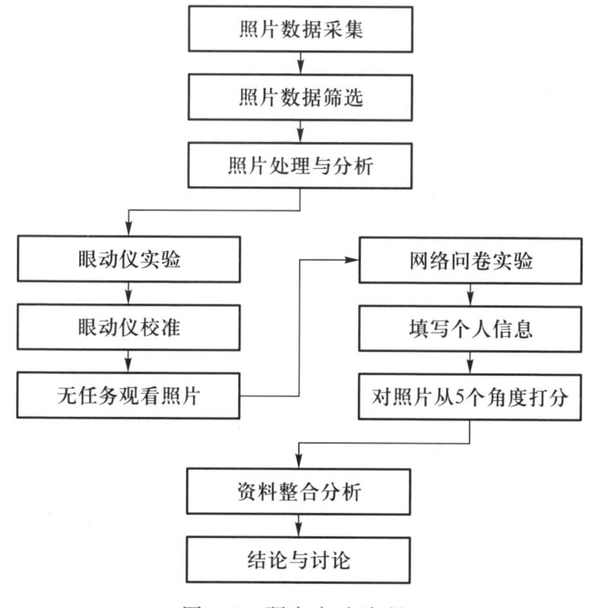

图 5.2　研究方法流程。

5.1.2.1　照片数据采集

本研究通过实地走访拍摄照片量化观察者视角的绿视率,拍摄时间为植物长势较好且光线适宜的2016年9月上午10点到下午4点之间。统一使用SONY ILCE-5000微单拍摄,镜头型号为SONY E 3.5-5.6/PZ 16-50 OSS,将镜头焦距始终固定为16 mm,焦段为3.6,将三脚架固定为1.7 m,以视角水平拍摄分辨率为5 456×3 632的照片。

城市景观空间按照绿地、广场、水体等不同场景分别设置取景拍照点。绿地的取景点集中在访客最常到访的道路或小广场,水体的取景点选择岸边、观景平台等易于观赏到水景的视点,广场的取景点选择访客聚集活动的视点。选定取景拍照点后沿水平方向拍照,以人眼的视觉角度初步成像。成像后对照片进行视觉修正,保证视野内能最大限度地看到景物,并排除其他干扰因素。在记录表中分别备注每张照片的编号以及拍摄时间和地点,以便后续处理。

5.1.2.2 照片数据筛选

将拍摄的图片导入Adobe Photoshop CS5软件中,打开直方图,在"源"选项栏中查看"整个图像",以徐汇滨江的场景为例,"像素"栏显示309 628为整幅图片的像素值;随后,使用魔棒工具,适当调整容差,将图片中的绿色植物逐一选择,挑选出除明显主干部分的植物并复制图层,在"源"选项中查看"选中的图层","像素"栏显示133 607为绿色植物的总像素值,则该图片的绿视率为"选中的图层的像素值"与"整个图像的像素值"的比值,即133 607/309 628=43.15%(图5.3)。重复以上步骤,分别计算出各个样点所拍摄图片的绿视率(赵庆等, 2016)。

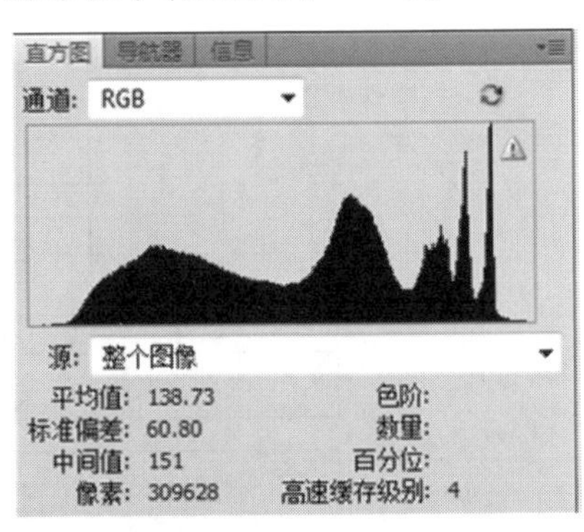

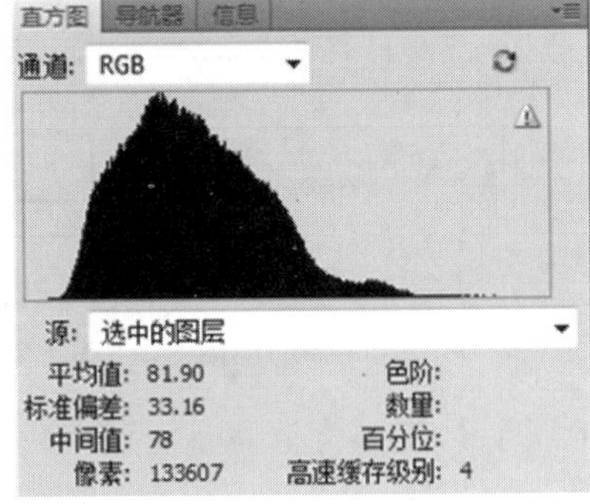

图5.3 绿视率计算方法。

排除场景中干扰元素及邻近地点相似景观的照片,拍照调查共获取三处城市景观空间 60 张不同场景照片,按上述方法分别计算每张照片场景绿视率值。按照兼顾绿视率高低等级、考虑各种植物组合的搭配类型比例、均衡城市景观空间类型的原则,筛选出 20 张典型照片用于后续实验(图 5.4)。

图 5.4　代表各等级绿视率的典型照片。

1~6 号照片拍摄于康健绿苑,7~13 号照片拍摄于徐汇滨江,14~20 号照片拍摄于徐家汇公园(表 5.1)。从绿视率等级上看,本次实验中等级为低(0~15%)的 2 张,等级为较低(16%~30%)的 3 张,等级为一般(31%~45%)的 4 张,等级为较高(46%~60%)的 7 张,等级为高(61%~100%)的 4 张。植物搭配类型方面,草本植物和灌木为主的各 1 张,乔木为主和乔木+水生植物组合的各 2 张,乔木+灌木组合的 3 张,乔木+草本植物组合的 5 张,乔木+灌木+草本植物组合的 6 张。

表 5.1 研究照片属性汇总

序号	绿视率/%	拍摄地点	绿视率等级	植物搭配类型
1	62	康健绿苑	高	乔木+草本植物
2	53	康健绿苑	较高	乔木+灌木
3	55	康健绿苑	较高	乔木+灌木+草本植物
4	40	康健绿苑	一般	乔木+灌木+草本植物
5	55	康健绿苑	较高	乔木+草本植物
6	78	康健绿苑	高	乔木+灌木+草本植物
7	3	徐汇滨江	低	乔木+灌木
8	43	徐汇滨江	一般	乔木+草本植物
9	3	徐汇滨江	低	乔木
10	70	徐汇滨江	高	乔木+草本植物
11	26	徐汇滨江	较低	草本植物
12	32	徐汇滨江	一般	乔木
13	21	徐汇滨江	较低	灌木
14	58	徐家汇公园	较高	乔木+灌木
15	49	徐家汇公园	较高	乔木+灌木+草本植物
16	56	徐家汇公园	较高	乔木+水生植物
17	42	徐家汇公园	一般	乔木+灌木+草本植物
18	76	徐家汇公园	高	乔木+灌木+草本植物
19	58	徐家汇公园	较高	乔木+草本植物
20	16	徐家汇公园	较低	乔木+水生植物

注:绿视率等级划分,0~15%为低,16%~30%为较低,31%~45%为一般,46%~60%为较高,61%~100%为高。

5.1.2.3 照片处理与分析

为便于对景观元素及其比例进行分析,分别统计20张照片场景中各类景观元素所占比例,天空、场景外背景建筑等不属于城市景观空间的元素由于与本研究相关性较低,暂不列入统计(Nordh et al., 2013)。

植物元素按照植被类型分为乔木、灌木、草本植物和水生植物。非植物元素按照属性分为水面、硬质景观、视觉主导元素和行人。水面包括城市景观空间内景观水体,不包括外部的城市河道(黄浦江)。硬质景观包括硬质铺装、汀步、滨水驳岸和护栏等人工修建的景观设施。视觉主导元素指天桥、垃圾桶、构筑物、路灯、标识牌、显示屏、电动车、座椅和休息廊架等可能吸引人关注的元素。行人指城市景观空间的使用者，将这一元素单独标注有助于分析场景中人的影响。

图5.5为使用Tobii Pro Studio软件绘制兴趣区后统计图片中各类景观元素所占比例的示意，统计结果见表5.2。20个场景中除了绿视率等级有所区别外，非植物元素比例也各有差异，包含水面的场景3个(15%)，行人的场景14个(70%)，视觉主导元素的场景19个(95%)，硬质景观的场景为20个(100%)，可代表游客在城市景观空间正常行走过程视觉的体验。

图5.5　景观元素统计示意。

5.1.2.4　问卷设计与实验

实验使用设备包括SONY笔记本电脑和Tobii T120眼动仪，软件为Tobii Pro Studio和SPSS。Tobii T120是集成高分辨率显示器的一体式眼动仪，眼动设备集成在17寸薄膜晶体管显示器中，能够提供高准确度数据，记录人们的视线位置，适合于注视点持续时间和时间效度较高的研究。17寸彩色显示器使用红外记录双眼轨迹，被试者与显示器之间的距离为60～70 cm，记录速率为120 Hz。每个实验前都需要对装置校准。

实验由眼动问卷和网络问卷两部分共同组成。校准完成后，要求被试者观看20张城市景观空间照片，每张持续14 s后自动切换下一张，并要求被试者视线持续保持在屏幕上。眼动仪实验单独运行，每位被试者看到的照片以随机顺序显示。眼动实验结束后继续利用显示屏转换到网络进行照片问卷，对眼动实验中出现的照片进行打分。

本研究中，眼动数据主要采用的分析指标包括注视时长(fixation duration)、注视次数(fixation count)和首次注视时间(time to first fixation)等。注视时长表示被试者注视景观元素所有时间的总和，注视次数表示被试者注视景观元素的次数总和，首次注视时间表示被试者第一次注视景观元素之前所需时长。

表 5.2 典型照片景观元素所占比例汇总表 单位:%

照片	乔木	灌木	草本植物	水生植物	水面	硬质景观	视觉主导元素	行人
1	41.92	1.36	29.94	0.00	0.00	9.64	1.22	0.00
2	46.30	15.91	4.68	0.00	0.00	18.80	3.53	0.00
3	36.99	5.54	22.95	0.00	0.00	10.63	5.19	0.00
4	42.17	0.00	3.21	0.00	0.00	35.57	2.26	0.36
5	31.82	2.69	23.18	0.00	0.00	19.82	7.80	0.15
6	45.78	6.33	27.68	0.00	0.00	10.60	0.90	0.00
7	3.80	0.00	1.64	0.00	0.00	32.24	12.13	0.36
8	27.61	0.32	16.82	0.00	0.00	25.81	6.67	0.13
9	2.78	0.00	0.00	0.00	0.00	34.06	15.90	0.77
10	35.46	0.00	15.07	0.00	0.00	27.46	0.00	0.20
11	0.00	0.00	27.00	0.00	0.00	16.16	21.06	0.29
12	50.16	0.00	0.00	0.00	0.00	21.96	17.51	0.69
13	7.70	15.55	0.00	0.00	0.00	34.34	15.30	0.00
14	41.78	22.85	1.47	0.00	0.00	17.95	6.61	3.02
15	48.22	14.93	6.43	0.00	0.00	15.29	4.28	0.42
16	37.95	4.26	0.40	20.86	15.48	8.74	1.72	0.41
17	34.36	3.49	5.52	0.00	17.57	19.30	4.85	0.30
18	46.36	11.25	30.42	0.00	0.00	1.33	1.02	1.00
19	47.48	7.10	7.15	0.00	0.00	22.78	6.39	0.00
20	13.96	1.77	1.66	1.74	31.03	11.59	7.26	2.86

城市景观空间评价通常从视觉效果和空间利用两个角度进行,本研究选取的指标包括美景度、绿意程度、空间舒适度、休闲功能满意度和空间利用度等。美景度指被试者考虑景观空间的视觉形态、色彩构成,从点、线、面、体、机理和色彩等角度评价;绿意程度指被试者对景观空间中各类植物所营造的绿化效果的感知评价;空间舒适度指被试者对景观空间可达性、和谐一致性、空间尺度和吸引力的评价;休闲功能满意度指被试者在景观空间中从事放松心情、陶冶情操和实现自我等个人偏好性活动的满意度;空间利用度指被试者从空间布局合理性、空间使用效果等角度评价利用效率。前两个指标和后三个指标分别以视觉效果和空间利用为出发点,多角度评价城市景观空间。

网络照片问卷采用 1～9 李克特表(Likert scale)法进行设计,并利用语义学将其转化为:非常差、很差、差、较差、一般、较好、好、很好、非常好,分别对应 1～9 级评价分数(朱文洁, 2016)。被试者从美景度、绿意程度、空间舒适度、休闲功能满意度和空间利用度 5 个角度对 20 张照片进行打分。

问卷集中于 2016 年 10—11 月在上海师范大学和上海商学院眼动仪实验室进行,每人实验总时长为 15～20 min。实验被试者来源于两所学校 98 名本科生、研究生和教职工,将实验过程中干扰要素(眨眼次数过多、定位时间过长、眼动轨迹混乱)较多的数据删除后,最终有效被试者为 83 人。

5.2 研究结果

5.2.1 景观元素通过眼动对评价的影响

5.2.1.1 景观元素比例与评价相关性

将 5 个景观评价指标值与 8 类景观元素比例值进行双变量相关分析,发现景观评价指标与乔木、灌木、水生植物、水面比例呈正相关,与硬质景观、视觉主导元素比例呈负相关(表 5.3)。总体上看,景观评价与自然元素(植物、水体)呈正相关,与人工元素(硬质景观、视觉主导元素)呈负相关。

表 5.3 景观元素比例与评价指标 Pearson 相关系数

评价指标	乔木	灌木	草本植物	水生植物
美景度	0.276**	0.114**	0.035	0.111**
绿意程度	0.528**	0.279**	0.227**	0.137**
空间舒适度	0.373**	0.146**	0.083**	0.116**
休闲功能满意度	0.360**	0.128**	0.071**	0.124**
空间利用度	0.333**	0.171**	0.042	0.109**

评价指标	水面	硬质景观	视觉主导元素	行人
美景度	0.184**	−0.244**	−0.305**	0.102**
绿意程度	0.108**	−0.478**	−0.509**	0.046
空间舒适度	0.169**	−0.313**	−0.368**	0.097**
休闲功能满意度	0.192**	−0.317**	−0.365**	0.117**
空间利用度	0.186**	−0.307**	−0.317**	0.152**

注:** 在 0.01 水平(双侧)上显著相关。

5.2.1.2 眼动数据与景观元素比例相关性

为了便于分析城市景观空间中哪些元素最吸引人们注意,本研究将所有被试者眼动数据汇总统计发现:注视时间最长的前五种元素依次为乔木、视觉主导元素、硬质景观、行人和草本植物;注视次数最多的前五种元素为视觉主导元素、乔木、硬质景观、草本植物和灌木。

将各类景观元素比例值与该元素的眼动数据进行双变量相关分析,*N* 值为该元素与眼动数据的有效值,发现景观元素类型所占比例与注视时长、注视次数呈正相关,与首次注视时间呈负相关(表 5.4)。说明景观元素比例越高,人们越容易发现,也越可能花更多时间和次数关注,这与眼动规律一致,也从侧面验证了本研究获取数据的有效性。

表 5.4 景观元素比例与眼动数据 Pearson 相关系数

元素类型		注视时长	注视次数	首次注视时间
乔木	Pearson *r*	0.464**	0.287**	−0.293**
	N	1 577	1 577	1 499
灌木	Pearson *r*	0.476**	0.555**	−0.149**
	N	1 162	1 162	936
草本植物	Pearson *r*	0.497**	0.519**	−0.111**
	N	1 411	1 411	1 070
水生植物	Pearson *r*	0.816**	0.798**	−0.726**
	N	166	166	148
水面	Pearson *r*	0.339**	0.328**	−0.211**
	N	249	249	229
硬质景观	Pearson *r*	0.256**	0.145**	−0.045
	N	1 660	1 660	1 448
视觉主导元素	Pearson *r*	0.607**	0.566**	−0.294**
	N	1 660	1 660	1 487
行人	Pearson *r*	0.496**	0.500**	−0.278**
	N	1 162	1 162	918

注:** 在 0.01 水平(双侧)上显著相关,* 在 0.05 水平(双侧)上显著相关。

5.2.1.3 景观元素眼动数据与景观评价相关性

将景观评价指标值与景观元素的眼动数据进行双变量相关分析,发现景观评价和乔木的注视时长呈正相关;和行人的注视时长、注视次数呈正相关;和视觉主导元素注视时长、注视次数呈负相关,与首次注视时间呈正相关(表 5.5)。说明人们关注乔木、行人越多,视觉主导元素越少,越可能给出较高的景观评价。

表 5.5　景观评价与景观元素眼动数据 Pearson 相关系数

眼动数据	元素类型	N	美景度	绿意程度	空间舒适度	休闲满意度	空间利用度
注视时长	乔木	1 577	0.090**	0.236**	0.123**	0.096**	0.068**
	灌木	1 162	-0.036	0.012	-0.024	-0.033	-0.032
	草本植物	1 411	-0.129**	-0.005	-0.105**	-0.099**	-0.097**
	水生植物	166	-0.064	0.278**	0.009	-0.047	-0.083
	水面	249	-0.067	-0.111	-0.063	-0.109	-0.003
	硬质景观	1 660	-0.040	-0.073**	-0.044	-0.062*	-0.072**
	视觉主导元素	1 660	-0.219**	-0.384**	-0.277**	-0.264**	-0.236**
	行人	1 162	0.118**	0.177**	0.143**	0.161**	0.188**
注视次数	乔木	1 577	0.015	0.090**	0.031	-0.013	-0.022
	灌木	1 162	-0.045	0.025	-0.027	-0.057	-0.044
	草本植物	1 411	-0.133**	-0.028	-0.112**	-0.131**	-0.119**
	水生植物	166	0.038	0.371**	0.073	0.017	-0.072
	水面	249	-0.086	-0.159*	-0.069	-0.125*	-0.054
	硬质景观	1 660	-0.064**	-0.077**	-0.047	-0.082**	-0.075**
	视觉主导元素	1 660	-0.193**	-0.315**	-0.220**	-0.207**	-0.184**
	行人	1 162	0.096**	0.159**	0.126**	0.127**	0.152**
首次注视时间	乔木	1 499	-0.025	-0.141**	-0.056*	-0.026	-0.044
	灌木	936	-0.009	-0.012	-0.004	0.023	0.042
	草本植物	1 070	0.045	0.045	0.037	0.049	0.035
	水生植物	148	-0.016	-0.314**	-0.080	-0.071	-0.016
	水面	229	0.045	0.124	0.033	0.039	-0.066
	硬质景观	1 448	-0.011	-0.030	-0.035	0.001	0.020
	视觉主导元素	1 487	0.092**	0.174**	0.122**	0.124**	0.120**
	行人	918	-0.062	-0.055	-0.094**	-0.085*	-0.099**

注：** 在 0.01 水平（双侧）上显著相关，* 在 0.05 水平（双侧）上显著相关。

为了探究单种景观元素的景观评价与眼动数据之间的关系，本研究使用偏相关分析法，控制其他景观元素线性影响分析景观评价与眼动数据之间的线性相关性。控制景观元素比例，从景观评价与眼动数据偏相关系数可见：乔木、草本植物、行人、视觉主导元素、硬质景观眼动数据与景观评价相关，而灌木、水生植物、水面眼动数据与景观评价相关性不显著(表5.6)。

表5.6 景观评价与眼动数据偏相关系数

控制变量	景观评价	注视时长	注视次数	首次注视时间
乔木	美景度	-0.031	-0.074**	0.046
	绿意程度	-0.006	-0.098**	0.010
	空间舒适度	-0.044	-0.089**	0.040
	休闲功能满意度	-0.071**	-0.133**	0.066*
	空间利用度	-0.091**	-0.137**	0.042
草本植物	美景度	-0.104**	-0.107**	0.038
	绿意程度	-0.070*	-0.113**	0.057
	空间舒适度	-0.115**	-0.128**	0.034
	休闲功能满意度	-0.093**	-0.140**	0.045
	空间利用度	-0.064*	-0.093**	0.028
硬质景观	美景度	0.056*	-0.003	-0.029
	绿意程度	0.081**	0.002	-0.066*
	空间舒适度	0.073**	0.031	-0.056*
	休闲功能满意度	0.057*	-0.009	-0.019
	空间利用度	0.032	-0.014	0.001
视觉主导元素	美景度	-0.043	-0.023	0.000
	绿意程度	-0.120**	-0.050	0.026
	空间舒适度	-0.079**	-0.022	0.011
	休闲功能满意度	-0.068**	-0.013	0.012
	空间利用度	-0.071**	-0.026	0.022
行人	美景度	0.065*	0.036	-0.012
	绿意程度	0.142**	0.123**	0.000
	空间舒适度	0.086**	0.063	-0.043
	休闲功能满意度	0.099**	0.052	-0.025
	空间利用度	0.118**	0.065*	-0.033

注:** 在0.01水平(双侧)上显著相关,* 在0.05水平(双侧)上显著相关。

(1) 控制乔木比例,景观评价与注视次数呈负相关,意味着观看乔木次数越多,越可能给出较低的景观评价。

(2) 控制草本植物比例,景观评价与注视时长、注视次数呈负相关,意味着观看草本植物次数和时间越长,越可能给出较低的景观评价。

(3) 控制硬质景观比例,除空间利用度指标外,景观评价与注视时长呈负相关,意味着观看硬质景观时间越长,越可能给出较低的景观评价。

(4) 控制视觉主导元素比例,除美景度外,4 个景观评价指标与注视时长呈负相关,意味着观看视觉主导元素时间越长,越可能给出较低的景观评价。

(5) 控制行人比例,景观评价指标与注视时长呈正相关,意味着观看行人时间越长,越可能给出较高的景观评价。

(6) 控制灌木、水生植物、水面比例,景观评价指标与眼动数据相关性不显著。

说明受试者对乔木、草本植物、行人、视觉主导元素、硬质景观这 5 个元素的观察影响景观评价。受试者做景观评价时,与其对某元素的注视时长、注视次数有较强相关性,与首次注视时间相关性较弱。

5.2.2　绿视率通过眼动对景观评价的影响

5.2.2.1　绿视率对景观评价的影响

将 20 个场景的绿视率值与 5 个景观评价指标值进行双变量相关分析,发现绿视率与美景度、绿意程度、空间舒适度、休闲功能满意度、空间利用度呈正相关(表 5.7),绿视率等级为一般及以下,即绿视率为 0~45%时,景观评价随着绿视率的增长有较大幅度的提升;绿视率等级为较高及以上,即绿视率为 46%~100%时,景观评价随着绿视率增长提升的幅度较小(图 5.6)。说明城市景观空间多栽种植物丰富绿化,可以提升视觉景观品质,增加使用者对城市景观空间的好感和景观评价。

表 5.7　绿视率与景观评价相关(N=1 660)

		美景度	绿意程度	空间舒适度	休闲功能满意度	空间利用度
绿视率	Pearson r	0.272**	0.579**	0.363**	0.334**	0.303**
	显著性	0.000	0.000	0.000	0.000	0.000

注: ** 在 0.01 水平(双侧)上显著相关。

景观评价指标整体上与绿视率呈正比,但部分场景的景观评价与整体趋势相比有所波动,如 20 号场景绿视率为 16%,景观评价值却高于其余绿视率 40%以下的场景,与之类似的 17 号场景绿视率为 42%,景观评价值也高于绿视率相近的场景。与之相反,8 号和 10 号场景绿视率分别达到 43%和 70%,景观评价值却远低于相近绿视率场景。具体分析这两类场景,原因如下。

(1) 水面反射增加绿色植物的比例

20 号和 17 号场景中均有大面积的水景,图 5.7 为这两个场景热点图,结合眼动数据(表 5.8)可发现,被试者对水面注视时长分别占观看整张图片固定时长(14 秒)的 18.1%和 13.4%,对水面的注视次数分别达到 3.86 次和 2.88 次,对水面的眼动数据高于行人、视觉主导元素、草本植物、灌木和水生植物,可见被试者对水面的关注度很高,水面的倒影可以增加人们对绿意程度的感知,平静的水面还营造出安静、舒适的休闲氛围,提升人们的景观评价。

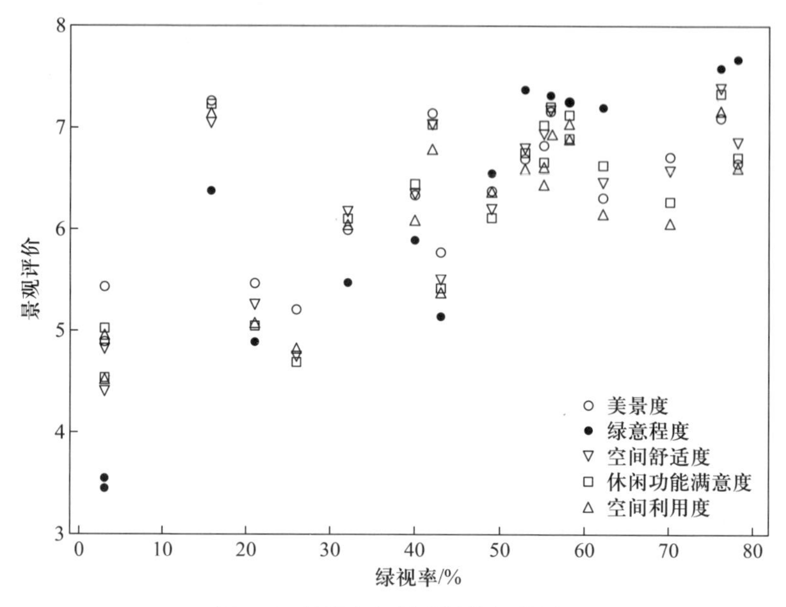

图 5.6　绿视率与景观评价相关图。

图 5.7　景观评价值高于相近绿视率水平场景热点图(20 号和 17 号场景)。

表 5.8　景观评价值高于相近绿视率水平场景平均注视时长和次数(N=83)

元素类型	20 号场景		17 号场景	
	平均注视时长/s	平均注视次数/次	平均注视时长/s	平均注视次数/次
乔木	2.03	3.99	3.47	5.12
硬质景观	0.91	2.54	2.09	4.28
水面	2.53	3.86	1.87	2.88
行人	2.46	3.57	1.00	1.65
视觉主导元素	1.66	3.83	0.89	2.60
草本植物	0.33	1.00	0.82	1.65
灌木	0.40	1.16	0.79	2.02
水生植物	0.48	1.49	—	—

(2) 硬质景观划分植物,减少人们对绿色度的认识

8 号和 10 号场景中均含大量的硬质景观,图 5.8 为这两个场景热点图,结合眼动数据(表 5.9)可发现,被试者的注视除了场景中透视线的中心外,对乔木关注最多,还对分割大面积草本植物的铺地、嵌草砖等硬质景观和电箱、路灯等视觉主导元素给予重点关注,8 号场景中硬质景观和视觉主导元素注视总次数达到 8.34 次,10 号场景中硬质景观注视次数达到 3.93 次,高于对行人和草本植物、灌木的关注。对硬质景观和视觉主导元素的注视时长和注视次数也仅低于乔木,说明硬质景观和视觉主导元素对场景中植物的整体性分割,减少了人们对绿意程度的感知,景观评价也相应较低。

图 5.8　景观评价值低于相近绿视率水平场景热点图(8 号和 10 号场景)。

表 5.9　景观评价值低于相近绿视率水平场景平均注视时长和次数($N=83$)

元素类型	8 号场景		10 号场景	
	平均注视时长/s	平均注视次数/次	平均注视时长/s	平均注视次数/次
乔木	4.36	8.61	5.83	6.49
硬质景观	1.71	3.10	3.09	3.93
草本植物	1.46	3.04	1.54	3.51
行人	0.86	1.43	0.25	0.36
视觉主导元素	2.47	5.24	—	—
灌木	0.15	0.42	—	—

5.2.2.2　绿视率对景观评价的影响

将被试者观察各类植物元素(乔木、灌木、草本和水生植物)的眼动数据汇总,并与绿视率进行双变量相关分析,可见绿视率与植物注视时长、注视次数呈正相关,与植物首次注视时间呈负相关(表 5.10)。说明场景中绿视率越高,被试者对各类植物元素注视时间越长,注视次数越多,关注到植物的时间也越早。

表 5.10 绿视率与植物元素眼动指标相关(N=1 660)

		植物注视时长	植物注视次数	植物首次注视时间
绿视率	Pearson r	0.657**	0.519**	-0.421**
	显著性	0.000	0.000	0.000

注:** 在 0.01 水平(双侧)上显著相关。

根据绿视率等级高低,具体分析五类不同等级被试者的眼动特点。

(1)“低”等级绿视率场景的眼动特点

绿视率为 0~15%的场景属于低等级,这类场景位于徐汇滨江等开阔的广场型景观空间,视野中以大面积的硬质景观为主,其次为以塔吊等大型构筑物为代表的视觉主导元素,植物仅存在于部分种植池,以规则种植为主,乔木一般为孤植或列植,灌木一般为绿篱,空间开阔,场景整体人工痕迹明显,代表性场景为 7 号和 9 号(图 5.9)。

图 5.9 “低”等级绿视率场景热点图(7 号和 9 号场景)。

由场景热点图(图 5.9)可见,被试者的观察主要集中于场景内的行人和大型构筑物,对植物的观察较少,且对乔木的关注多于灌木。以 7 号场景眼动指标为例(表 5.11),被试者对视觉主导元素的关注明显高于其他元素,注视时长占观看整张图片固定时长(14)秒的 46.5%,其次为硬质景观和行人,注视时长分别占 8.9%和 7.6%,注视最少的是植物(乔木和灌木),时长仅占 4.9%,其中乔木注视时长约为灌木的 6.5 倍。注视次数也呈现类似的特点,视觉主导元素的比例最高,其次为硬质景观和行人,乔木和灌木最低。

(2)“较低”等级绿视率场景的眼动特点

绿视率为 16%~30%的场景属于较低等级,这类场景位于徐汇滨江,徐家汇公园的道路、广场等开敞型景观空间,视野中一般有大面积的硬质铺装,其次为大型构筑物、建筑等视觉主导元素,植物规则种植于种植池及花坛中,以小乔木、灌木、草本植物为主,场景整体较开阔,展现人工设计的特点,代表性场景为 11 号和 13 号(图 5.10)。

表 5.11　7 号场景平均注视时长和次数(N=83)

元素类型	平均注视时长/s	平均注视次数/次
视觉主导元素	6.51	7.69
硬质景观	1.24	2.17
行人	1.06	2.14
乔木	0.59	1.45
灌木	0.09	0.34

图 5.10　“较低”等级绿视率场景热点图(11 号和 13 号场景)。

由场景热点图(图 5.10)可见,被试者的观察主要集中于场景内的视觉交点处及建筑或大型构筑物,且重点关注建筑上的标示文字,其次为植物,对硬质景观关注较少,由于场景中行人相对较少,被试者对行人的关注度也较低。以 11 号场景平均眼动指标为例(表 5.12),被试者对视觉主导元素的关注明显高于其他元素,注视时长占观看整张图片固定时长(14 秒)的 32.3%,其次为草本植物,注视时长占 19%,注视最少的是硬质景观和行人,注视时长仅分别占 9.8%和 8.1%。注视次数也呈现类似的特点,视觉主导元素的注视次数比例最高,其次为草本植物,最低的是硬质景观和行人。

表 5.12　11 号场景平均注视时长和次数(N=83)

元素类型	平均注视时长/s	平均注视次数/次
视觉主导元素	4.52	7.32
草本植物	2.66	5.39
硬质景观	1.37	3.30
行人	1.13	1.98

(3)“一般”等级绿视率场景的眼动特点

绿视率为31%~45%的场景属于一般等级,这类场景三种类型城市景观空间均有分布,视野中一般前景为硬质景观或水面,中景部分包含视觉主导元素,远景为植物群落景观,以乔木、灌木和草本植物组合搭配为主,场景整体展示人工和自然相结合的风格,代表性场景为4号和17号(图5.11)。

图5.11 “一般”等级绿视率场景热点图(4号和17号场景)。

由场景热点图(图5.11)可见,被试者的观察主要集中于场景内的乔木、硬质景观和行人,对乔木的关注多于灌木和草本植物。以17号场景平均眼动指标为例(表5.13),被试者对乔木的关注高于其他元素,注视时长占观看整张图片固定时长(14秒)的24.8%,其次为硬质景观和水面,注视时长分别占14.9%和13.4%,对行人、视觉主导元素、草本植物和灌木的关注较少,分别占7.1%、6.4%、5.9%和5.6%。注视次数也呈现类似的特点,乔木的比例最高,其次为硬质景观、水面、视觉主导元素、灌木,草本植物和行人最低。

表5.13 17号场景平均注视时长和次数(N=83)

元素类型	平均注视时长/s	平均注视次数/次
乔木	3.47	5.12
硬质景观	2.09	4.28
水面	1.87	2.88
行人	1.00	1.65
视觉主导元素	0.89	2.60
草本植物	0.82	1.65
灌木	0.79	2.02

(4)“较高”等级绿视率场景的眼动特点

绿视率为46%~60%的场景属于较高等级,这类场景一般位于徐家汇公园和康健绿苑的自然式景观空间,视野中有近一半为绿色植物,包括自然种植的乔木、灌木、草本植物和水生植物，其次为道路、驳岸等硬质景观，局部点缀有座椅、路灯等视觉主导元素和行人，场景整体以自然风格为主，代表性场景为2号和16号(图5.12)。

图5.12 “较高”等级绿视率场景热点图(2号和16号场景)。

由场景热点图(图5.12)可见，被试者的观察主要集中于场景内的水生植物、乔木，座椅、路灯等视觉主导元素和行人，植物的观察较少，对乔木、水生植物的关注多于灌木和草本植物。以16号场景平均眼动指标为例(表5.14)，被试者对水生植物的关注最高，注视时长占观看整张图片固定时长(14秒)的31.6%，其次为乔木，注视时长占17.4%，其余则依次为硬质景观、视觉主导元素、行人、水面和灌木，每类元素注视时长占6.5%~7.4%，由于场景中草本植物比例小，注视时长仅占0.1%。注视次数也呈现类似的特点，水生植物和乔木的比例最高，其次为硬质景观、灌木、视觉主导元素、水面和行人，草本植物最低。

表5.14 16号场景平均注视时长和次数($N=83$)

元素类型	平均注视时长/s	平均注视次数/次
水生植物	4.43	6.02
乔木	2.43	3.47
硬质景观	1.03	2.80
视觉主导元素	1.02	2.39
行人	0.97	1.77
水面	0.93	2.14
灌木	0.91	2.41
草本植物	0.02	0.05

对比16号场景的眼动焦点图和原图(图5.13)，可见被试者除了关注水生植物、乔木、硬质景观等场景中比例较高的景观元素外，对于场景中显示很小并且分散的行人也能捕捉到并关注较长的时间，眼动焦点图中清晰展现的有多处

行人,说明在绿视率等级较高的场景中,行人是吸引关注的重要因素。

图 5.13　16 号场景原图与眼动焦点图。

(5)“高”等级绿视率场景的眼动特点

绿视率为 61%~100%的场景属于高等级,这类场景一般位于三类城市景观空间的树林周边,视野中以植物景观为主,栽种形式自然和规则式都有涉及,其次为道路、广场等硬质景观,点缀有标识牌、路灯等视觉主导元素和行人,场景整体体现自然风格,代表性场景为 6 号和 18 号(图 5.14)。

图 5.14　“高”等级绿视率场景热点图(6 号和 18 号场景)。

由场景热点图(图 5.14)可见,被试者的观察主要集中于场景内的行人和大型构筑物,植物的观察较少,对乔木的关注多于灌木。以 6 号场景平均眼动指标为例(表 5.15),被试者对乔木的关注最多,注视时长占观看整张图片固定时长(14 秒)的 40.1%,其次为草本植物,注视时长占 21.1%,其余则依次为灌木、视觉主导元素和硬质景观,注视时长分别占 10.8%、7.9%和 5.8%。注视次数也呈现类似的特点,乔木的比例最高,其次为草本植物和灌木、硬质景观,视觉主导元素最低。

对比 6 号场景的眼动焦点图和原图(图 5.15),可见被试者除了关注乔木、草本植物、灌木等场景中比例较高的景观元素外,对于绿色植物中的提示牌,被试者关注较长的时间,说明在绿视率等级高的场景中,视觉主导元素是吸引关注的重要因素。先前研究表明,如果研究重点不是人或视觉主导元素,应尽量避免此类元素在实验中的干扰。

表 5.15　6 号场景平均注视时长和次数(N=83)

元素类型	平均注视时长/s	平均注视次数/次
乔木	5.62	5.33
草本植物	2.95	5.13
灌木	1.51	3.33
视觉主导元素	1.11	1.30
硬质景观	0.81	1.80

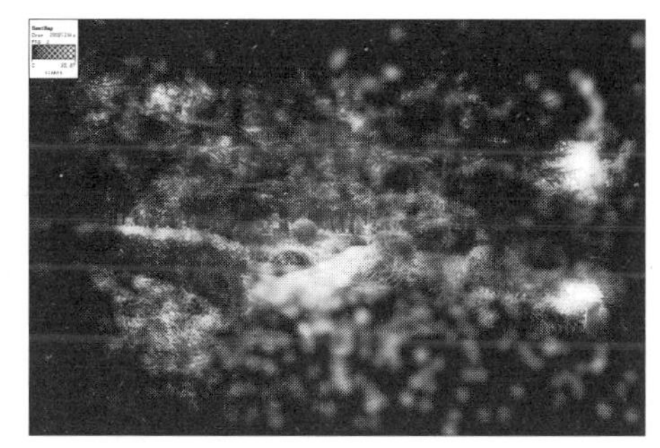

图 5.15　6 号场景原图与眼动焦点图。

综合以上分析,被试者对不同绿视率等级场景中元素的关注程度在整体上与场景中该元素所占比例呈正比。乔木普遍在视野中所占比例较大,且绿化景观效果较好,被试者对乔木的关注明显高于其他类型的植物。灌木和草本植物通常在视野中占一定比例,受关注度较接近,通常低于视觉主导元素、硬质景观等非植物元素。水生植物在 20 个场景中仅占 2 个,且与平静的水面共同营造出休闲气氛,被试者对水生植物有较高的关注度。

在绿视率较高的场景中,和植物景观、硬质景观相比,被试者更关注场景中的行人及视觉主导元素,即使行人或视觉主导元素在场景中显示很小,被试者也很快能发现并注视较长时间;同时,道路尽头、视觉中心线交汇点等也是关注较多的区域,这与人的视觉习惯有关。

5.3　讨论

本研究通过眼动追踪探讨被试者对城市景观空间不同景观元素的感知特征,进而评价景观的视觉质量,证明眼动数据对景观视觉质量具有一定指示作用,眼动分析法对景观视觉质量评价具有适用性。

5.3.1 景观元素通过眼动行为影响参与者的景观评价

5.3.1.1 景观元素比例与评价的相关性

景观评价指标结果与乔木、灌木、水生植物、水面比例呈正相关,与硬质景观和视觉主导元素比例呈负相关。说明偏自然的景观元素有助于休闲游憩氛围的营造,给人更多的美感与舒适度;偏人工的景观元素过多会减少人们对绿意的感知,甚至破坏空间的休闲氛围。Arriaza 等(2004)发现景观视觉质量随着水体面积和植被比例的增加而增加,随着人工景观(道路、电力线路、工厂等)增加而减少,Bulut 和 Yilmaz(2008)在土耳其城市空间研究中发现随着绿地面积的增加,视觉偏好比例也增加,与本研究都有类似的结论。

5.3.1.2 眼动数据与景观元素比例的相关性

景观评价指标与乔木的注视时长呈正相关,与行人的注视时长、注视次数呈正相关,与视觉主导元素注视时长、注视次数呈负相关,与首次关注时间呈正相关。说明人们关注乔木、行人越多,视觉主导元素越少,可能给出较高的景观评价。眼动与景观评价的相关研究中,被试者对关注越多的要素一般打分越高(Wherrett, 2000),本研究中的乔木和行人也有类似的结论。刘芳芳(2014)在欧洲城市景观的眼动研究中发现人更愿意关注人,尤其是人的脸部会得到更持久的关注,这与本研究中景观评价指标与行人的注视时长、注视次数呈正相关的结果类似。

5.3.1.3 景观元素比例偏相关分析

被试者对乔木、草本植物、行人、视觉主导元素、硬质景观这 5 个景观元素的观察影响景观评价。被试者对景观进行评价时,与其对景观元素的注视时长、注视次数有较强相关性,与首先关注景观元素相关性较弱。Noland 等(2017)发现,场景中的各种景观元素影响人们的评价,如行人和绿化植物会得到更好的评价,而汽车、停车场等人工痕迹明显的元素可能得到较差的评价,与本研究的结果类似。

5.3.2 绿视率通过眼动行为影响被试者的景观评价

场景中绿视率越高,被试者对绿意程度、空间舒适度、休闲功能满意度、空间利用度和美景度评价都相应越高。陈秀星(2013)在华侨城社区的研究中发现绿视率的增加会增加景观的悦人程度,商业和住宅建筑绿视率越高,舒适性越高,人们越愿意带亲朋好友来进行社交活动。这与本研究中绿视率与被试者对绿意程度、空间舒适度、休闲功能满意度评价呈正相关的结论一致。

绿视率为 0~45%时,景观评价随着绿视率的增长有较大幅度的提升;绿视率为 46%~100%时,景观评价随着绿视率的增长提升幅度较小,绿视率 45%可以认为是景观品质提升作用影响大小的关键阈值。同时,城市景观空间多栽种植物,丰富绿化可以提升视觉景观品质,增加使用者的好感和景观评价。肖希等(2016)在高密度城区绿视率研究中发现绿视率低于 15%时,市民对城市环境绿化建设的评价为不满意或较差;绿视率在 15%~30%时,绿化建设达到“合格”并让市民感觉良好;绿视率高于 30%时,市民对环境绿化建设感到满意。

场景中绿视率越高,被试者对各类植物元素注视时间越长,注视次数越多,关注到植物的时间也越早。植物元素方面,被试者一般对乔木的关注度高于其他类型植物,对灌木和草本植物的关注度低于视觉主导元素、硬质景观等非植物元素,且两类植物受关注度较接近。在个别场景中,被试者对水生植物有较高的关注度。有研究发现草坪、灌木等平面型绿化效果不如乔木类立体型绿化。同时,绿视率越高,被试者心理感知、心理绿化量和视觉偏好结果也越高。与本研究中通过眼动发现被试者对乔木的关注高于其他类型植物,绿视率与景观评价呈正相关的结论一致。

5.3.3　研究不足与展望

基于眼动分析的热点图分析可知,关注较多的区域大都集中在图像的中心线附近。这个结果与人的视觉习惯有关,但目前的照片分析样本仅 20 张,还无法支撑与景观元素关系的研究。

基于照片的眼动分析依然是对实景的模拟,这是本研究使用研究设备 Tobii T120 眼动仪的限制,目前已有利用可穿戴眼动仪在真实环境下进行移动式眼动追踪的研究,后续研究使用实景作为眼动分析对象能够真实地反映被试者对城市景观空间的感知。

本研究中没有考虑绿视率与绿地率、绿化覆盖率等物理绿量结合。绿视率作为心理绿量可以反映人视野中的绿色比例,后续研究可结合遥感、航拍等技术分析绿化的立体构成,为城市景观空间,特别是植物的规划和设计提供更全面的参考。

5.4　城市景观空间提升建议

5.4.1　合理调整城市景观空间景观元素配比

植物配置中增加乔木的比例,选用叶量丰富的植物作为绿化树,通过发展立体绿化和垂直绿化的形式来增加绿视率;规划设计中适当减少硬质景观比例或调整视野中景观灯、标识牌、显示屏等视觉主导元素的醒目程度,通过与自然环境相融合的设计增强使用者对场地景观评价的感知。

5.4.2　场地设计时考虑视觉效果

城市景观空间规划设计时,应考虑平静水景与周边植物的位置关系,可通过增加水面的倒影面积来提升使用者对绿意程度的感知;同时需谨慎考虑在大面积绿化中增加硬质景观,如铺设嵌草砖、汀步、碎石砖对植物的整体性分割会给使用者带来破碎感,减少其对绿意程度的感知。

5.4.3 设计中充分考虑使用者在场景中的停留

通过对休憩停留设施的设计和视觉景观的营造,促使使用者在场景中活动并停留,形成人吸引人的良性循环,提升整个场景的休闲氛围。

5.4.4 设计中考虑城市景观空间综合绿视率

综合绿视率需要达到30%以上基本可以能够使市民对绿化满意,达到30%~45%可以给市民带来良好的休憩感觉。超过45%可以带来更高的满意度,但从成本-效益的角度考虑,可能会花费过高的成本。因此,城市景观空间规划设计的推荐绿视率值为30%~45%。

总之,希望本研究可以帮助景观生态研究者、规划设计师从市民眼动的角度了解景观要素及绿视率与景观评价的关系,为城市景观空间的设计与管理提供参考。

致谢

本文写作过程得到普渡大学邵国凡教授、格里菲斯大学 Noel Scott 教授的支持和鼓励。上海商学院徐薛艳博士和上海师范大学付晶、张中浩博士,邹佳、吕玥仙硕士对眼动实验提供指导和帮助,在此表示感谢。

参 考 文 献

陈秀星. 2013. 华侨城社区绿视率对景观评价的影响研究. 硕士学位论文. 哈尔滨: 哈尔滨工业大学, 92.

陈艺平. 2016. 上海徐家汇公园植物造景研究. 中国园艺文摘,9 : 132-134.

郭素玲, 赵宁曦, 张建新, 薛婷, 刘培学, 徐帅, 许丹丹. 2017. 基于眼动的景观视觉质量评价——以大学生对宏村旅游景观图片的眼动实验为例. 资源科学, 6: 1137-1147.

李正平. 2013. 上海徐汇滨江公共开放空间景观设计(南浦站-东安路段). 中国园林, 2: 26-30.

刘芳芳. 2014. 欧洲城市景观的视听设计研究——基于视听案例分析的设计探索. 新建筑, 5: 48-51.

肖希, 韦怡凯, 李敏. 2016. 日本城市绿视率计量方法与评价应用. 国际城市规划, 2: 98-103.

赵庆, 唐洪辉, 魏丹, 钱万惠. 2016. 基于绿视率的城市绿道空间绿量可视性特征. 浙江农林大学学报, 2: 288-294.

朱文洁. 2016, 城市休闲空间研究的方法进展及其大数据应用. 生产力研究, 4: 143-146.

Aoki, Y. 1987. Relationship between percieved greenery and width of visual fields. Journal of the Japanese Institute of Landscape Architects, 51(1): 1-10.

Arriaza, M., J. F. Cañas-Ortega, J. A. Cañas-Madueño, and P. Ruiz-Aviles. 2004. Assessing the visual quality of rural landscapes. Landscape and Urban Planning, 69(1): 115-125.

Bradley, M. M., and P. J. Lang. 1994. Measuring emotion: The self-assessment manikin and the semantic differential. Journal of Behavior Therapy & Experimental Psychiatry, 25(1): 49.

Bulut, Z., and H. Yilmaz. 2008. Determination of landscape beauties through visual quality assessment method: A case study for Kemaliye(Erzincan/Turkey). Environmental Monitoring and Assessment, 141: 121-129.

Daniel, T. C., and R. S. Boster. 1976. Measuring Landscape Esthetics: The Scenic Beauty Estimation Method. Department of Agriculture, Forest Service, Rocky Mountain Forest and Range Experiment Station.

Dupont, L., K. Ooms, A. T. Duchowski, M. Antrop, and V. Van Eetvelde. 2017. Investigating the visual exploration of the rural-urban gradient using eye-tracking. Spatial Cognition & Computation, 17(1-2): 65-88.

Henderson, J., and Ferreira, F. 2004. The Interface of Language, Vision, and Action: Eye Movements and the Visual World. Psychology Press, New York.

Hull, R. B., G. J. Buhyoff, and T. C. Daniel. 1984. Measurement of scenic beauty: The law of comparative judgment and scenic beauty estimation procedures. Forest Science, 30(4): 1084-1096.

Klcin, T. M., T. Drobnik, and A. Grêt-Regamey. 2016. Shedding light on the usability of ecosystem services-based decision support systems: An eye-tracking study linked to the cognitive probing approach. Ecosystem Services, 19: 65-86.

Noland, R. B., M. D. Weiner, D. Gao, M. P. Cook, and A. Nelessen. 2017. Eye-tracking technology, visual preference surveys, and urban design: Preliminary evidence of an effective methodology. Journal of Urbanism: International Research on Placemaking and Urban Sustainability, 10(1): 98-110.

Nordh, H., C. M. Hagerhall, and K. Holmqvist. 2013. Tracking restorative components: Patterns in eye movements as a consequence of a restorative rating task. Landscape Research, 38(1): 101-116.

Wherrett, J. R. 2000. Creating landscape preference models using internet survey techniques. Landscape Research, 25(1): 79-96.

Xu, X., N. Scott, and J. Gao. 2017. Cultural influences on viewing tourism advertising: An eye-tracking study comparing Chinese and Australian tourists. Journal of Tourism and Services, 8(14): 30-46.

全球变化与城市生态

第6章

赵淑清[①]

摘　　要

城市中所发生的变化一方面会影响全球环境变化,另一方面又受到全球环境变化的影响,城市生态和全球环境变化紧密相关。本章介绍了与全球变化紧密相关的城市生态研究,包括城市扩张的格局和过程、城市热岛效应、城市化对植被物候和生长的影响,以及国家尺度上城市生态系统有机碳储量估算。阐明城市环境作为未来全球变化的"天然实验室"和"先驱"开拓了全球变化研究的新思路和方法,城乡梯度为城市生态学和全球变化的长期研究提供了理想的实验场所。尽管城市是很多全球环境问题的发生地,但城市本身可能就为解决这些环境问题提供了现成的方案。

① 北京大学城市与环境学院,地表过程分析与模拟教育部重点实验室,北京,100871,中国。

Abstract

As both drivers and responders of global environmental changes, urban areas are closely coupled with global environmental changes. Here I introduced the urban ecological studies in the context of global change, including patterns and processes of urban expansion, urban heat island effects, impacts of urbanization on vegetation phenology and growth, and national-scale estimation of ecosystem carbon storage(including both natural and anthropogenic pools)in urban areas. I further elucidated that urban environments, considered as the "harbingers" of global environmental changes and "natural laboratories" for global change studies, shed new insights and approaches into global change science. Also, the urban-rural gradient provides excellent experimental manipulation for global change studies. Although cities are the centers of an array of global environmental problems, cities themselves may present ready-made solutions to sustainability challenges as well.

引言

人类活动极大地改变了地球系统,这些改变就是我们通常所说的全球变化,主要包括大气组分的改变(其中最为突出的是温室气体增加)、全球和区域气候改变、活性氮化物增加、土地利用变化和生境破坏、物种灭绝速率增加和外来种数量及影响增加(Pitelka et al., 2007)。其中,以城市人口增加和城市面积扩张为主要特征的城市化,代表着最为剧烈、最不可逆、最显著的人类活动改变和影响地球系统的现象(Seto et al., 2010)。目前全球半数以上的人口生活在城市,预计到 2030 年全球城市人口比例将达到 60%,而且绝大多数增加的人口会集中在亚洲和非洲城市(UN, 2015)。伴随着城市人口的迅速增加,城市用地在空间上的扩张和蔓延更为剧烈。全球城市用地平均增长速度已达城市人口增长速度的两倍(Angel et al., 2011),预计到 2030 年全球城市用地将扩大到 2000 年的三倍(Seto et al., 2012)。因此,城市化创造了地球表面人类最占主导的景观,在局地、区域乃至全球尺度上改变了生物地球化学循环、水文系统及生物多样性(Grimm et al., 2008)。

全球变化的主要内容在城市环境中均有体现,如城市二氧化碳浓度显著增高(urban CO_2 dome, 城市 CO_2 穹隆效应)(Idso et al., 2001)、城市热岛效应显著(Manley, 1958)、城市氮沉降增加(Lovett et al., 2000)等。一方面,城市化是最为剧烈的土地利用变化形式(Wu, 2014),也是导致本地物种灭绝的一个重要原因(McDonald et al., 2008)。另一方面,随着外来种数量增加,城市化也为外来种的立足提供了独特的“生态位机会”(niche opportunity)(Ricotta et al., 2009)。因此,城市环境在某种程度上是未来全球变化的一个缩影,更是研究人类活动驱动的全球变化与陆地生态系统相互作用的“天然实验室”(natural laboratory)(图 6.1)。

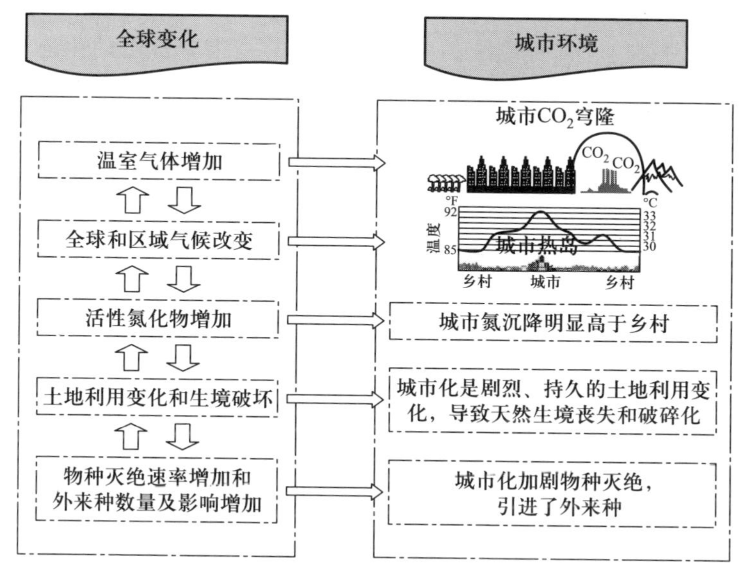

图 6.1　全球变化在城市环境中的体现。

此外,城市系统的环境变化可能是全球变化的“先驱”(harbinger),也就是说,现在的城市环境可能会是未来(如 100 年后,甚至可能是 50 年后)全球非城市生态系统的状态。如近年比较受关注的全球变暖昼夜不对称性(asymmetric warming)(Peng et al., 2013)在城市生态系统中早有体现,即早期城市热岛研究中所报道的城区的昼夜温差(diurnal temperature range)明显低于乡村地区(Oke, 1982)。又如,据预测全球极端气候中的热浪事件(heat wave)未来发生强度、频繁、持续时间都会加剧(Meehl and Tebaldi, 2004;Perkins et al., 2012),而城市环境因为背景热岛效应的存在,其热浪效应和极端事件更为突出,譬如 1995 年北美历史性的芝加哥热浪(Karl and Knight, 1997)和 2003 年欧洲历史性的巴黎热浪(Schär et al., 2004),很可能是全球未来极端热浪事件的提前演练。所以城市生态系统为我们提供了一个现成的全球变化实验研究场所,我们可以提前学习城市生态系统(如寻找现成的能够适当缓解热岛效应的绿地景观构建模式),在无法避免的变化中选择最优适应,这一切都将为应对未来全球变化提供具有可操作性的指导意义。

更为重要的是,人类社会已经进入一个日渐城市化的纪元。城市是我们人类重要的“后院”,是财富创造、科学和技术创新、经济发展和政策制定的中心,这正是城市化或单个城市变得越来越大的本质驱动力所在。但是我们对城市系统的认识非常有限,甚至很长一段时间以来生态学的研究是避开城市系统的。一种原因可能是城市占整个地球表面的面积比例很小(< 0.5%)(Schneider et al., 2009),故通常认为城市生态系统在全球变化中扮演的角色和所具有的功能相对于其他生态系统而言也是有限的;另一种更为可能的原因是城市系统受到人类活动的强烈干扰,而传统的生态学家较少关注非自然的生态系统(McDonnell, 2011)。实际上,城市生态学这一术语首次提出是在20世纪20—30年代,芝加哥社会学派(Chicago School of Sociology)(Park et al., 1925)创新性地运用生态学的术语和理论描述城市的结构和功能,而传统意义上的城市生态学一般认为兴起于20世纪70年代早期(McDonnell, 2011),在很大程度上得益于20世纪70年代联合国教科文组织(UNESCO)发起的人与生物圈研究计划(Man and the Biosphere Program)对于人居环境多学科的生态研究(Boyden et al., 1981)。最近10~20年来城市研究开始进入主流生态学领域(Mayer, 2010),特别是美国国家科学基金会(U.S.National Science Foundation, NSF)资助的长期生态学研究网络(Long Term Ecological Research Network, LTER)的一系列针对城市系统的策略和资助。例如,LTER建立了两个城市站,凤凰城(Central Arizona-Phoenix, CAP)和巴尔的摩(Baltimore Ecosystem Study, BES);发起和资助了两个综合研究生教育、研究和实习项目(Integrative Graduate Education, Research and Training Program, IGERT);还发起建立了城市长期研究网络项目(Urban Long-term Research Area Network, ULTRA),在很大程度上推动了城市生态学以及所谓的人类-自然耦合系统(Coupled Human and Natural System, CHANS)(Liu et al., 2007)研究的发展。本文主要基于作者近些年围绕全球变化与城市生态开展研究工作的积累,阐述城市生态系统作为未来全球变化的“先驱”和“天然实验室”,开拓了观测研究全球变化对生态系统影响的新思路和方法。

6.1 与全球变化紧密相关的城市生态研究

城市CO_2穹隆效应、城市热岛效应、城市氮沉降增加、快速城市扩张、城市中生物多样性改变等及其带来的生态影响都是与全球变化紧密相关的城市生态研究内容。下面的具体案例聚焦作者团队开展的主要相关研究内容。

6.1.1 城市扩张的格局和过程

全球正在经历快速城市化。在区域和国家尺度上对于城市化的理解大多是基于城市人口的变化。对城市化的另一个方面——城市面积扩张的认识在区域或全球尺度上非常有限,尤其是对空间清晰的认识(Angel et al., 2005; Schneider and Woodcock, 2008)。实际上,城市物理扩张是全球最为剧烈的土地利用变化形式,空间清晰的城市范围及其扩张过程是城市生态系统研究的基石。中国的城市化备受瞩目,国内外不少学者进行了相关的研究,但以往的研究多是基于单个或几个城市且研究区多集中于东部沿海地区(Zhao et al., 2006; Xu et al., 2007; Li et al., 2013),特别是对于城市扩张的空间细节及时间转型认识不够深入。基于多时相的陆地卫星遥感数据(1978、1990、1995、2000、2005、2010年),结合景观生态学的格局、过程和斑块分析方法,我们在空间上清晰地研究了过去30年我国32个主要城市扩张的阶段性和细节性格局和过程。我们发现这些城市都经历了快速城市化过程,总体年平均扩张率为6.8%,明显高于全球平均(4.8%)和其他洲(非洲:4.3%;北美洲:3.3%;欧洲:2.5%)(Seto et al., 2011);城市扩张速率具有明显的时间和空间差异,与国家政策和社会经济发展转型及自然地理状况紧密相关;尽管32个城市的经济发展程度、社会、生态环境及当地政策不同,但这32个城市具有趋同的基于斑块的城市结构和城市发展轨迹;我国早期城市扩张的主要形式是蛙跳式,逐渐进入边缘式扩张占主导的城市发展阶段,但近年来出现蛙跳式扩张又一轮抬头的城市扩张模式(Zhao et al., 2015a)。我们进一步从时间演变上分析了我国城市扩张速率与期初面积大小的关系,首次发现在总体上中国32个城市的面积扩张过程与吉布拉定律(Gibrat's Law, 增长率与期初面积大小没有关系;Gibrat, 1931)不符,但存在明显时间差异。前阶段小城市的扩张速率通常高于大城市,不符合吉布拉定律,但从2005年开始我国的城市化进入了一个全新的时代,体现为不论东部、中部还是西部,不论城市大小,城市扩张速率都很高且没有显著差异,符合吉布拉定律(Zhao et al., 2015b)(图6.2)。以往有关城市化吉布拉定律的验证都是基于人口,而且基本都是静态的(Eeckhout, 2004; Rozenfeld et al., 2008; Jiang and Jia, 2011)。我们发现中国的城市扩张经历了一个从不符合到符合的变化过程。

更为有趣的是,我们发现32个城市在1978—2010年的斑块数量与斑块等级大小和城市面积跨越时间和空间的不变尺度关系(Zhao et al., 2015a),而且可以跨越时间和不同行政等级的城市外推出去。如京津冀城市群中的3个省会级及以上城市在2015年不同面积等级的实际斑块数量与预测值在1∶1线,而京津冀城市群中的10个地级市在1978—2015年实际斑块数量与预测值也基本在1∶1线(Sun and Zhao, 2018)。这样跨越时间和空间、不同行政等级城市一致的基于斑块的城市结构可能至少有如下两点意义。首先,尽管在城市系统中,自然、环境、社会经济、技术、政策、规划等因素复杂地交织一起,但城市建设用地本身的斑块构建以一种漂亮的、给力的自组织方式呈现出来,让人们可以很容易地认识它、了解它进而管理它。城市尽管复杂却有规律可循,只要我们用心去挖掘。有这样一句话:生活从来不缺乏美好,所缺乏的是发现美好的眼睛。这句话同样适用于城市。其次,这种规律对于城市规划和设计有很重要的指导意义。城市发展的规划要考虑和尊重这些规律,那就是一定规模的城市发展需要一定大小的城市用地,而且这些用地不同大小斑块的分配有其自组织规律,这意味着城市发展留给大的城市规划余地并不是那么大,但是城市发展可以在细节设计

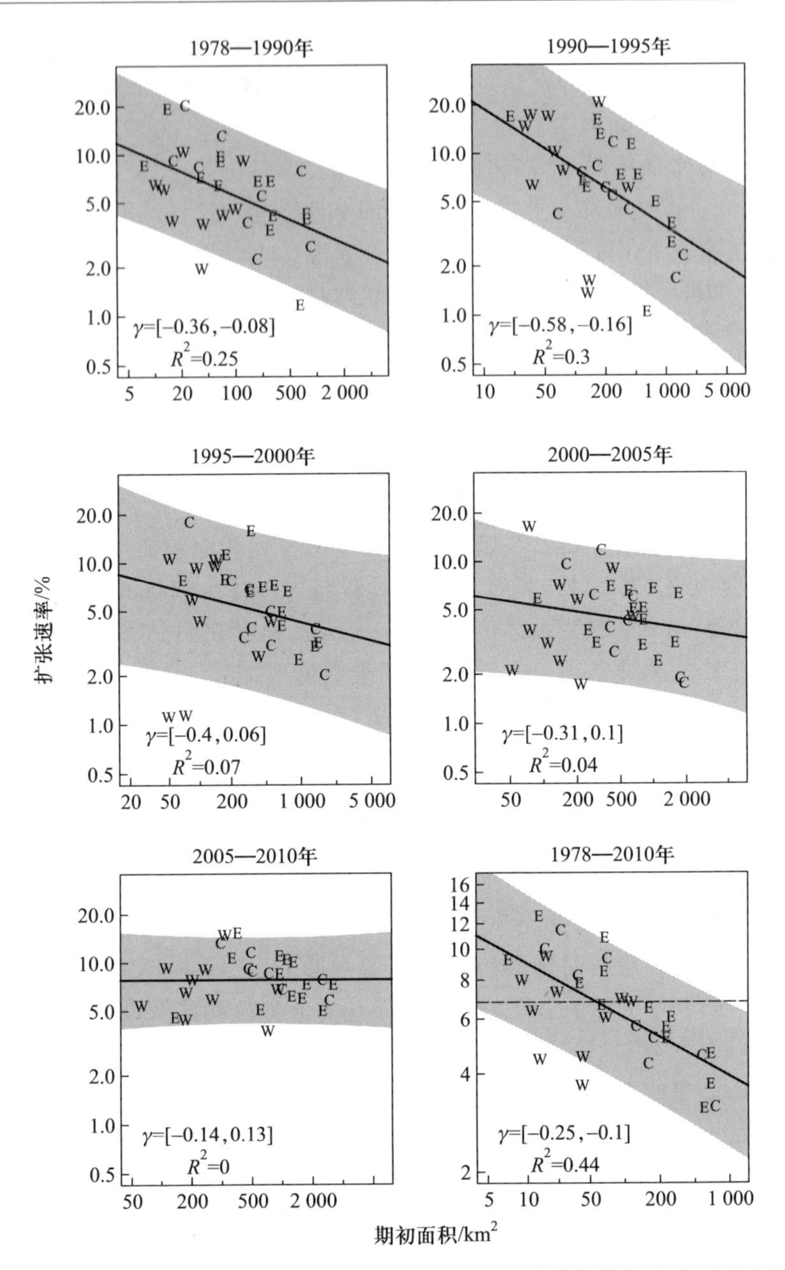

图 6.2　我国 32 个主要城市 1978—2010 年城市扩张速率平均值与期初城市面积的关系。拟合关系指数 γ 的 95%置信区间包括零说明扩张速率与期初面积没有关系,符合吉布拉定律,否则相反。E、C、W 分别代表我国东部、中部和西部城市。

上做很多文章,如每一个等级的这些一定数量的城市用地斑块如何配置更合理,才会对缓解热岛效应更有效。很多时候细节很重要,注重细节投入产出效益才更高。这些理念和方法对于陆地生态系统应对全球变化也有指导意义。

6.1.2　城市热岛效应

城市热岛(urban heat island)效应,就是城区温度通常高于其周边的郊区或乡村的现象(Howard, 1833; Manley, 1958; Oke, 1973),是最为典型的人类活动强烈干扰地球系统的体现之一,也是城市化所带来的最为显著、最为大众所熟知的环境问题。城市热岛效应与全球气候变化相互作用使其影响变得更为复杂(IPCC, 2013)。尽管城市热岛效应对全球尺度气候变暖基本上没有显著影响,尤其当包括海洋系统的时候(Parker, 2004; IPCC, 2007),但对区域尺度气候变化可能存在显著影响,且存在很大的不确定性(Karl and Jones, 1989; Kalnay and Cai, 2003; Zhou et al., 2004)。认识城市热岛效应及其形成机制对于制定合理策略来减缓全球气候变化具有重要的指导意义。基于前面的城市化工作基础(Zhao et al., 2015a, 2015b)及中分辨率成像光谱仪(moderate resolution imaging spectroradiometer-MODIS)地表温度产品,我们对中国 32 个城市的热岛效应空间分布、可能驱动机制及生态足迹进行了较为系统的探讨。我们发现绝大多数城市都存在明显的热岛效应,但强度具有明显的季节和昼夜差异。白天城市热岛效应空间分异的驱动机制较夜晚更为复杂,尤其是在夏季。热岛效应强度的昼夜差与温度或降水存在很强的线性关系,当年平均温度超过 15℃ 或年降水量超过 900 mm 时,白天的热岛效应强度大于晚上,否则相反,说明背景气候条件可能是不同城市热岛效应强度空间差异的最终决定因素(Zhou et al., 2014)。城市热岛效应影响足迹通常不局限于城区范围,且具有极大的空间异质性和季节、昼夜差异,最大可达城区面积的 6.5 倍以上(Zhou et al., 2015)。这可能意味着城市热岛效应对于区域乃至全球气候变化影响的作用不容忽视。

中国的城市热岛效应与全国大范围的霾天气的相互作用情形更为复杂。气溶胶颗粒是灰霾的主要成分,气溶胶颗粒一方面会减少到达地面的短波辐射,使地表变冷,另一方面又会吸收和散射地面长波辐射,使地表变暖(IPCC, 2013)。这种相反的效果使得霾污染与城市热岛效应的关系十分复杂。而最近的一项研究确实表明我国霾污染对城市热岛效应的产生有促进作用(Cao et al., 2016)。此外,我们进一步探讨了城市热岛强度评估方法的不确定性,因为热岛强度是城区与参考郊区或乡村温度的差值,所以如何界定城区和这个参考郊区或乡村对于热岛强度的正确评估会有很大影响。结果发现使用数据的时间一致性对于城市热岛强度的正确评估非常重要,是研究热岛效应关键的第一步。采用过期的边界界定城区及其周边郊区或乡村会给热岛强度的评估带来误差,过期时间越长误差越大。误差的方向因城郊或城乡热岛效应定义而异,城郊热岛强度通常是低估而城乡是高估(Zhao et al., 2016a)(图 6.3)。因为中国在气候带上跨越非常大,所以这些研究成果可能会对了解区域乃至全球尺度城市热岛效应的形成机制,挖掘缓解热岛效应的有效方法,制定合理策略来缓减全球气候变化具有重要的指导意义。

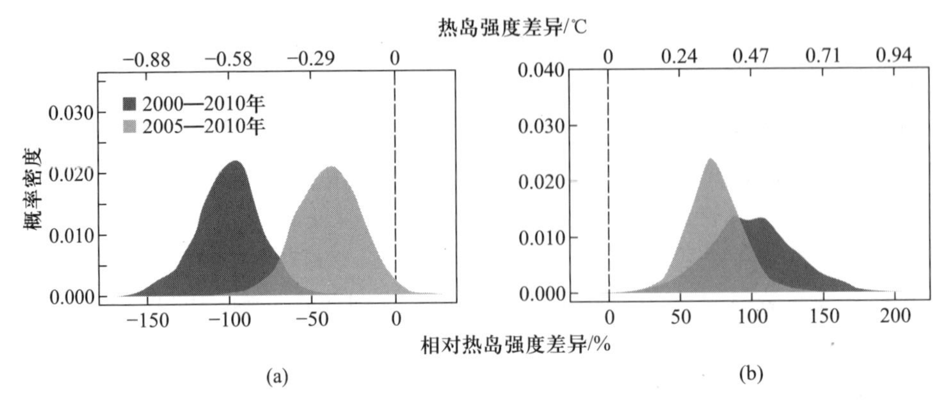

图 6.3 采用过期数据界定城区与郊区(a)和乡村(b)边界所带来的城市热岛强度评估误差。

6.1.3 城市化对我国城市植被物候的影响

植被物候改变的温度敏感性是全球变化研究的重要内容(Schwartz, 1998; Körner and Basler, 2010)。城市化往往伴随着人们熟知的热岛效应,所以城市环境为研究气候变化对物候的影响及物候改变对气候变化的反馈提供了一个天然的观测研究场所。基于前面的城市化工作基础(Zhao et al., 2015a, 2015b)及MODIS 的增强植被指数(enhanced vegetation index, EVI)产品,我们进一步较为系统地探讨了我国 32 个城市的城市化对植被物候的影响(Zhou et al., 2016)。研究发现,城市化确实对植被物候有影响。相比于乡村,城市环境中的植被生长起始期平均提前 11.9 天、结束期推迟 5.4 天、生长季延长 17.3 天(Zhou et al., 2016)。城乡物候差异与城市热岛效应密切相关,热岛效应显著的高纬度地区(Peng et al., 2012; Zhou et al., 2014)城市化的影响更为突出(Zhou et al., 2016)。这些发现与北半球中高纬度植被在全球变暖背景下物候改变的结论一致(Zhang et al., 2006; Jeong et al., 2011; Keenan et al., 2014)。

进一步的分析发现,城市内部沿城乡梯度温度每增加 1 ℃,植被生长起始期提前 9~11 天,结束期推迟 6~10 天(Zhou et al., 2016)。而乡村环境中纬度降低 1°也就是大约温度增加 1 ℃,植被生长起始期仅提前 1.3 天,结束期推迟 0.6 天(图 6.4)。城市内部城乡梯度的物候改变温度敏感性比相对自然的乡村纬度梯度物候温度敏感性高大约一个数量级,直接支持城市环境是研究全球变化对陆地生态系统影响的“天然实验场所”。

城市作为受人类活动强烈干扰的系统,其环境变化比自然生态系统未来将出现的平均水平提前几十甚至几百年,所以城市环境被认为是全球变化的“先驱”。城市环境提供了植被物候如何响应未来气候变化的最直接证据,城市内部城乡梯度对比研究以空间替代时间(space for time substitution)方法(Pickett, 1989),也就是空间分离的城乡环境梯度可以视为时间序列环境变化的替代,为预测未来物候变化研究提供了新思路和方法论视角。

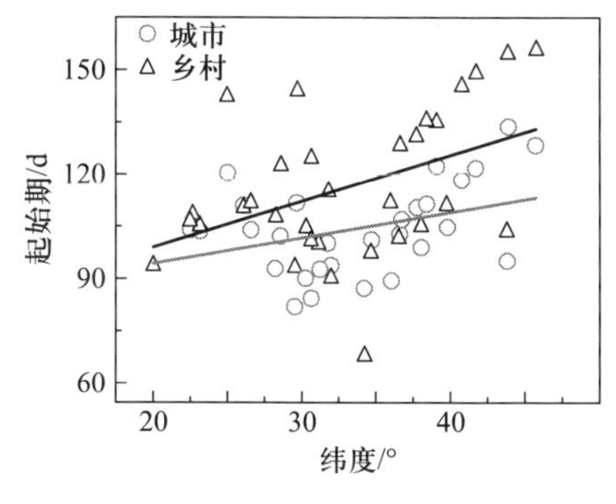

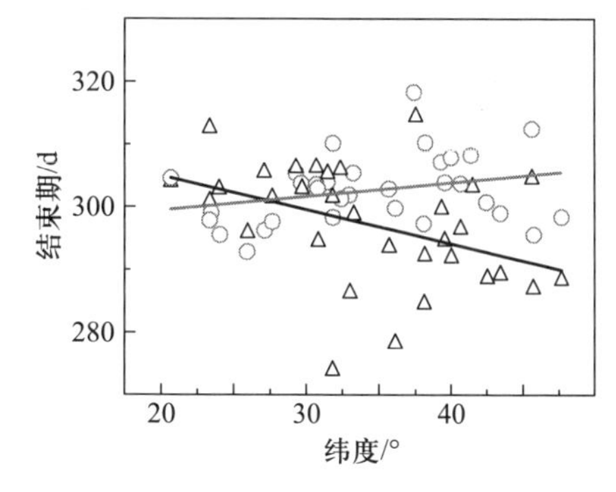

图 6.4　我国 32 个主要城市的城区和乡村植被物候期随纬度梯度变化趋势。拟合线斜率反映物候期随纬度变化的速率，负值表示物候期提前，正值表示物候期推迟。乡村植被纬度梯度的变化可反映自然环境条件下物候变化的温度敏感性。

6.1.4　城市化对我国城市植被生长的影响

理解植被生长对未来气候和大气成分变化（如温度增高、CO_2浓度上升等）的响应是预测未来全球气候、碳循环、植被生产力等变化的关键。控制实验（如增温、CO_2浓度加倍等）适用于微观到生态系统尺度的植物响应模拟和观测，且控制实验的环境条件对植物而言往往是突变的，其响应特征可能与天然渐变环境下的响应不同。迄今为止还没有关于气候和大气成分变化在较大空间尺度上对自然状态下植被生长影响的报道。

城市环境恰恰提供了研究自然状态下植被生长对未来全球变化响应的天然场所。一方面城市化进程中不透水表面（如道路、建筑物等）替代部分植被，直接导致城区植被面积减少；另一方面城市热岛效应明显、CO_2浓度显著增高、活性氮化物增加，这些城市环境条件可能会间接促进城市植被生长。目前尚缺乏大尺度上植被生长如何响应城市化所带来的直接和间接影响的定量研究。

最近，我们提出了一个用卫星遥感技术评估城市化对植被生长影响的理论框架体系，这一体系基于植被生长状况沿城乡城市发展强度从 0（没有城市化）到 1（完全城市化）的变化而建立。植被生长状况用卫星遥感数据 MODIS EVI 植被指数产品替代指示，而每一个城市地块的 EVI 是其植被 EVI 和不透水表面 EVI 的综合（Zhao et al., 2016b）。将这一理论框架应用于中国 32 个主要城市，发现大约 85%的城市植被显示城市环境对其生长有促进作用，而且这种间接促进作用大约可以抵消 40%的城市化对植被替代的直接负面影响。当然，在其他约 15%的城市地点中，植被生长没有增强或者有所降低。我们的大数据研究结果与全球为数不多的地面样地实测报道吻合（Gregg et al., 2003; Ziska et al., 2004; Briber et al., 2015）。

这项城市环境中植被生长的定量研究，在尺度上将以往植被对未来气候和大气成分变化响应的模拟控制实验从实验室或样地尺度拓展到了景观乃至全球尺度,开拓了一个崭新的全球变化研究思路。在方法上用遥感技术研究植被在自然状况下对全球变化的整体响应,弥补了控制实验存在的骤变、不连续等不足。

6.1.5 国家尺度上我国城市生态系统有机碳储量估算

与自然或半自然生态系统的维系主要由绿色植物通过光合作用的太阳能驱动不同,城市生态系统的维持主要依赖于化石燃料,所以城市生态系统对全球人为源 CO_2排放的贡献超过 3/4,但城市生态系统的碳存储及其在全球碳循环中的作用长期以来基本被忽略了(Churkina, 2016)。到目前为止,从整个生态系统角度,即涵盖城市系统的各个组分,包括天然碳库(植被和土壤)和人为碳库(建筑物、垃圾填埋场和人体等),或在国家尺度上估算城市生态系统碳储量的研究全球只有两组,通过数据整合的方法分别估算了美国本土 48 个州城区和郊区(Churkina et al., 2010)以及中国大陆所有城市城区的有机碳储量(Zhao et al., 2013; Ge and Zhao, 2017)。

我国 2000 年城市面积占全国大陆面积的 0.9%(全球城市面积占全球大陆面积的 0.5%),到 2030 年这一比例可能增加到 17.7%,即使在最保守的预测情景下预计也会增加到 2.4%(全球预计是 0.9%)(Seto et al., 2012)。既然我国的城市面积无论是其目前大小还是未来可能的增加趋势都相当可观,我国城市系统的碳储量大小是不容忽视的,所以了解我国城市系统的碳储量及其变化对我国乃至全球的碳平衡和气候变化具有重要意义。我们通过数据整合分析发现,我国城市生态系统存储着大量的有机碳,并且其碳累积的能力远高于自然生态系统。到 2006 年,我国城市生态系统有机碳储量已达到(653.1 ± 60.6) Tg C (mean ± 2SD, 1 Tg = 10^{12} g),其中,土壤碳库占 50%,31%存储在建筑物和家具中,垃圾填埋场存储了 12%,植被碳库占 6%,人体中存储 1%(图 6.5)。虽然总储量不到我国陆地生态系统碳储量的 1%,但城市生态系统有机碳的碳密度是陆地生态系统碳密度的 2 倍以上(Zhao et al., 2013; Ge and Zhao, 2017)。通过保护或增加城市生态系统自身有机碳的存储量及碳累积能力来抵消主要产生于城市中的人为源 CO_2排放,应该是缓解区域或全球气候变化策略需要考虑的方向。另外,通过城市绿化和城市绿地管理提高城市植被碳储量和碳积累能力来适应和缓解气候变化在我国有很大的空间和潜力。

我们在国家和区域尺度上对垃圾填埋场 1978—2014 年碳储量的动态估算也发现,垃圾填埋场的有机碳储量在过去近 40 年间急剧增加,其中建筑垃圾贡献最大,其次是生活垃圾,污泥贡献相对最小。而且,全国城市垃圾填埋场有机碳年增加量随着时间推移迅速增加,在 2000—2014 年,垃圾填埋场有机碳年增加量分别相当于同期中国陆地生态系统碳汇量和化石燃料年排放量的 9% 和 1%(Ge and Zhao, 2017)。城市对于碳循环的影响远超过自身边界范围,伴随着

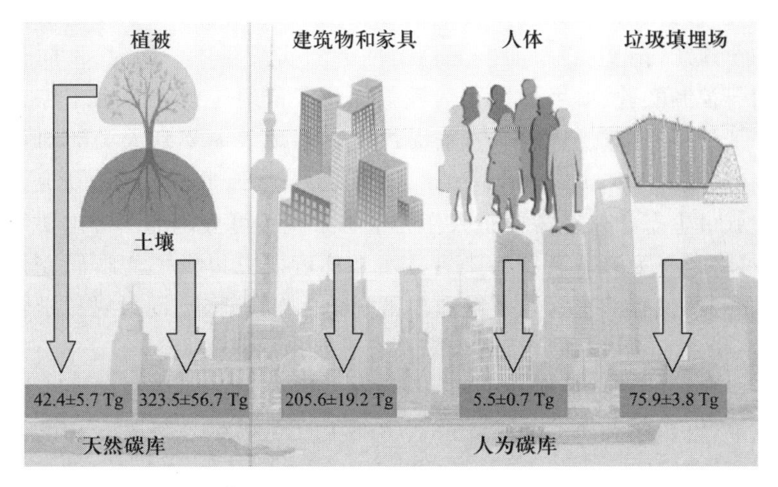

图 6.5　城市生态系统有机碳储量组分,包括天然碳库(植被和土壤)和人为碳库(建筑物和家具、垃圾填埋场和人体等)。

城市化,城市生态系统产生了自然生态系统本不存在的新碳库,如建筑物和垃圾填埋场。因此,随着城市化进程的进一步推进以及资源消耗和废弃物产生的增加,城市生态系统自身的碳存储和碳固定在区域和全球陆地生态系统碳平衡中的重要性会越来越凸显。

6.2　城乡梯度——城市生态与全球变化研究的完美平台

城乡梯度上的环境差异显著,但是变化连续,所以在很短的空间距离(如几十千米)内遍历城乡各类现象,可以方便地进行监测和开展对照实验;而如果在非城乡梯度上,遍历各类现象可能需要很长的空间距离(几百甚至几千千米),所以城乡梯度可为长期城市生态学和全球变化研究提供一个完美结合的平台。首先,城乡梯度可视为自然环境梯度加强版的天然控制实验(experimental manipulation)(McDonnell and Pickett, 1990)。城乡梯度上所发生变化的范围和强度都要超过现实自然生态系统所发生的变化,例如在北京城乡梯度平台的监测发现,位于市中心的北海公园和五环外的东灵山地理纬度相差仅 0.05°,直线距离 60 km,去除海拔影响的气温差异却高达 2 ℃。而我国 32 个主要城市的城乡梯度物候改变的温度敏感性,比相对自然的乡村纬度梯度温度敏感性要高出一个数量级(Zhou et al., 2016)。其次,城乡梯度更大的优势是给我们提供了一个连续、渐变而不是骤然的环境变化,更符合实际情况。控制实验由于时间和费用等成本限制,往往将环境变化设置为骤变,如 CO_2 浓度倍增或以 2 ℃ 温度增加,而实际系统所发生的变化更可能是渐变的而非骤然变化,所以控制实验中观察到的响应可能是瞬时的,并不能代表预期的渐变响应。城乡梯度恰恰为我们提供了一个连续、渐变、更符合实际情况的天然实验场所。同时,不同于绝大多数的单因子控制实验,城乡梯度也为我们提供了同时了解多个因子综合影响的天然条件。另外,地球上大约 3/4 的无冰覆盖陆地表面受到人类活动直接或间接的影响(Ellis and Ramankutty, 2008)。因此,一味追求自然系统研究无异于掩耳盗铃。城市生态学研究需要将人作为生态系统不可分割的一个重要组分来考虑,而不再将其视为旁观者和污染者。城乡梯度研究提供了清晰研究人类活动影响的机会,不仅有助于深入了解和丰富基础生态学理论,同时对科学管理受人类活动影响的生态系统和可持续未来具有重要指导意义。

具体城乡梯度研究的概念框架见图 6.6。以我们已经搭建的北京城乡生态梯度研究平台(Beijing ecosystem study, BES-PKU)为例,选择城乡梯度连续变化环境下的残存森林(forest remnant)为研究对象开展长期城市生态学研究,探讨城市环境对于森林生态系统结构和功能的影响,并进一步预测陆地生态系统对未来全球环境变化的响应和反馈。

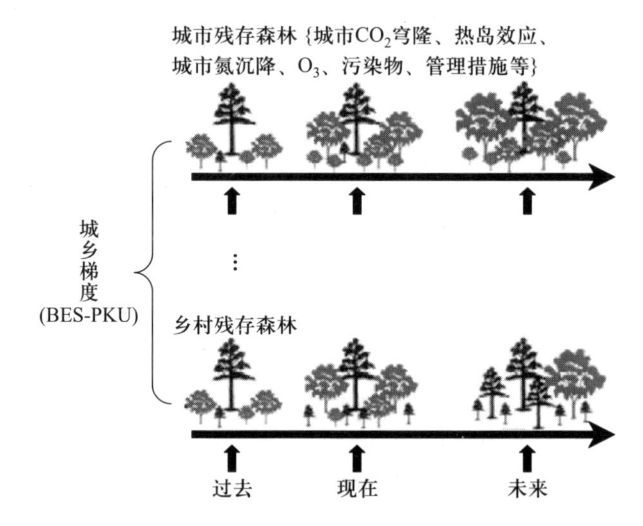

图 6.6 以北京城乡生态梯度研究平台的残存森林样地或样带作为研究陆地生态系统结构和功能对全球变化响应天然实验室的概念图。历史上残存森林在城乡梯度上都存在,且组成与结构等都相同,概念图上只显示了城市和乡村两个极端。现在的城市残存森林相比于乡村经历了城市化带来的环境条件(如城市 CO_2 穹隆、热岛效应、城市氮沉降、O_3、污染物、管理措施等)的改变,其组成与结构等都与乡村残存森林有差异。而基于从过去到现在城乡梯度残存森林的变化,可以预测未来城乡梯度残存森林的状况(修改自 Carreiro and Tripler, 2005)。

虽然城乡梯度为长期城市生态学和全球变化研究提供了理想的实验场所,但这种天然实验研究有其固有的局限性,如观察到的对环境变化的响应是综合结果,无法区分单个因子的具体影响。需要在城乡梯度天然实验基础上进一步配合巧妙合理设计的配对控制实验（如交互移栽、增加和移除实验等），并应用适当的统计分析方法如结构方程模型（structural equation modeling）（Grace et al., 2010），全面理解单因子的直接影响、多因子的交互作用、延迟效应（legacy effect）及影响时滞（time lag）等。

6.3 结语

城市化所带来的城市中的变化，一方面会影响全球环境变化，另一方面又受到全球环境变化的影响，城市化和全球环境变化相互作用、互相影响。随着全球城市化进程的进一步加快，城市作为全球变化的驱动者和响应者，其在全球变化研究中的重要性越来越凸显。

城市生态学发展至今已经经历了范式（paradigm）从 ecology ***in*** the city 到 ecology ***of*** the city 再到 ecology ***for*** the city 的演变和发展（Pickett et al., 2016），简单归结就是 ***in*** the city 往往只关注城市基质背景下与自然系统类似的生物生态，***of*** the city 将城市作为生态和社会组分同等重要的社会-生态系统来考虑，***for*** the city 引入了维持城市系统福祉和功能的管理（stewardship）理念，目标是更可持续的城市。无论是城市最终能够成为生态学研究的一个被认可（legitimate）的环境或场所，还是城市生态学范式的演变和发展都与人类活动越来越强烈影响地球系统，也就是与全球变化紧密相关。所以，城市生态学的研究，应该考虑全球变化的大背景，而城市生态学的发展也丰富了全球变化科学研究的思路和方法。

城市是很多全球环境问题的发生地，所以城市化是人类可持续未来所面临的重大挑战。但是城市环境作为全球变化的“天然实验室”和未来全球变化的“先驱”，不仅开拓了全球变化研究的新思路和方法，同时城市化及城市环境的极大异质性可能本身就为问题的解决提供了现成的方案。

致谢

感谢我的学生周德成、朱超、孙妍、葛世栋、贾文晓、谢帅、黄典、赵嘉佳、屈文园、吴文佳、唐宇佳、徐春雪、方晨宇、费伟成、林萍等这几年跟我一起围绕城市生态开展着辛苦而有趣的科研工作。本研究得到国家自然科学基金项目（41771093 和 42071120）支持。

参考文献

Angel, S., J. Parent, D. L. Civco, and A. Blei. 2011. The dimensions of global urban expansion: Estimates and projections for all countries, 2000—2050. Progress in Planning, 75: 53-107.

Angel, S., S. C. Sheppard, D. L. Civco, R. Buckley, A. Chabaeva, L. Gitlin, A. Kraley, J. Parent, and M. Perlin. 2005. The dynamics of global urban expansion. Transport and Urban Development Department, The World Bank, Washington, DC.

Boyden, S., S. Millar K. Newcombe, and B. O' Neil. 1981. The ecology of a city and its people: The case of Hong Kong. Frank Fenner Foundation, Canberra, Australia.

Briber, B. M., L. R. Hutyra, A. B. Reinmann, S. M. Raciti, V. K. Dearborn, C. E. Holden and A. L. Dunn. 2015. Tree productivity enhanced with conversion from forest to urban land covers. PLoS ONE, 10(8): e0136237. doi:10.1371/journal. pone. 0136237.

Cao, C., X. Li, S. Liu, N. Schultz, W. Xiao, M. Zhang, and L. Zhao. 2016. Urban heat islands in China enhanced by haze pollution. Nature Communications, 7: 12509. doi: 10. 1038/ncomms12509.

Carreiro, M. M., and C. E. Tripler. 2005. Forest remnants along urban-rural gradients: Examining their potential for global change research. Ecosystems, 8: 568-582.

Churkina, G. 2016. The role of urbanization in the global carbon cycle. Frontiers in Ecology and Evolution, 3: 144. doi: 10. 3389/fevo. 2015. 00144.

Churkina, G., D. G. Brown, and G. Keoleian. 2010. Carbon stored in human settlements: The conterminous United States. Global Change Biology, 16: 135-143.

Eeckhout, J. 2004. Gibrat' s law for(All) cities. American Economic Review, 94: 1429-1451.

Ellis, E. C., and N. Ramankutty. 2008. Putting people in the map: Anthropogenic biomes of the world. Frontiers in Ecology and the Environment, 6: 439-447.

Ge, S., and S. Q. Zhao. 2017. Organic carbon storage change in China' s urban landfills from 1978—2014. Environmental Research Letters, 12: 104013.

Gibrat, R. 1931. Les Inégalités économiques. Paris: Librairie du Recueil Sirey.

Grace, J. B., T. M. Anderson, H. Olff, and S. M. Scheiner. 2010. On the specification of structural equation models for ecological systems. Ecological Monographs, 80: 67-87.

Gregg, J. W., C. G. Jones, and T. E. Dawson. 2003. Urbanization effects on tree growth in the vicinity of New York City. Nature, 424: 183-187.

Grimm, N. B., S. H. Faeth, N. E. Golubiewski, C. L. Redman, J. Wu, X. Bai, and J. M. Briggs. 2008. Global change and the ecology of cities. Science, 319: 756-760.

Howard, L. 1833. Climate of London Deduced from Metrological Observations (3rd edition). London: Harvey and Dorton Press.

Idso, C. D., S. B. Idso, and R. C. J. Balling. 2001. An intensive two-week study of an urban CO_2 dome in Phoenix, Arizona, USA. Atmospheric Environment, 35: 995-1000.

IPCC. 2007. Climate Change 2007: The Physical Science Basis. Contribution of Working Group I to the Fourth Assessment Report of the Intergovernmental Panel on Climate Change. Solomon, S., D. Qin, M. Manning, Z. Chen, M. Marquis, K. B. Averyt, M. Tignor, and H. L. Miller(eds.) Cambridge: Cambridge University Press.

IPCC. 2013. Climate Change 2013: The Physical Science Basis. Contributing of Working Group I to the Fifth Assessment Report of the Intergovernmental Panel on Climate Change. Stocker, T. F., D. Qin, G. K. Plattner, M. Tignor, S. K. Allen, J. Boschung, A. Nauels, Y. Xia, V. Bex, and

P. M. Midgley(eds.). Cambridge: Cambridge University Press.

Jeong, S. J., C. H. Ho, H. J. Gim, and M. E. Brown. 2011. Phenology shifts at start vs. end of growing season in temperate vegetation over the northern hemisphere for the period 1982—2008. Global Change Biology, 17: 2385-2399.

Jiang, B., and T. Jia. 2011. Zipf's law for all the natural cities in the United States: A geospatial perspective. International Journal of Geographical Information Science, 25: 1269-1281.

Jones, P. D., P. Ya. Groisman, M. Coughlan, N. Plummer, W. Wang, and T. R. Karl. 1990. Assessment of urbanization effects in time series of surface air temperature over land. Nature, 347: 169-172.

Kalnay, E., and M. Cai. 2003. Impact of urbanization and land-use change on climate. Nature, 423: 528-531.

Karl, T. R., and P. D. Jones. 1989. Urban bias in area-averaged surface air temperature trends. Bulletin of the American Meteorological Society, 70: 265-267.

Karl, T. R., and R. W. Knight. 1997. The 1995 Chicago Heat Wave: How likely is a recurrence? Bulletin of the American Meteorological Society, 78: 1107-1119.

Keenan, T. F., J. Gray, M. A. Friedl, M. Toomey, G. Bohrer, D. Y. Hollinger, J. W. Munger, J. O'Keefe, H. P. Schmid, I. S. Wing, and B. Yang. 2014. Net carbon uptake has increased through warming-induced changes in temperate forest phenology. Nature Climate Change, 4: 598-604.

Körner, C., and D. Basler. 2010. Phenology under global warming. Science, 327: 1461.

Li, C., J. Li, and J. Wu. 2013. Quantifying the speed, growth modes, and landscape pattern changes of urbanization: A hierarchical patch dynamics approach. Landscape Ecology, 28: 1875-1888.

Liu, J., T. Dietz, S. Carpenter, C. Folke, M. Alberti, C. Redman, S. Schneider, E. Ostrom, A. Pell, J. Lubchenco, W. Taylor, Z. Y. Ouyang, P. Deadman, T. Kratz, and W. Provencher. 2007. Coupled human and natural systems. Ambio, 36: 639-649.

Lovett, G. M., M. M. Traynor, R. V. Pouyat, M. M. Carreiro, W. Zhu, and J. W. Baxteret. 2000. Atmospheric deposition to Oak forest along an urban-rural gradient. Environmental Science and Technology, 34: 4294-4300.

Manley, G. 1958. On the frequency of snowfall in metropolitan England. Quarterly Journal of the Royal Meterological Society, 84: 70-72.

Mayer, P. 2010. Urban ecosystems research joins mainstream ecology. Nature, 467: 153.

McDonald, R. I., P. Kareiva, and R. T. T. Formana. 2008. The implications of current and future urbanization for global protected areas and biodiversity conservation. Biological Conservation, 141: 1695-1703.

McDonnell, M. J. 2011. The history of urban ecology: An ecologist's perspective. In Niemel, J., J. H. Breuste, T. Elmqvist, G. Guntenspergen, P. James, and N. E. McIntyre(eds.), Urban Ecology: Patterns, Processes, and Applications. Oxford: Oxford University Press, 5-13.

McDonnell, M. J., and S. T. A. Pickett. 1990. Ecosystem structure and function along urban-rural Gradients: An unexploited opportunity for ecology. Ecology, 71: 1232-1237.

Meehl, G. A., and C. Tebaldi. 2004. More intense, more frequent, and longer lasting heat waves in the 21st century. Science, 305: 994-997.

Oke, T. R. 1973. City size and the urban heat island. Atmospheric Environment, 7: 769-779.

Oke, T. R. 1982. The energetic basis of the urban heat island. Quarterly Journal of the Royal Meteorological Society, 108: 1-24.

Park, R. E., E. W. Burgess, and R. D. McKenzie. 1925. The City. Chicago, IL: University of Chicago Press.

Parker, D. E. 2004. Large-scale warming is not urban. Nature, 432: 290.

Peng, S., S. Piao, P. Ciais, R. B. Myneni, A. Chen, F. Chevallier, A. J. Dolman, I. A. Janssens, J. Peñuelas, G. Zhang, S. Vicca, S. Wan, S. Wang, and H. Zeng. 2013. Asymmetric effects of daytime and night-time warming on Northern Hemisphere vegetation. Nature, 501: 88-92.

Peng, S., S. Piao, P. Ciais, P. Friedlingstein, C. Ottle, F. M. Bréon, H. Nan, L. Zhou, and R. B. Myneni. 2012. Surface urban heat island across 419 global big cities. Environmental Science & Technology, 46: 696-703.

Perkins, S. E., L. V. Alexander, and J. R. Nairn. 2012. Increasing frequency, intensity and duration of observed global heatwaves and warm spells. Geophysical Research Letters, 39: L20714. doi:10. 1029/2012GL053361.

Pickett, S. 1989. Space-for-time substitution as an alternative to long-term studies. In: Likens GE, editor. Long-Term Studies in Ecology: Approaches and Alternatives. New York: Springer, 110-135.

Pickett, S. T. A., M. L. Cadenasso, D. L. Childers, M. J. McDonnell, and W. Zhou. 2016. Evolution and future of urban ecological science: Ecology in, of, and for the city. Ecosystem Health and Sustainability, 2(7): e01229. doi:10. 1002/ehs2. 1229.

Pitelka, L., J. Canadell, and D. Pataki. 2007. Global ecology, networks, and research synthesis. In: Canadell J., D. Pataki and L. Pitelka(eds.), Terrestrial Ecosystems in a Changing World. Springer, Berlin, Heidelberg, 1-5.

Ricotta, C., F. A. La Sorte, P. Pysek, G. L. Rapson, L. Celesti-Grapow, and K. Thompson. 2009. Phyloecology of urban alien floras. Journal of Ecology, 97: 1243-1251.

Rozenfeld, H. D., D. Rybski, J. S. Andrade, M. Batty, H. E. Stanley, and H. A. Makse. 2008. Laws of population growth. Proceedings of the National Academy of Sciences of the United States of America, 105: 18702-18707.

Schär, C, P. L. Vidale, D. Lüthi, C. Frei, C. Häberli, M. A. Liniger, and C. Appenzeller. 2004. The role of increasing temperature variability in European summer heatwaves. Nature, 427: 332-336.

Schneider, A., and C. E. Woodcock. 2008. Compact, dispersed, fragmented, extensive? A comparison of urban growth in twenty-five global cities using remotely sensed data, pattern metrics and census information. Urban Studies, 45: 659-692.

Schneider, A., M. Friedl, and D. Potere. 2009. A new map of global urban extent from MODIS satellite data. Environmental Research Letters, 4: 044003. doi:10. 1088/1748-9326/4/4/044003.

Schwartz, M. D. 1998. Green-wave phenology. Nature, 394: 839-840.

Seto, K. C., B. Güneralp, and L. R. Hutyra. 2012. Global forecasts of urban expansion to 2030 and direct impacts on biodiversity and carbon pools. Proceedings of the National Academy of Sciences of the United States of America, 109: 16083-16088.

Seto, K. C., M. Fragkias, B. Gueneralp, and M. K. Reilly. 2011. A meta-analysis of global urban land expansion. PLoS One, 6: e23777.

Seto, K. C., R. Sánchez-Rodrígue, and M. Fragkia. 2010. The new geography of contemporary urbanization and the environment. Annual Review Environment and Resources, 35: 167-194.

Sun, Y., and S. Q. Zhao. 2018. Spatiotemporal dynamics of urban expansion in 13 cities across the Jing-Jin-Ji Urban Agglomeration from 1978 to 2015. Ecological Indicators, 87: 302-313.

United Nations(UN) Department of Economic and Social Affairs, Population Division. 2015. World Urbanization Prospects: The 2015 Revision. United Nations, New York, USA.

Wu, J. G. 2014. Urban ecology and sustainability: The state-of-the-science and future directions. Landscape and Urban Planning, 125: 209-221.

Xu, C., M. Liu, and C. Zhang. 2007. The spatialtemporal dynamics of rapid urban growth in the Nanjing metropolitan region of China. Landscape Ecology, 22: 925-937.

Zhang, X., M. A. Friedl, and C. B. Schaaf. 2006. Global vegetation phenology from moderate resolution imaging spectroradiometer(MODIS): Evaluation of global patterns and comparison with in situ measurements. Journal of Geophysical Research, 111: G04017. doi:10. 1029/2006JG000217.

Zhao, S. Q., C. Zhu, D. Zhou, D. Huang, and J. Werner. 2013. Organic carbon storage in China's urban areas. PLoS ONE, 8: e71975. doi:10. 1371/journal. pone. 0071975.

Zhao, S. Q., D. Zhou, and S. Liu. 2016a. Data concurrency is required for estimating urban heat island intensity. Environmental Pollution, 208: 118-124.

Zhao, S. Q., D. Zhou, C. Zhu, W. Qu, J. Zhao, Y. Sun, D. Huang, W. Wu, and S. Liu. 2015a. Rates and patterns of urban expansion in China's 32 major cities over the past three decades. Landscape Ecology, 30: 1541-1559.

Zhao, S. Q., D. Zhou, C. Zhu, Y. Sun, W. Wu, and S. Liu. 2015b. Spatial and temporal dimensions of urban expansion in China. Environmental Science & Technology, 49: 9600-9609.

Zhao, S. Q., L. J. Da, Z. Tang, H. Fang, K. Song, and J. Fang. 2006. Ecological consequences of rapid urban expansion: Shanghai, China. Frontiers in Ecology and the Environment, 4: 341-346.

Zhao, S. Q., S. Liu, and D. Zhou. 2016b. Prevalent vegetation growth enhancement in urban environment. Proceedings of the National Academy of Sciences of the United States of America, 113: 6313-6318.

Zhou D., S. Q. Zhao, L. Zhang, and G. Sun. 2015. The footprint of urban heat island effect in China. Scientific Reports, 5, 11160. doi: 10. 1038/srep11160.

Zhou D., S. Q. Zhao, S. Liu, L. Zhang., and C. Zhu. 2014. Surface urban heat island in China's 32 major cities: Spatial patterns and drivers. Remote Sensing of Environment, 152: 51-61.

Zhou D., Zhao S. Q., L. Zhang, and S. Liu. 2016. Remotely sensed assessment of urbanization effects on vegetation phenology in China's 32 major cities. Remote Sensing of Environment, 176: 272-281.

Zhou L., R. E. Dickinson, Y. Tian, J. Fang, Q. Li, R. K. Kaufmann, C. J. Tucker, and R. B.

Myneni. 2004. Evidence for a significant urbanization effect on climate in China. Proceedings of the National Academy of Sciences of the United States of America, 101: 9540-9544.

Ziska L. H., J. A. Bunce, and E. W. Goins. 2004. Characterization of an urban-rural CO_2/temperature gradient and associated changes in initial plant productivity during secondary succession. Oecologia, 139: 454-458.

气候变化背景下生态系统 CO_2 净交换的年际变异

第 7 章

周旭辉[①]　邵钧炯[①]

摘　　要

大气与陆地生态系统之间的 CO_2 净交换(NEE)是生态系统呼吸(RE)和总初级生产力(GPP)之间的差值,决定了全球陆地生态系统的碳汇能力,直接影响着气候变化与生态系统碳循环之间的反馈模式。在全球范围,NEE 的年际变异是个普遍的现象。然而,当前的各种生态系统模型,无论其复杂程度如何,都无法较好地模拟生态系统 NEE 的年际变异格局,从而给预测未来气候变化及生态系统功能带来困难。研究者通过大量的研究工作,已经在站点尺度发现了可能驱动 NEE 年际变异的因子,其中包括光照、温度、水分、气候事件等气候因素,物候、潜在生理能力、植被特征等生物因素,以及自然和人为的干扰。通过对比气候因素和生物因素的相对重要性,可以发现随着时间尺度的增加,生物因素的重要性逐渐增加。不同生态系统之间生物因素重要性的差异,主要来源于温度和水分的胁迫状态。一般认为,气候变化不仅能够直接影响 NEE 年际变异,还能通过改变某些生物因素(如生态系统的潜在生理能力)从而间接影响 NEE 年际变异。然而,从基于全球数据的分析结果来看,生物因素对 NEE 年际变异的影响似乎并非间接来源于气候条件的改变。对于 NEE 年际变异的空间格局而言,数据分析的结果认为气候条件和生物因素的年际变异性可能是重要的影响因素,但尚未发现能在全球范围解释 NEE 年际变异空间格局的具体因素;全球陆面模型的模拟结果则认为热带及干旱地区是 NEE 年际变异的热点地区。尽管至今为止的研究取得了一定的进展,但还存在一些难点,包括对通量观测数据的多时间尺度分析、环境变量与碳通量间时滞效应的研究、RE 的准确模拟、探究 GPP 与 RE 对环境变量的差异性响应、积累长期独立连续的生物因子观测数据等。对上述难点问题的进一步研究,将加深我们对生态系统碳循环过程的认识,同时有助于预测未来全球变化背景下生态系统功能的改变以及生态系统对气候系统的反馈能力。

---

① 华东师范大学生态与环境科学学院,浙江天童森林生态系统国家野外科学观测研究站,上海,200241,中国。

Abstract

The net CO_2 exchange between atmosphere and ecosystem (NEE), which is the difference of ecosystem respiration (RE) and gross primary productivity (GPP), determines the carbon (C) sink of global land and shapes the feedback between climate change and ecosystem C cycle. Using the eddy-covariance technique, large interannual variability (IAV) in NEE has been observed at almost all eddy-flux sites over the world. However, the state-of-the-art ecosystem models failed to reproduce the IAV in NEE, which makes it difficult to forecast climate change and ecosystem functioning in the future. Researchers have identified many drivers of IAV in NEE, including climatic factors such as radiation, temperature, water and climatic events, biotic factors such as phenology, potential physiological capacity and vegetation characteristics, and natural and human disturbances. The contribution of biotic factors to the IAV in NEE increased significantly as the temporal scale got longer from daily to annual scales. The temperature and water stress mainly influence the relative importance of biotic factors among ecosystems. Although the climatic variations were generally considered to affect IAV in NEE indirectly by changing biotic factors, synthesis based on global dataset suggested that climatic variables could hardly explain the IAV in biotic factors. As for the spatial pattern, data synthesis indicated that the difference of IAV in NEE among ecosystems could both be derived from variations in climatic and biotic factors, while global land surface models suggested that the tropical and arid areas were the hot spots for IAV. Despite of these advances, there still are some critical issues remaining to address, including the multi-scale analysis on time series of flux data, the time lag between environment and C fluxes, the accurate simulation of RE, the differential responses of GPP and RE to environmental changes, and the accumulation of independently measured long-term biological data. These issues are important to deepen our understanding of the ecosystem C cycle, and to predict the future changes in ecosystem functioning and feedbacks between climate system and ecosystem.

引言

大气 CO_2浓度升高、全球变暖、降水格局改变等全球气候变化能够影响陆地生态系统的碳循环过程,改变生态系统与大气间的 CO_2净交换(net ecosystem exchange, NEE),从而形成气候系统与生态系统之间的反馈环。生态系统 NEE

的大小决定了其吸收或释放 CO_2的能力。在全球尺度上,陆地生态系统每年能够吸收约 3 Pg C,占到人为活动所释放碳的 30%(Le Quéré et al., 2015)。更为重要的是,全球陆地生态系统 NEE 在年与年之间的变异性(interannual variability, 年际变异),决定了大气 CO_2浓度增长率的年际差异(Le Quéré et al., 2013)。因此,准确估算生态系统 NEE 的年际变异格局,不仅对生态系统碳循环本身,而且对预测未来气候变化,都具有十分重要的意义。

然而,目前的各种生态系统模型,无论是基于经验关系还是过程机理,不管其复杂程度如何,都无法较好地模拟 NEE 的年际变异。如 Keenan 等(2012)用 16 个常用的陆地生态系统过程模型模拟了 11 个具有长期观测数据的站点的 NEE,发现这些模型不仅无法重现 NEE 在年与年之间的时间动态,甚至其所估算的年际变异的大小(以标准差表示)与实际观测值也相去甚远。目前用模型预测未来生态系统碳循环的思路是:构建出能重现较短时间尺度(半小时到月)的模型,认为其能反映较长时间尺度(年际、几十年甚至几百年)上生态系统碳循环与外部驱动力之间的关系,从而利用未来的外部驱动力的预测情景,估算生态系统 NEE 在几十年甚至几百年后的大小。但是,正如 Keenan 等(2012)的研究结果所显示的,假如基于较短时间尺度的生态系统模型无法模拟 NEE 的年际变异,那么这些模型的长期预测能力也就存在很大疑问。这一实际应用上的困难迫使研究者深入探讨驱动生态系统 NEE 年际变异的机制,以期为模型的预测提供一个可靠的科学依据。

7.1　NEE 年际变异是普遍现象

从定义上看,生态系统 NEE 指的是生态系统-大气界面上的所有以 CO_2为形式的气体净交换(Chapin et al., 2006),不仅包括生态系统的总初级生产力(gross primary productivity, GPP)和呼吸(ecosystem respiration, RE),也包括其他 CO_2形式的通量(如火烧释放的 CO_2)。然而,在实际使用涡度协方差技术(于贵瑞和孙晓敏, 2006)测量生态系统 NEE 时,往往将观测塔建于几乎不受干扰的生态系统中。因此,在近似意义上,可以认为 NEE=RE-GPP。NEE 的正值表示生态系统向大气释放 CO_2,负值表示生态系统从大气吸收 CO_2。

通过基于全球通量观测网络的研究发现,NEE 的年际变异是个普遍现象(Baldocchi, 2008; Shao et al., 2015; Niu et al., 2017; Baldocchi et al., 2018)。由于 NEE 的数值有正有负,所以可以用标准差(standard deviation, *SD*)或极差(最大值-最小值)来表示其年际变异。如 Niu 等(2017)总结了 24 个具有 8 年以上连续观测数据的站点,发现 NEE 年际变异的标准差大约是平均值的 50%。Shao 等(2015)基于全球 65 个具有 5 年以上观测数据的站点的研究发现,不同站点间 NEE 年际变异的范围是 13~434 $g\ C \cdot m^{-2} \cdot a^{-1}$,并且在常绿针叶林、落叶阔叶林、草地和农田生态系统间没有显著性差异。Baldocchi 等(2018)综合分析了全球 59 个站点共 544 个站点年(site-year)的数据,发现 NEE 的年际变异(SD=162g C·m^{-2}·a^{-1})接近于年平均值(-200 g C·m^{-2}·a^{-1})。并且在常绿阔叶林和草原中最高(>300 g C·m^{-2}·a^{-1}),在北方常绿林和海滨湿地中最低(<40 g C·m^{-2}·a^{-1})。从我们自己收集的来自 135 个站点的数据来看(图 7.1;邵钧炯,2014),用极差表示的 NEE 年际变异在森林、草地、农田和湿地生态系统中都有较宽的分布,而在苔原生态系统中局限于较小的数值,表明除苔原外,其他生态系统的 NEE 在年与年之间有较大的变动。

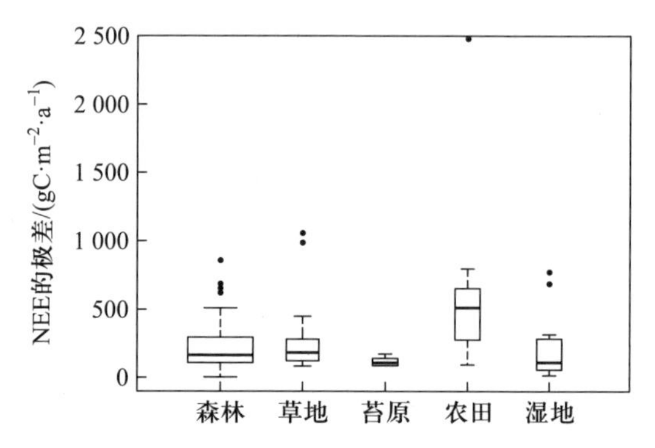

图 7.1 生态系统年 NEE 的极差(最大值-最小值)。每个数据点代表一个站点。箱型的宽度表示站点数的平方根。图中数据来自 84 个森林、21 个草地、5 个苔原、12 个农田和 13 个湿地(邵钧炯,2014)。

7.2 NEE 年际变异的空间格局

NEE 年际变异的空间格局,指的是不同生态系统或不同区域间 NEE 年际变异程度的差异。如图 7.1 所示,不同站点之间 NEE 年际变异的差异很大,对 NEE 年际变异空间格局成因的研究却很少。Yuan 等(2009)对北半球 39 个碳通量站点的综合分析表明,落叶阔叶林 NEE 的年际变异随纬度增加而增加,常绿针叶林则相反。并且北美的落叶阔叶林 NEE 年际变异的纬向格局由温度的年际变异程度引起。Adkinson 等(2011)对比两个沼泽的情况后发现,营养肥沃的沼泽的 NEE 年际变异大于营养贫瘠的沼泽。Shao 等(2015)则认为,对 NEE 年际变异的生物效应同时主导着年际变异的空间格局,能够解释总体差异的 72%,而气候效应只能解释 37%。但对于何种因素导致的生物效应能够有效影响 NEE 年际变异的空间格局,还不清楚。理论上,森林的林龄和外部的干扰等因素能够影响生物效应,但无论从多站点的比较还是个别站点的对比中,都未发现一致的影响格局(Shao et al., 2015)。

另一方面,基于模型的研究指出了一些区域性的 NEE 年际变异热点,并试图解释其形成原因。例如，Schaefer 等(2002)基于 SiB2 模型(Simple Biosphere Model，Version 2)的结果显示，南美洲和非洲的草原中，NEE 年际变异程度大于其他地区的生态系统；Rayner 等(2005)与 Gurney 等(2008)认为，热带地区 NEE 年际变异程度大于非热带地区。Jung 等(2011)用模型树集成(model tree ensemble，MTE)与全球动态植被模型(Dynamic Global Vegetation Model，DGVM)所做的研究显示，NEE 年际变异的热点区域是南美洲东部与南部、非洲东部与南部、印度、中国东部、澳大利亚东南部、北美洲中部与东部，以及欧洲，并且部分地区的年际变异可能主要由厄尔尼诺现象引起。Ahlström 等(2015)基于 LPJ-GUESS 和 TRENDY 模型发现，半干旱区域主导着全球碳汇 39%的年际变异，远远高于其他地区，而该区域 NEE 的年际变异可能受极端降水频率的影响。

Marcolla 等(2017)同时利用全球通量网(FLUXNET)的观测数据、自下而上的模型树集成(MPI-MTE)的模拟结果以及自上而下的大气反演模型(Jena CarboScope Inversion)的模拟结果，也认为热带的萨瓦纳草原是 NEE 年际变异最大的地方，但同时也发现不同的方法之间存在一定的差异。总体而言，两个模型所估算的 NEE 年际变异的值(15～20 $g\ C \cdot m^{-2} \cdot a^{-1}$)要远小于通量站点的观测(120 $g\ C \cdot m^{-2} \cdot a^{-1}$)。同时，尽管两个模型在北美洲和欧亚大陆的结果比较一致，但在南美洲的湿润热带地区，反演模型估算的 NEE 年际变异更大。更有甚者，在南美洲的东海岸区域，MPI-MTE 认为其 NEE 年际变异是所有区域中最大的，而反演模型却认为是最小的。造成这一差异的原因可能是在热带地区普遍缺少实测数据，因此无法有效地限制模型参数。根据 MPI-MTE 的结果，温度对 NEE 的影响较为一致，在温度限制的地区表现为正相关，在水分限制的地区表现为负相关。水分对 NEE 的影响格局较为复杂，在湿润的热带、欧洲的温带和美国的东南部表现为正相关，在其他地区表现为负相关。

7.3 NEE 年际变异的驱动力

NEE 是 RE 和 GPP 之差，因此直接影响 NEE 年际变异的就是生态系统呼吸和总初级生产力这两个因素。Baldocchi 等(2018)对全球 59 个通量站点所做的分析表明，不仅年际尺度上 GPP 的方差是 RE 的 2.7 倍，并且 GPP 的方差对 NEE 方差的解释度(62%)要远远高于 RE 的方差对 NEE 方差的解释度(28%)。这一结果说明总体上 GPP 对 NEE 年际变异的影响要大于 RE。尽管如此，不同站点间还是显示出较大差异，如 Shao 等(2014)发现，在中国的一个常绿针叶林中，NEE 的年际变异主要来自 GPP；相反，在美国的一个草地中，NEE 的年际变异主要来自 RE；同时，在美国的一个落叶阔叶林中，GPP 和 RE 对 NEE 的年际变异具有同等重要性。不同站点间 GPP 和 RE 对 NEE 年际变异重要性的差异在其他研究中也有发现(Valentini et al.，2000；Stoy et al.，2008)。在季节性明显的生态系统中,NEE 在生长期主要受光合作用控制,在非生长期则主要受呼吸作用控制。因此生长季长度或碳吸收期长度可能会影响 GPP 和 RE 对 NEE 年际变异的相对贡献。如在上述提到的 Shao 等(2014)的研究中,常绿针叶林、落叶阔叶林、草地的碳吸收期长度分别为 298 天、254 天、183 天,表明碳吸收期越长的站点 GPP 的重要性越大。

虽然能够影响 GPP 或 RE 的因素都可能潜在地驱动 NEE 的年际变异,但在实际情况下,对 GPP 或 RE 重要的因子未必影响 NEE。如 Shao 等(2016)对 22 个常绿针叶林共 180 个站点年数据进行分析后发现,光照能够驱动 GPP 的年际变异,土壤温度能够驱动 RE 的年际变异,但这两者对 NEE 的年际变异都无显著影响。这是因为 NEE 对环境波动的响应取决于 GPP 和 RE 对环境波动的差异性响应(Niu et al., 2017),也就是说,假如 GPP 和 RE 对某一环境变量具有同等的响应,那么这一变量对 GPP 和 RE 的影响将无法体现在 NEE 上。因此在研究 NEE 年际变异的驱动力时,不能单独考察哪些因素对 GPP 或 RE 有重要影响,还需同时追踪这些因素对它们的影响是否不同。目前为止,通过大量基于通量观测站点的研究,已经找到众多能够解释 NEE 年际变异的驱动因子(表 7.1)。这些驱动力大致可划分为气候因素、生物因素和干扰三大类。其中,气候因素主要包括光照、温度、水分、极端气候事件和大尺度气候事件;生物因素主要包括物候、潜在生理能力和植被特征;干扰包括自然干扰和人为干扰。具体的驱动力详见表 7.1。

表 7.1　NEE 年际变异驱动因子概述

类别	驱动因子	驱动变量	说明	文献例子
气候因素	光照	总辐射量	增加 GPP	Wu et al., 2012b
		散射辐射	增加 GPP,提高光能利用效率和水分利用效率	Chen et al., 2009
		所吸收的辐射	增加 GPP	Barr et al., 2007
		某一时段的辐射量	春、夏、秋及整个生长季的光合有效辐射与 NEE 呈负相关	Zhang et al., 2011a
		云量	增加散射辐射的比例	Min and Wu, 2011
	温度	年均温	增加光合速率和呼吸速率	Krishnan et al., 2006
		关键季节的温度	春季温度影响展叶和生长季长度,秋冬季温度影响土壤呼吸	Richardson et al., 2013
		度日(degree day)	温度与生长季的综合指标	Zhang et al., 2011a; Groendahl et al., 2007

续表

类别	驱动因子	驱动变量	说明	文献例子
气候因素	水分	年降水量	水分限制或季节性干旱的生态系统	Tian et al., 2000; Jogen et al., 2011
		关键季节的降水量	生长季、秋冬季；秋冬季降水可能影响下一年的碳通量	Scott et al., 2009; Zhang et al., 2011a
		降水时机	在降水过早发生的年份，水分的增加对呼吸的促进作用更大，使其在该年成为较弱的碳源	Jogen et al., 2011
		土壤含水量	与 NEE 既有正相关也有负相关	Wu et al., 2012b; Ricciuto et al., 2008
		关键季节土壤含水量	如 8—10 月土壤含水量	Krishnan et al., 2009
		土壤水分胁迫综合性指标	表示土壤水分亏缺	Arneth et al., 1998
		土壤水位	在湿地生态系统中影响氧气含量	Sottocornola and Kiely, 2010
	极端气候事件	极端干旱	抑制 GPP 和 RE，单一干旱事件可能有长期影响	Potter et al., 2001; Krishnan et al., 2006
		冰冻	物理伤害、生理伤害、影响物候	Zhang et al., 2011b
	大尺度气候事件	厄尔尼诺-南方涛动	改变太平洋东西两岸年际温度与降水的变化情况	Morgenstern et al., 2004
		其他大尺度气候事件	太平洋北美涛动、太平洋十年涛动、北大西洋涛动、大西洋年代际涛动、北极涛动	Wharton et al., 2009; Zhang et al., 2011a
生物因素	物候	生长季长度	增加碳吸收的时间	Churkina et al., 2005
		生长季起讫日期	影响生长季长度	Lagergren et al., 2008; Richardson et al., 2009
		碳吸收期长度	净吸收碳的时期	Pilegaard et al., 2011
		秋季间期长度	碳吸收结束的日期到光合作用结束的日期	Wu et al., 2012a

续表

类别	驱动因子	驱动变量	说明	文献例子
生物因素	潜在生理能力	最大光合速率、参考呼吸速率	决定光合和呼吸的潜在能力	Humphreys and Lafleur, 2011; Fu et al., 2017
	植被特征	植被指数	叶面积指数,增强型植被指数	Ge et al., 2011; Scott et al., 2009
		植被类型	轮作的农田	Hollinger et al., 2005
干扰	自然干扰	火		Xiao et al., 2011
		台风		Toda et al., 2011
		病虫害		Turner et al., 2015
	人为干扰	森林砍伐		Misson et al., 2005
		土地利用变化		Alberti et al., 2010

7.4 多因子驱动力的相对重要性

以上提到的驱动因子不是单独作用,而是共同影响 NEE 的年际变异,而且这些因子之间还存在各种相互作用(图 7.2)。

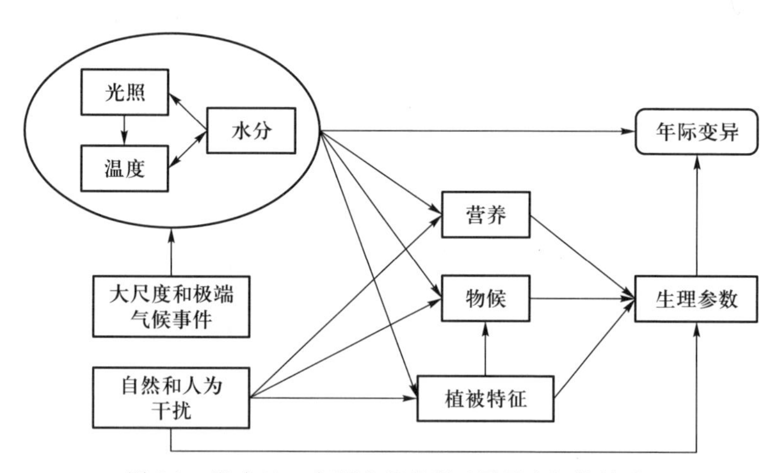

图 7.2 影响 NEE 年际变异的驱动因子之间的关系。

在研究对 NEE 年际变异的多因子影响时,首要的问题是:哪些或哪类驱动因子更为重要?对这一问题的回答有两种途径。第一种途径是基于经验模型或过程模型,关注各个驱动因子的相对重要性,试图辨析最为重要的几种因子。如

Krishnan 等(2009)将多元回归统计模型应用于一个常绿针叶林,发现3—6月的温度以及8—10月的土壤湿度是影响NEE年际变异的最重要因素。Fu等(2017)基于24个具有8年以上通量数据的站点,计算了每个站点每一年中最大的日净碳吸收速率(NEP_{max})和净碳吸收时期(CUP),发现这两个因素能够联合解释落叶阔叶林、常绿林和草地NEE年际变异的73%、54%和63%。同时,在整体上,NEP_{max}的重要性要大于CUP,而NEP_{max}和CUP本身又受到气候因子的影响。Delpierre等(2012)则基于过程模型CASTANEA,通过对模型结果进行小波分析,计算了欧洲4个森林生态系统在不同时间尺度上(天、周、月、季、年)诸多气候因素(光照、温度、相对湿度、土壤含水量)和生物因素(冠层动态、热适应、木质部生物量、土壤碳含量)对NEE时间动态的相对贡献。结果显示,年际尺度上,德国的一个落叶阔叶林中,土壤含水量的相对重要性远高于其他因素;在法国的一个常绿阔叶林中,土壤含水量和温度是最重要的因素;在芬兰的一个常绿针叶林中,光照是最重要的因素,其次为冠层动态和温度;在德国的一个常绿针叶林中,热适应(低温下潜在羧化速率和电子传递速率的减小)和温度的相对重要性大于其他因素。

虽然这类方法在合理构建模型的基础上能够清晰地区分主要因素与次要因素,但在涉及生物因素时,需要详细的生物数据作为支撑。同时,由于各驱动变量之间存在相互作用和共线性,使得最终计算所得的相对贡献可能并不能真实反映实际的重要性。于是,有些研究者从不依赖站点的生物数据入手,试图区分几类驱动因子,而非每个具体驱动因子的相对重要性(Hui et al., 2003; Richardson et al., 2007; Marcolla et al., 2011)。这类方法只以气候因子作为模型的驱动变量模拟NEE的时间动态,同时认为模型参数的年际变化反映了生态系统对气候响应模式的年际差异(生物效应)。具体而言,又可分为三种方法,即Hui等(2003)的HOS(homogeneity-of-slope)方法、Richardson等(2007)的交叉模型(crossed-model)方法和Marcolla等(2011)的情景分析方法。HOS方法基于多元线性回归模型将NEE在周尺度上的总方差分解为气候的季节变异、气候的年际变异、生态系统的功能改变(functional change)及随机误差这四个来源(Hui et al., 2003);交叉模型方法基于半经验半过程模型将NEE在不同时间尺度上的总方差分解为驱动变量和模型参数两个来源(Richardson et al., 2007);情景分析方法则基于非参数统计模型(查表法),并设置驱动变量和生态系统响应分别是恒定还是可变的情景,分析对于实际的情形而言,哪种情景更为重要(Marcolla et al., 2011; Zhang et al., 2016)。目前应用这三种方法的结果均表明,由模型参数改变带来的影响(生物效应)总体上要大于由模型驱动变量改变带来的影响(气候效应)(表7.2)。但也有个别生态系统,如在一个放牧的草原(生物效应的相对贡献为0%, Polley et al., 2008)、一个泥炭湿地(生物效应的相对贡献为23%, Teklemariam et al., 2010)和一个农田(生物效应的相对贡献为0%, Jensen et al., 2017)生态系统中,生物效应的相对贡献远远小于气候效应。虽然Polley等(2010)将HOS方法应用于美国 8 个草地生态系统,并认为降水量和降水量的变异性能够解释由生态系统功能改变引起的 NEE 年际变异的百分比,但这一解释存在着一定困难,因为 HOS 方法所用的多元线性回归模型总体上对 NEE 时间动态的解释率很低,并且不同站点间差异很大。如在美国 Las Cruces 草原和 Lucky Hills 草原中,HOS 模型只能解释 NEE 总变异的 23%,而在 Burns 草原中能够解释 74%(Polley et al., 2010)。

表 7.2 HOS 方法和交叉模型方法结果汇总

方法	生态系统类型	生物效应对 NEE 年际变异的相对贡献/%	参考文献
HOS 方法	常绿针叶林	53	Hui et al., 2003
	常绿针叶林	52	Tang et al., 2016
	常绿针叶林	68	Jensen et al., 2017
	荒漠灌丛	84	Polley et al., 2010
	自然草原	69	Polley et al., 2008
	放牧草原	0	Polley et al., 2008
	灌丛草原	70	Polley et al., 2010
	灌丛草原	72	Polley et al., 2010
	混合草原	74	Polley et al., 2010
	混合草原	47	Polley et al., 2010
	矮草草原	51	Polley et al., 2010
	荒漠草原	78	Polley et al., 2010
	荒漠草原	82	Polley et al., 2010
	高寒草原	57	Wang et al., 2017
	草原	50	Jensen et al., 2017
	泥炭湿地	23	Teklemariam et al., 2010
	农田	0	Jensen et al., 2017
交叉模型方法	常绿针叶林	55	Richardson et al., 2007
	常绿针叶林	77	Wu et al., 2012b
	常绿针叶林	47	Shao et al., 2014
	落叶阔叶林	69	Shao et al., 2014
	落叶阔叶林	54	Chu et al., 2016
	草原	77	Shao et al., 2014
	农田	89	Chu et al., 2016
	淡水滨海湿地	86	Chu et al., 2016

注:为了使结果具有可比性,对于 HOS 方法重新计算了生物效应的贡献,即生物效应的贡献 = 功能改变/(功能改变 + 气候的年际变异)。

为了解决不同模型和方法在不同站点的适用性问题，实现站点间的可比较性，Shao 等(2015)整合并改进了上述几种方法的分析手段，使用基于赤池信息准则(Akaike information criterion，AIC)的模型平均(model averaging)框架下的加性模型(additive model)，定量了全球 65 个通量站点的气候效应和生物效应对 NEE 年际变异的相对贡献。这一方法大幅度减小了不同站点间因模型结构的选择和驱动变量的选择带来的差异，从而使结果更具可比性。结果显示，总体而言，生物效应对 NEE 年际变异的相对贡献为 57%±14%，这与 HOS 方法、交叉模型方法和情景分析方法的结果一致，并在更大的空间范围内再次强调了年际尺度上生物效应对 NEE 时间动态的重要性。更为重要的是，Shao 等(2015)发现了影响不同站点间生物效应相对贡献差异的主要原因。具体而言，随着水分胁迫的加剧，生物效应的相对贡献可以从大约 60%逐渐下降到 20%；年平均温度较低和较高的站点中，生物效应的贡献也较小，但温度的影响程度不如水分。这一结果表明，在环境胁迫(干旱、低温)更强的生态系统中，气候因素控制了生态系统的碳循环过程，而生态系统的响应完全受限于气候条件。如在干旱的生态系统中，植物生物量将主要分配到根系，用以吸收水分(Poorter et al., 2012)，同时生态系统的表观水分利用效率会趋向于一个稳定的内禀水分利用效率(Huxman et al., 2004; Ponce-Campos et al., 2013)，表明在干旱胁迫下植物将无法进一步通过自我调节能力维持较高的生产力，从而使碳通量的时间动态主要受制于气候调节的变化。

7.5　驱动因子对 NEE 年际变异的直接和间接影响

研究 NEE 年际变异的多因子影响的另一条思路是直接解析出各个因子间的相互作用及它们对 NEE 的直接和间接影响(参见图 7.2)。如 Hui 等(2003)认为生态系统功能改变就是气候的间接影响，而 Richardon 等(2007)则认为其他因素(如植物生长、营养状况、外部干扰等)也能引起生态系统的功能改变(参见图 7.2)，并发现气候效应与生物效应之间存在很弱的相关性。Shao 等(2014)则在中国的一个人工常绿针叶林中发现，对 NEE 的年际变异而言，气候效应与生物效应之间存在较强的负相关，使得该森林生态系统保持相对稳定的碳吸收能力。Shao 等(2015)对全球通量数据所做的分析表明，只在常绿针叶林和草地生态系统中，气候效应与生物效应间存在较弱的正相关关系。同时，两种效应间的相关关系会随着干旱胁迫程度的加深而加强。

尽管这些研究暗示气候因素可能通过生物因素而间接影响 NEE 的年际变异，却无法明确得知哪些气候因素具体通过哪些生物因素来影响。有些个案研究显示，生态系统水平的生理参数确实会在年际尺度上受到气候因素的影响，如最大光合速率受光照、温度、水汽压亏缺(VPD)及土壤水分的调节(Aber et al., 1996；Barr et al., 2007；Ricciuto et al., 2008)，光合作用的半饱和常数受到光照、降水量和土壤水分的调节(Shao et al., 2014),呼吸能力(基础呼吸及温度敏感性)受到温度和水分的调节(Bahn et al., 2008;Illeris et al., 2004;Ricciuto et al., 2008)。甚至在更小的时间尺度上,生态系统的最大光合速率、基础呼吸、温度敏感性等参数也受到温度、水分、VPD 等气候因子的调节作用(Ricciuto et al., 2008; Shao et al., 2014)。

就目前而言,要在整体上基于数据解析出各驱动因素的直接和间接影响,只能应用结构方程模型(structural equation model, SEM)(Fan et al., 2016)来实现。如 Chen 等(2015)运用 SEM 分析了光照、温度、降水及植被指数对 GPP 和 RE 空间变异的直接和间接影响。但针对 NEE 年际变异的分析很少,为了弥补这一不足,Shao 等(2016)基于 Shao 等(2015)的数据库,应用 SEM 解析了气候因子(光照、空气温度、土壤温度、VPD、水分平衡指数)对 NEE(及其组分 GPP 和 RE)年际变异的直接影响和通过生理参数(最大光合速率、表观量子效率、水分利用效率、基础呼吸、温度敏感性)对 NEE 年际变异的间接影响。结果显示,总体上,VPD 能够通过最大光合速率而间接影响 GPP 的年际变异,但除 GPP 外似乎没有其他因子能较好地解释 RE 的年际变异。同时,气候对 NEE 年际变异的直接和间接影响方式在不同的生态系统类型和不同的水分条件下存在一定差异。如在常绿针叶林中,气候因子对 GPP 和 RE 的年际变异有直接影响,但在落叶阔叶林中气候因子的间接影响是主要的,表明落叶阔叶林可能会通过改变叶片的物候和光合作用能力而响应环境变化。在草原生态系统中,光照对最大光合速率的影响是负的,而在农田中这一影响是正的,说明在草原中,能量的过剩可能导致了最大光合速率的降低,而在农田中不存在这一问题。与水分过少和过多的生态系统相比,水分适中的生态系统表现出更多的间接影响途径,这一格局也许由碳通量对水分的时滞性响应造成。如 Vicente-Serrano 等(2013)利用遥感数据发现,NDVI 和干旱指数间的时滞在水分条件适中的情况下最大。

尽管 Shao 等(2016)的工作给出了一个气候因素如何直接和间接影响 NEE 年际变异的大体框架,但 SEM 对年尺度 NEE 的解释能力还是偏低。如在常绿针叶林中,解释度只有 17%,在落叶阔叶林中也只有 37%。同时,生理参数本身的年际变异也没有得到较好的解释,这说明除了气候因素外,其他因素(生理适应、植物生长、群落演替、外部干扰等)也可能会通过影响生物因素,从而来间接影响 NEE 的年际变异。但对于如何在更大的框架下包含这些因素,还未有深入的研究。

7.6　NEE 年际变异研究中的难点

要准确预测未来的气候变化情况(尤其是温度的变化),就必须考虑陆地生态系统碳循环对大气 CO_2 浓度的反馈,也就意味着要理解引起生态系统 NEE 年际变异的内在机制。虽然近 20 年来这一主题一直是全球变化背景下生态系统碳循环研究的关注点,但我们对于 NEE 年际变异的内在机制和可预测性了解得很少(Luo et al., 2015)。根据已有研究经验,我们认为,目前这一领域的研究可能存在以下几个难点。

7.6.1 对通量观测数据的多时间尺度分析

从信号处理的角度看,年际 NEE 的变化在频域上属于变化幅度较小的低频信号,其频率远远低于原始观测值(0.5 h 或 1 h)。因此,当我们在通量观测的时间尺度上进行分析时,其结果未必能直接应用于年际尺度。如在美国的一个落叶林中,在季节尺度上起作用的因子决定了 NEE 的年际变异,而在同一地区的一个人工松树林中,这些因子的重要性大大减小(Novick et al., 2015)。Tan 等(2015)在一个关于热带雨林的研究中发现,VPD 在瞬时尺度上主控水分利用效率,但在季节尺度上成为次要因子,而在年际尺度上甚至与水分利用效率没有关系。事实上,通过谱分析或小波分析,不少研究发现各个因子对 NEE 的影响在不同时间尺度上不一致(Baldocchi, 2008; Delpierre et al., 2012)。交叉模型的结果也显示,随着时间尺度的增加,气候效应的重要性逐渐降低,而生物效应的重要性逐渐增加(Richardson et al., 2007; Shao et al., 2014)。在实际应用上,由于生态系统模型的时间尺度较短,所以要得到能够较好地模拟 NEE 年际变异的模型,必须对其结果进行多时间尺度的验证(Delpierre et al., 2012)。

7.6.2 环境变量与碳通量间时滞效应的研究

在个别的生态系统中,某些环境变量对碳通量的影响并不总是瞬时的,而存在一定的时间滞后性(Vicente-Serrano et al., 2013)。如在一个落叶阔叶林中,Barr 等(2007)发现,当年与前一年的总降水量对当年的 RE 有影响;Dunn 等(2007)也发现,滞后 2~4 年的气候湿度指数与一个针叶林 NEE 的年际变化显著相关。Vicente-Serrano 等(2013)利用遥感数据,发现 NDVI 和干旱指数间存在普遍的时滞现象,尽管时滞的大小本身与生态系统的水分条件有关。然而,基于通量观测的数据分析却未能证实水分与碳通量的时滞关系在年际尺度上的重要性。例如,Shao 等(2016)虽然将秋冬季的降水视为影响下一年 GPP 或 RE 的潜在影响因子,并且在某些情形下确实与碳通量或生态系统生理参数存在显著相关性,但在最终的结构方程模型中,时滞效应的影响可以忽略不计。目前对时滞效应在 NEE 年际变异中的作用而言,既缺乏一个总体的认识,又没有统一的量化框架,从而限制了生态系统模型对这一方面的考虑。最近,Ogle 等(2015)开发了一种被称为随机前因模型(stochastic antecedent modelling)的统计方法用来检测和量化自变量与因变量之间的时滞效应,并将其应用于生态系统生产力、土壤呼吸等碳通量数据的分析中。这种新的统计方法是否能够改善 NEE 年际变异的模拟效果,还需要更多的研究对其进行仔细评价。

7.6.3 对生态系统呼吸的准确模拟

尽管在总体上 NEE 年际变异主要来自 GPP(Baldocchi et al., 2018),但对碳通量数据进行分析时,GPP 的值事实上依赖于对 RE 的准确估算。然而,生态系统呼吸不是单一的过程,它是由植物的自养呼吸和土壤的异养呼吸组成的,而这两个组分又由多个过程组成(Chapin et al., 2006; Kuzyakov and Gavrichkova, 2010)。因此,只将 RE 作为一个单一过程处理便过度简化了实际的生态系统过程。然而在生态系统水平上,RE 的这些组成成分并非都能直接观测,同时,像叶片呼吸、异养呼吸等的估算,本身还存在较大的不确定性(Hashimoto et al., 2015; Wehr et al., 2016)。虽然通过数据融合的手段能够反演生态系统模型中各个呼吸过程的参数(Luo et al., 2011),但这些参数的可靠性受到数据量和数据类型的影响(Ricciuto et al., 2011)。此外,最新的研究显示,用同位素技术来拆分 NEE 所得到的白天 RE 的数值要远远小于目前基于通用方法获得的白天 RE(Wehr et al., 2016)。这一差异的来源可能源自叶片呼吸受到的光抑制效应,即 Kok 效应(Heskei et al., 2013)。然而,对于 Kok 效应在生态系统尺度究竟有多大影响,以及如何准确地模拟这一效应等问题,目前尚未有较好的方法进行定量和模拟。

7.6.4 探究 GPP 与 RE 对环境变量的差异性响应

前文已经提到,NEE 对环境变量的响应实际上反映的是 GPP 和 RE 对环境变量的差异性响应。因此,单独构建并检验生态系统光合和呼吸的模型,并不能保证对 NEE 时空动态的模拟效果。不少研究确实关注了 GPP 和 RE 的差异性响应,如在大空间尺度上,与 RE 相比,GPP 对极端干旱事件更为敏感(Shi et al., 2014),而温度的改变对 RE 的影响要大于 GPP(Yvon-Durocher et al., 2010)。但是,如何将这些结果更有效地应用于对 NEE 的模拟上,依然是个问题。同时,由于 GPP 和 RE 之间本身又存在较强的相关性(Chen et al., 2015),使得问题更为复杂。一方面,GPP 和 RE 间的这种关系可能有助于改善对 RE 时空动态的模拟(Migliavacca et al., 2011);但另一方面,这一相关性也增加了同一环境变量对 GPP 和 RE 的作用能够相互抵消的可能性,从而增加了对 NEE 模拟的难度(Shao et al., 2016)。因此,对于 NEE 年际变异的模拟而言,并不能简单地通过分别模拟 GPP 和 RE 来实现,还需考虑实际发生的生态系统过程的复杂性。

7.6.5 积累长期独立连续的生物因子观测数据

碳通量数据的多少不仅影响到所观测年际变异的有效性,也直接限制了我们解析年际变异背后的可能机制的能力。如在假定通量观测的随机误差为 ±60 $g\ C\cdot m^{-2}\cdot a^{-1}$ 的情况下,若只有 5 年的通量数据,那么 NEE 的年际变异必须超过 50 $g\ C\cdot m^{-2}\cdot a^{-1}$ 才能被认为是可靠的,若数据长度超过 20 年,那么可检测的阈值就下降到 40 $g\ C\cdot m^{-2}\cdot a^{-1}$(Baldocchi et al., 2018)。如假定观测误差为 30 $g\ C\cdot m^{-2}\cdot a^{-1}$,那么在有 5 年数据的情况下,能够检测出 8 $g\ C\cdot m^{-2}\cdot a^{-1}$ 的变化趋势,若数据长度增加到 20 年,那么能检测的趋势将下降到 3 $g\ C\cdot m^{-2}\cdot a^{-1}$(Baldocchi et al., 2018)。在对气候效应和生物效应进行区分的过程中,数据长度必须达到 10 年以上,才能得到较为可靠的估算值;同时,在进行多站点比较时,站点数必须超过 20 才能有较显著的结果(Shao et al., 2015)。此外,数据量的多少不仅影响到生态系统模型的参数估计(Ricciuto et al., 2011),也决定了检测出年际尺度上时滞效应的可能。除了碳通量数据本身的多少外,与其相匹配的其他辅助数据的观测,尤其是生物因子的连续观测,在通量观测网络中还不是很普遍。因此,假如确实需要利用独立于气候变量的生物因子的信息来改善对 NEE 的模拟效果(Shao et al., 2015, 2016),那么就目前通量观测网络中对生物因素的监测强度而言,离这一目标尚有很大的距离。

参考文献

邵钧炯. 2014. 陆地生态系统 CO_2 净交换的年际变异及其机制研究. 上海：复旦大学出版社.

于贵瑞, 孙晓敏. 2006, 陆地生态系统通量观测的原理与方法. 北京：高等教育出版社.

Aber, J. D., P. B. Reich, and M. L. Goulden. 1996. Extrapolating leaf CO_2 exchange to the canopy: A generalized model of forest photosynthesis compared with measurements by eddy correlation. Oecologia, 106: 257-265.

Adkinson, A. C., K. H. Syed, and L. B. Flanagan. 2011. Contrasting responses of growing season ecosystem CO_2 exchange to variation in temperature and water table depth in two peatlands in northern Alberta, Canada. Journal of Geophysical Research, 116: G01004.

Ahlström, A., M. Raupach, G. Schurgers, B. Smith, A. Arneth, M. Jung, M. Reichstein, J. G. Canadell, P. Friedlingstein, A. K. Jain, E. Kato, B. Poulter, S. Sitch, B. D. Stocker, N. Viovy, Y. P. Wang, A. Wiltshire, S. Zaehle, and N. Zeng. 2015. The dominant role of semi-arid ecosystems in the trend and variability of the land CO_2 sink. Science, 348: 895-899.

Alberti, G., G. D. Vedove, M. Zuliani, A. Peressotti, S. Castaldi, and G. Zerbi. 2010. Changes in CO_2 emissions after crop conversion from continuous maize to alfalfa. Agriculture, Ecosystems and Environment, 136: 139-147.

Arneth, A., F. M. Kelliher, T. M. McSeveny, and J. N. Byers. 1998. Net ecosystem productivity, net primary productivity and ecosystem carbon sequestration in a *Pinus radiata* plantation subject to soil water deficit. Tree Physiology, 18: 785-793.

Bahn. M., M. Rodeghiero, M. Anderson-Dunn, S. Dore, C. Gimeno, M. Drösler, M. Williams, C. Ammann, F. Berninger, C. Flechard, S. Jones, M. Balzarolo, S. Kumar, C. Newesely, T. Priwitzer, A. Raschi, R. Siegwolf, S. Susiluoto, J. Tenhunen, G. Wohlfahrt, and A. Cernusca. 2008. Soil respiration in European grasslands in relation to climate and assimilate supply. Ecosystems, 11: 1352-1367.

Baldocchi, D. 2008. 'Breathing' of the terrestrial biosphere: Lessons learned from a global network of carbon dioxide flux measurement systems. Australian Journal of Botany, 56: 1-26.

Baldocchi. D., H. Chu, and M. Reichstein. 2018. Inter-annual variability of net and gross ecosystem carbon fluxes: A review. Agricultural and Forest Meteorology, 249: 520-533.

Barr. A. G., T. A. Black, E. H. Hogg, T. J. Griffis, K. Morgenstern, N. Kljun, A. Theede, and Z. Nesic. 2007. Climatic controls on the carbon and water balances of a boreal aspen forest, 1994—2003. Global Change Biology, 13: 561-576.

Chapin, F. S. III, G. M. Woodwell, J. T. Randerson, E. B. Rastetter, G. M. Lovett, D. D. Baldocchi, D. A. Clark, M. E. Harmon, D. S. Schimel, R. Valentini, C. Wirth, J. D. Aber, J. J. Cole, M. L. Goulden, J. W. Harden, M. Heimann, R. W. Howarth, P. A. Matson, A. D. McGuire, J. M. Melillo, H. A. Mooney, J. C. Neff, R. A. Houghton, M. L. Pace, M. G. Ryan, W. Running, O. E. Sala, W. H. Schlesinger, and E. D. Schulze. 2006. Reconciling carbon-cycle concepts, terminology, and methods. Ecosystems, 9: 1041-1050.

Chen. B., T. A. Black, N. C. Coops, P. Krishnan, R. Jassal, C. Brümmer, and Z. Nesic. 2009. Seasonal controls on interannual variability in carbon dioxide exchange of a near-end-of rotation Douglas-fir stand in the Pacific Northwest, 1997—2006. Global Change Biology, 15: 1962-1981.

Chen, Z., G. Yu, X. Zhu, Q. Wang, S. Niu, and Z. Hu. 2015. Covariation between gross primary production and ecosystem respiration across space and the underlying mechanisms: A global synthesis. Agricultural and Forest Meteorology, 203: 180-190.

Chu, H., J. Chen, J. F. Gottgens, A. R. Desai, Z. Ouyang, and S. S. Qian. 2016. Response and biophysical regulation of carbon dioxide fluxes to climate variability and anomaly in contrasting ecosystems in northwestern Ohio, USA. Agricultural and Forest Meteorology, 220: 50-68.

Churkina, G., D. Schimel, B. Braswell, and X. Xiao. 2005. Spatial analysis of growing season length control over net ecosystem exchange. Global Change Biology, 11: 1777-1787.

Delpierre, N., K. Soudani, C. François, G. Le Maire, C. Bernhofer, W. Kutsch, L. Misson, S. Rambal, T. Vesala, and E. Dufrêne. 2012. Quantifying the influence of climate and biological drivers on the interannual variability of carbon exchanges in European forests through process-based modelling. Agricultural and Forest Meteorology, 154-155: 99-112.

Dunn, A. L., C. C. Barford, S. C. Wofsy, M. L. Goulden, and B. C. Daube. 2007. A long-term record of carbon exchange in a boreal black spruce forest: Means, responses to interannual variability, and decadal trends. Global Change Biology, 13: 577-590.

Fan, Y., J. Chen, G. Shirkey, R. John, S. R. Wu, H. Park, and C. Shao. 2016. Applications of structural equation modeling(SEM)in ecological studies: An updated review. Ecological Processes, 5: 19.

Fu, Z., P. C. Stoy, Y. Luo, J. Chen, J. Sun, L. Montagnani, G. Wohlfahrt, A. F. Rahman, S. Rambal, C. Bernhofer, J. Wang, G. Shirkey, and S. Niu. 2017. Climate controls over the net carbon uptake period and amplitude of net ecosystem production in temperate and boreal ecosystems. Agricultural and Forest Meteorology, 243: 9-18.

Ge, Z. M., S. Kellomäki, X. Zhou, K. Y. Wang, and H. Peltola. 2011. Evaluation of carbon exchange in a boreal coniferous stand over a 10-year period: An integrated analysis based on ecosystem model simulations and eddy covariance measurements. Agricultural and Forest Meteorology, 151: 191-203.

Groendahl, L., T. Friborg, and H. Soegaard. 2007. Temperature and snow-melt controls on interannual variability in carbon exchange in the high Arctic. Theoretical and Applied Climatology, 88: 111-125.

Gurney, K. R., D. Baker, P. Rayner, and S. Denning. 2008. Interannual variations in continentalscale net carbon exchange and sensitivity to observing networks estimated from atmospheric CO_2 inversions for the period 1980 to 2005. Global Biogeochemical Cycles, 22: GB3025.

Hashimoto, S., N. Carvalhais, A. Ito, M. Migliavacca, K. Nshina, and M. Reichstein. 2015. Global spatiotemporal distribution of soil respiration modeled using a global database. Biogeosciences, 12: 4121-4132.

Heskel, M. A., O. K. Atkin, M. H. Turnbull, and K. L. Griffin. 2013. Bringing the Kok effect to light: A review on the integration of daytime respiration and net ecosystem exchange. Ecosphere, 4: 98.

Hollinger, S. E., C. J. Bernacchi, and T. P. Meyers. 2005. Carbon budget of mature no-till ecosystem in North Central Region of the United States. Agricultural and Forest Meteorology, 130: 59-69.

Hui, D., Y. Luo, and G. Katual. 2003. Partitioning interannual variability in net ecosystem exchange between climatic variability and functional change. Tree Physiology, 23: 433-442.

Humphreys, E. R., and P. M. Lafleur. 2011. Does earlier snowmelt lead to greater CO_2 sequestration in two low Arctic tundra ecosystems? Geophysical Research Letters, 38: L09703.

Huxman, T. E., M. D. Smith, P. A. Fay, A. K. Knapp, M. R. Shaw, M. E. Loik, S. D. Smith, D. T. Tissue, J. C. Zak, J. F. Weltzin, W. T. Pockman, O. E. Sala, B. M. Haddad, J. Harte, G. W. Koch, S. Schwinning, E. E. Small, and G. Williams. 2004. Convergence across biomes to a common rain-use efficiency. Nature, 429: 651-654.

Illeris, L., T. R. Christensen, and M. Mastepanov. 2004. Moisture effects on temperature sensitivity of CO_2 exchange in a subarctic heath ecosystem. Biogeochemistry, 70: 315-330.

Jensen, R., M. Herbst, and T. Friborg. 2017. Direct and indirect controls of the interannual variability in atmospheric CO_2 exchange of three contrasting ecosystems in Denmark. Agricultural and Forest Meteorology, 233: 12-31.

Jogen, M., J. S. Pereira, L. M. I. Aires, and C. A. Pio. 2011. The effects of drought and timing of precipitation on the inter-annual variation in ecosystem-atmosphere exchange in a Mediterranean grassland. Agricultural and Forest Meteorology, 151: 595-606.

Jung, M., M. Reichstein, H. A. Hargolis, A. Cescatti, A. D. Richardson, M. A. Arain, A. Arneth, C. Bernhofer, D. Bonal, J. Chen, D. Gianelle, N. Gobron, G. Kiely, W. Kutsch, G. Lasslop, B. E. Law, A. Lindroth, L. Merbold, L. Montagnani, E. J. Moors, D. Papale, M. Sottocornola, F. Vaccari, and C. Williams. 2011. Global patterns of land-atmosphere fluxes of carbon dioxide, latent heat, and sensible heat derived from eddy covariance, satellite, and meteorological observations. Journal of Geophysical Research, 116: G00J07.

Keenan, T. F., I. Baker, A. Barr, P. Ciais, K. Davis, M. Dietze, D. Dragoni, C. M. Gough, R. Grant, D. Hollinger, K. Hufkens, B. Poulter, H. McCaughey, B. Raczka, Y. Ryu, K. Schaefer, H. Tian, H. Verbeeck, M. Zhao, and A. D. Richardson. 2012. Terrestrial biosphere model performance for interannual variability of land-atmosphere CO_2 exchange. Global Change Biology, 18: 1971-1987.

Krishnan, P., T. A. Black, N. J. Grant, A. G. Barr, E. H. Hogg, R. S. Jassal, and K. Morgenstern. 2006. Impact of changing soil moisture distribution on net ecosystem productivity of a boreal aspen forest during and following drought. Agricultural and Forest Meteorology, 139: 208-223.

Krishnan P., T. A. Black, R. S. Jassal, B. Chen, and Z. Nesic. 2009. Interannual variability of the carbon balance of three different-aged Douglas-fir stands in the Pacific Northwest. Journal of Geophysical Research, 114: G04011.

Kuzyakov, Y., and O. Gavrichkova. 2010. Time lag between photosynthesis and carbon dioxide efflux from soil: A review of mechanisms and controls. Global Change Biology, 16: 3386-3406.

Lagergren, F., A. Lindroth, E. Dellwik, A. Ibrom, H. Lankreijer, S. Launiainen, M. Mölder, P. Kolari, K. Pilegaard, and T. Vesala. 2008. Biophysical controls on CO_2 fluxes of three Northern forests based on long-term eddy covariance data. Tellus B, 60: 143-152.

Le Quéré, C., R. J. Andres, T. Boden, T. Conway, R. A. Houghton, J. I. House, G. Marland, G. P. Peters, G. R. van der Werf, A. Ahlström, R. M. Andrew, L. Bopp, J. G. Canadell, P. Ciais, S. C. Doney, C. Enright, P. Friedlingstein, C. Huntingford, A. K. Jain, C. Jourdain, E. Kato, R. F. Keeling, K. Klein Goldewijk, S. Levis, P. Levy, M. Lomas, B. Poulter, M. R. Raupach, J. Schwinger, S. Sitch, B. D. Stocker, N. Viovy, S. Zaehle, and N. Zeng. 2013. The global carbon budget 1959—2011. Earth System Science Data, 5: 165-185.

Le Quéré, C., R. Moriarty, R. M. Andrew, J. G. Canadell, S. Sitch, J. I. Korsbakken, P. Friedlingstein, G. P. Peters, R. J. Andres, T. A. Boden, R. A. Houghton, J. I. House, R. F. Keeling, P. Tans, A. Arneth, D. C. E. Bakker, L. Barbero, L. Bopp, J. Chang, F. Chevallier, L. P. Chini, P. Ciais, M. Fader, R. A. Feely, T. Gkritzalis, I. Harris, J. Hauck, T. Ilyina, A. K. Jain, E. Kato, V. Kitidis, K. Klein Goldewijk, C. Koven, P. Landschützer, S. K. Lauvset, N. Lefèvre, A. Lenton, I. D. Lima, N. Metzl, F. Millero, D. R. Munro, A. Murata, J. E. M. S. Nabel, S. Nakaoka, Y. Nojiri, K. O' Brien, A. Olsen, T. Ono, F. F. Pérez, B. Pfeil, D. Pierrot, B. Poulter, G. Rehder, C. Rödenbeck, S. Saito, U. Schuster, J. Schwinger, R. Séférian, T. Steinhoff, B. D. Stocker, A. J. Sutton, T. Takahashi, B. Tilbrook, I. T. van der Laan-Luijkx, G. R. van der Werf, S. van Heuven, D. Vandemark, N. Viovy, A. Wiltshire, S. Zaehle, and N. Zeng. 2015. Global carbon budget 2015. Earth System Science Data, 7: 349-396.

Luo, Y., T. F. Keenan, and M. Smith. 2015. Predictability of the terrestrial carbon cycle. Global Change Biology, 21: 1737-1751.

Luo, Y., K. Ogle, C. Tucker, S. Fei, C. Gao, S. LaDeau, J. S. Clark, and D. S. Schimel. 2011. Ecological forecasting and data assimilation in a data-rich era. Ecological Applications, 21: 1429-1442.

Marcolla, B., A. Cescatti, G. Manca, R. Zorer, M. Cavagna, A. Fiora, D. Gianelle, M. Rodeghiero, M. Sottocornola, and R. Zampedri. 2011. Climatic controls and ecosystem responses drive the inter-annual variability of the net ecosystem exchange of an alpine meadow. Agricultural and Forest Meteorology, 151: 1233-1243.

Marcolla, B., C. Rödenbeck, and A. Cescatti. 2017. Patterns and controls of inter-annual variability in the terrestrial carbon budget. Biogeosciences, 14: 3815-3829.

Migliavacca, M., M. Reichstein, A. D. Richardson, R. Colombo, M. A. Sutton, G. Lasslop, E. Tomelleri, G. Wohlfahrt, N. Carvalhais, A. Cescatti, M. D. Mahecha, L. Montagnani, D. Papale, S. Zaehle, A. Arain, A. Arneth, T. A. Black, A. Carrara, S. Dore, D. Gianelle, C. Helfter, D. Hollinger, W. L. Kutsch, P. M. Lafleur, Y. Nouvellon, C. Rebmann, H. R. da Rocha, M. Rodeghiero, O. Roupsard, M. T. Sebastià, G. Seufert, J. F. Soussana, and M. K.

van der Molen. 2011. Semiempirical modeling of abiotic and biotic factors controlling ecosystem respiration across eddy covariance sites. Global Change Biology, 17: 390-409.

Min, Q., and L. Wu. 2011. Factors controlling CO_2 exchange in a middle latitude forest. Journal of Geophysical Research, 116: D21301.

Misson, L., J. Tang, M. Xu, M. McKay, and A. Goldstein. 2005. Influences of recovery from clear-cut, climate variability, and thinning on the carbon balance of a young ponderosa pine plantation. Agricultural and Forest Meteorology, 130: 207-222.

Morgenstern, K., T. A. Black, E. R. Humphreys, T. J. Griffis, G. B. Drewitt, T. Cai, Z. Nesic, D. L. Spittlehouse, and N. J. Livingston. 2004. Sensitivity and uncertainty of the carbon balance of a Pacific Northwest Douglas-fir forest during an El Niño/La Niña cycle. Agricultural and Forest Meteorology, 123: 201-219.

Niu, S., Z. Fu, Y. Luo, P. C. Stoy, T. F. Keenan, B. Poulter, L. Zhang, S. Piao, X. Zhou, H. Zheng, J. Han, Q. Wang, and G. Yu. 2017. Interannual variability of ecosystem carbon exchange: From observation to prediction. Global Ecology and Biogeography, 26: 1225-1237.

Novick, K. A., A. C. Oishi, E. J. Ward, M. B. S. Siqueira, J. Y. Juang, and P. C. Stoy. 2015. On the difference in the net ecosystem exchange of CO_2 between deciduous and evergreen forests in the southeastern United States. Global Change Biology, 21: 827-842.

Ogle, k., J. J. Barber, G. A. Barron-Gafford, L. P. Bentley, J. M. Young, T. E. Huxman, M. E. Loik, and D. T. Tissue. 2015. Quantifying ecological memory in plant and ecosystem processes. Ecology Letters, 18: 221-235.

Pilegaard, K., A. Ibrom, M. S. Courtney, P. Hummelshøj, and N. O. Jensen. 2011. Increasing net CO_2 uptake by a Danish beech forest during the period from 1996 to 2009. Agricultural and Forest Meteorology, 151: 934-946.

Polley, H. W., W. Emmerich, J. A. Bradford, P. L. Sims, D. A. Johnson, N. Z. Saliendra, T. Svejcar, R. Angell, A. B. Frank, R. L. Phillips, K. A. Snyder, J. A. Morgan, J. Sanabria, P. C. Mielnick, and W. A. Dugas. 2010. Precipitation regulates the response of net ecosystem CO_2 exchange to environmental variation on United States rangelands. Rangeland Ecology and Management, 63: 176-186.

Polley, H. W., A. B. Frank, J. Sanabria, and R. L. Phillips. 2008. Interannual variability in carbon dioxide fluxes and flux-climate relationships on grazed and ungrazed northern Mixed-grass prairie. Global Change Biology, 14: 1620-1632.

Ponce-Campos, G. E., M. S. Moran, A. Huete, Y. Zhang, C. Bresloff, T. E. Huxman, D. Eamus, D. D. Bosch, A. R. Buda, S. A. Gunter, T. H. Scalley, S. G. Kitchen, M. P. McClaran, W. H. McNab, D. S. Montoya, J. A. Morgan, D. P. C. Peters, E. J. Sadler, M. S. Seyfried and P. J. Starks. 2013. Ecosystem resilience despite large-scale altered hydroclimatic conditions. Nature, 494: 349-352.

Poorter, H., K. J. Niklas, P. B. Reich, J. Oleksyn, P. Poot, and L. Mommer. 2012. Biomass allocation to leaves, stems and roots: Meta-analyses of interspecific variation and environmental control. New Phytologist, 193: 30-50.

Potter, C., S. Klooster, C. R. de Carvalho, V. B. Genovese, A. Torregrosa, J. Dungan, M. Bobo, and J. Coughlan. 2001. Modeling seasonal and interannual variability in ecosystem carbon cycling for the Brazilian Amazon region. Journal of Geophysical Research, 106: 10423-10446.

Rayner, P. J., M. Scholze, W. Knorr, T. Kaminski, R. Giering, and H. Widmann. 2005. Two decades of terrestrial carbon fluxes from a carbon cycle data assimilation system(CCDAS). Global Biogeochemical Cycles, 19: GB2026.

Ricciuto, D. M., K. J. Davis, and K. Keller. 2008. A Bayesian calibration of a simple carbon cycle model: The role of observations in estimating and reducing uncertainty. Global Biogeochemical Cycles, 22: GB2030.

Ricciuto, D. M., A. W. King, D. Dragoni, and W. M. Post. 2011. Parameter and prediction uncertainty in an optimized terrestrial carbon cycle model: Effects of constraining variables and data record length. Journal of Geophysical Research, 116: G01033.

Richardson, A. D., D. Y. Hollinger, J. D. Aber, S. V. Ollinger, and B. H. Braswell. 2007. Environmental variation is directly responsible for short- but not long-term variation in forest-atmosphere carbon exchange. Global Change Biology, 13: 788-803.

Richardson, A. D., D. Y. Hollinger, D. B. Dail, J. T. Lee, W. Munger, and J. O'Keefe. 2009. Influence of spring phenology on seasonal and annual carbon balance in two contrasting New England forests. Tree Physiology, 29: 321-331.

Richardson, A. D., T. F. Keenan, M. Migliavacca, Y. Ryu, O. Sonnentag, and M. Toomey. 2013. Climate change, phenology, and phenological control of vegetation feedbacks to the climate system. Agricultural and Forest Meteorology, 169: 156-173.

Schaefer, K., A. S. Denning, N. Suits, J. Kaduk, I. Baker, S. Los, and L. Prihodko. 2002. Effect of climate on interannual variability of terrestrial CO_2 fluxes. Global Biogeochemical Cycles, 16: 1102.

Scott, R., G. D. Jenerette, D. L. Potts, and T. E. Huxman. 2009. Effects of seasonal drought on net carbon dioxide exchange from a woody-plant-encroached semiarid grassland. Journal of Geophysical Research, 114: G04004.

Shao, J., X. Zhou, H. He, G. Yu, H. Wang, Y. Luo, J. Chen, L. Gu, and B. Li. 2014. Partitioning climatic and biotic effects on interannual variability of ecosystem carbon exchange in three ecosystems. Ecosystems, 17: 1186-1201.

Shao, J., X. Zhou, Y. Luo, B. Li, M. Aurela, D. Billesbach, P. D. Blanke, R. Bracho, J. Chen, M. Fischer, Y. Fu, L. Gu, S. Han, Y. He, T. Kolb, Y. Li, Z. Nagy, S. Niu, W. C. Oechel, K. Pinter, P. Shi, A. Suyker, M. Torn, A. Varlagin, H. Wang, J. Yan, G. Yu, and J. Zhang. 2015. Biotic and climatic controls on interannual variability in carbon fluxes across terrestrial ecosystems. Agricultural and Forest Meteorology, 205: 11-22.

Shao, J., X. Zhou, Y. Luo, B. Li, M. Aurela, D. Billesbach, P. D. Blanke, R. Bracho, J. Chen, M. Fischer, Y. Fu, L. Gu, S. Han, Y. He, T. Kolb, Y. Li, Z. Nagy, S. Niu, W. C. Oechel, K. Pinter, P. Shi, A. Suyker, M. Torn, A. Varlagin, H. Wang, J. Yan, G. Yu, and J. Zhang. 2016. Direct and indirect effects of climatic variations on the interannual variability in net ecosystem exchange across terrestrial ecosystems. Tellus B, 68: 30575.

Shi, Z., M. L. Thomey, W. Mowll, M. Litvak, N. A. Brunsell, S. L. Collins, W. T. Pockman, M. D. Smith, A. K. Knapp, and Y. Luo. 2014. Differential effects of extreme drought on production and respiration: Synthesis and modeling analysis. Biogeosciences, 11: 621-633.

Sottocornola, M., and G. Kiely. 2010. Hydro-meteorological controls on the CO_2 exchange variation in an Irish blanket bog. Agricultural and Forest Meteorology, 150: 287-297.

Stoy, P. C., G. G. Katul, M. B. Siqueira, J. Y. Juang, K. A. Novick, H. R. McCarthy, A. C. Oishi, and R. Oren. 2008. Role of vegetation in determining carbon sequestration along ecological succession in the southeastern United States. Global Change Biology, 14: 1409-1427.

Tan, Z. H., Y. P. Zhang, X. B. Deng, Q. H. Snog, W. J. Liu, Y. Deng, J. W. Tang, Z. Y. Liao, J. F. Zhao, L. Song, and L. Y. Yang. 2015. Interannual and seasonal variability of water use efficiency in a tropical rainforest: Results from a 9 year eddy flux time series. Journal of Geophysical Research: Atmospheres, 120: 464-479.

Tang, Y., X. Wen, X. Sun, Y. Chen, and H. Wang. 2016. Contribution of environmental variability and ecosystem functional changes to interannual variability of carbon and water fluxes in a subtropical coniferous plantation. iForest: Biogeosciences and Forestry, doi: 10. 3832/ifor1691008.

Teklemariam, T. A., P. M. Lafleur, T. P. Moore, N. T. Roulet, and E. R. Humphreys. 2010. The direct and indirect effects of inter-annual meteorological variability on ecosystem carbon dioxide exchange at a temperate ombrotrophic bog. Agricultural and Forest Meteorology, 150: 1402-1411.

Tian, H., J. M. Melillo, D. W. Kicklighter, A. D. McGuire, J. III Helfrich, B. III Moore, and C. J. Vörösmarty. 2000. Climatic and biotic controls on annual carbon storage in Amazonian ecosystems. Global Ecology and Biogeography, 9: 315-335.

Toda, M., K. Takata, N. Nishinura, M. Yamada, N. Miki, T. Nakai, Y. Kodama, S. Uemura, T. Watanabe, A. Sumida, and T. Hara. 2011. Simulating seasonal and inter-annual variations in energy and carbon exchanges and forest dynamics using a process-based atmosphere-vegetation dynamics model. Ecological Research, 26: 105-121.

Turner, D. P., W. D. Ritts, R. E. Kennedy, A. N. Gray, and Z. Yang. 2015. Effects of harvest, fire, and pest/pathogen disturbances on the West Cascades ecoregion carbon balance. Carbon Balance and Management, 10: 12.

Valentini, R., G. Matteucci, A. Dolman, E. D. Schulze, C. Rebmann, E. Moors, A. Granier, P. Gross, N. O. Jensen, K. Pilegaard, A. Lindroth, A. Grelle, C. Bernhofer, T. Grünwald, M. Aubinet, R. Ceulemans, A. S. Kowalski, T. Vesala, Ü. Rannik, P. Berbigier, D. Loustau, J. Guϑmundsson, H. Thorgeirsson, A. Lbrom, K. Morgenstern, R. Clement, J. Moncrieff, L. Montagnani, S. Minerbi, and P. G. Jarvis. 2000. Respiration as the main determinant of carbon balance in European forests. Nature, 404: 861-865.

Vicente-Serrano, S., C. Gouveia, J. J. Camarero, S. Beguería, R. Trigo, J. I. López-Moreno, C. Azorín-Molina, E. Pasho, J. Lorenzo-Lacruz, J. Revuelto, E. Morán-Tejeda, and A. Sanchez-Lorenzo. 2013. Response of vegetation to drought time-scales across global land biomes. Proceedings of the National Academy of Sciences, 110: 52-57.

Wang, L., H. Liu, J. Sun, and Y. Shao. 2017. Biophysical effects on the interannual variation in carbon dioxide exchange of an alpine meadow on the Tibetan Plateau. Atmospheric Chemistry and Physics, 17: 5119-5129.

Wehr, R., J. W. Munger, J. B. McManus, D. D. Delson, M. S. Zahniser, E. A. Davidson, S. C.

Wofsy, and S. R. Saleska. 2016. Seasonality of temperate forest photosynthesis and daytime respiration. Nature, 534: 680-683.

Wharton, S., L. Chasmer, M. Falk, and K. T. Paw U. 2009. Strong links between teleconnections and ecosystem exchange found at a Pacific Northwest old-growth forest from flux tower and MODIS EVI data. Global Change Biology, 15: 2187-2205.

Wu, C., J. M. Chen, A. Gonsamo, D. T. Price, T. A. Black, and W. A. Kurz. 2012a. Interannual variability of net carbon exchange is related to the lag between the end-dates of net carbon uptake and photosynthesis: Evidence from long records at two contrasting forest stands. Agricultural and Forest Meteorology, 164: 29-38.

Wu, J., L. van der Linden, G. Lasslop, N. Carvalhais, K. Pilegaard, C. Beier, and A. Ibrom. 2012b. Effects of climate variability and functional changes on the interannual variation of the carbon balance in a temperate deciduous forest. Biogeosciences, 9: 13-28.

Xiao, J., Q. Zhuang, B. E. Law, D. D. Baldocchi, J. Chen, A. D. Richardson, J. M. Melillo, K. J. Davis, D. Y. Hollinger, S. Wharton, R. Oren, A. Noormets, M. L. Fischer, S. B. Verma, D. R. Cook, G. Sun, S. McNulty, S. C. Wofsy, P. V. Bolstad, S. P. Burns, P. S. Curtis, B. G. Drake, M. Falk, D. R. Foster, L. Gu, J. L. Hadley, G. G. Katul, M. Litvak, S. Ma, T. A. Martin, R. Matamala, T. P. Meyers, R. K. Monson, J. W. Munger, W. C. Oechel, U. K. T. Paw, H. P. Schmid, R. L. Scott, G. Starr, A. E. Suyker, and M. S. Torn. 2011. Assessing net ecosystem carbon exchange of U. S. terrestrial ecosystems by integrating eddy covariance flux measurements and satellite observations. Agricultural and Forest Meteorology, 151: 60-69.

Yuan, W., Y. Luo, A. D. Richardson, R. Oren, S. Luyssaert, I. A. Janssens, R. Ceuleans, X. Zhou, T. Grünwald, M. Aubinet, C. Berhofer, D. D. Baldocchi, J. Chen, A. L. Dunn, J. L. Deforest, D. Dragoni, A. H. Goldstein, D. Moors, J. W. Munger, R. K. Monson, A. E. Suyker, G. Starr, R. L. Scott, J. Tenhunen, S. B. Verma, T. Vesala, and S. C. Wofsy. 2009. Latitudinal patterns of magnitude and interannual variability in net ecosystem exchange regulated by biological and environmental variables. Global Change Biology, 15: 2905-2920.

Yvon-Durocher, G., J. I. Jones, M. Trimmer, G. Woodward, and J. M. Montoya. 2010. Warming alters the metabolic balance of ecosystems. Philosophical Transactions of the Royal Society B: Biological Sciences, 365: 2117-2126.

Zhang, J., L. Wu, G. Huang, and M. Notaro. 2011a. Relationships between large-scale circulation patterns and carbon dioxide exchange by a deciduous forest. Journal of Geophysical Research, 116: D04102.

Zhang, T., Y. Zhang, M. Xu, Y. Xi, J. Zhu, X. Zhang, Y. Wang, Y. Li, P. Shi, G. Yu, and X. Sun. 2016 Ecosystem response more than climate variability drives the inter-annual variability of carbon fluxes in three Chinese grasslands. Agricultural and Forest Meteorology, 225: 48-56.

Zhang, W., H. Wang, X. Wen, F. Yang, Z. Ma, X. Sun, and G. Yu. 2011b. Freezing-induced loss of carbon uptake in a subtropical coniferous plantation in southern China. Annals of Forest Science, 68: 1151-1161.

第8章

南亚热带森林土壤氮循环及其功能微生物对降水格局变化的响应

陈洁[①] 刘卫[②] 王峥峰[②] 申卫军[②]*

摘 要

气候模型预测未来降水格局的时空变异将在全球尺度上发生显著变化，我国南亚热带地区将呈现干季延长降水量减少、湿季缩短降水量增多的季节变化特征。这种增加的降水季节性不均匀分配可能会对南亚热带常绿阔叶林土壤氮(N)循环造成显著影响，进而影响含N温室气体排放及NO_3^-淋溶，以及区域森林生态系统的功能与服务。明确我国南亚热带常绿阔叶林土壤N循环对区域降水格局变化的响应将为常绿阔叶林管理、森林健康维持提供重要依据。

本章重点分析了我国南亚热带森林土壤N矿化、硝化、反硝化、无机N淋溶以及硝化(*amoA*)、反硝化(*nirK*, *nirS*, *nosZ*)功能基因丰度对降水季节分配变化的响应，以深入理解南亚热带森林土壤N循环对区域降水格局变化的响应特征及其驱动机制。结果表明降水变化通过促进反硝化和淋溶过程导致土壤N流失严重，N循环将变得更加“开放”。通过分析硝化、反硝化功能基因丰度与N转化过程的相互关联性，探讨导致这种N转化响应趋势的驱动因子，发现氨氧化古菌*amoA*及*nosZ*功能基因丰度分别与硝化和N_2O排放速率显著相关，表明含有这两类功能基因的微生物群落丰度的变化是驱动土壤N转化响应的关键因子。长期的降水季节分配变化可能会加剧我国南亚热带地区由N_2O排放和NO_3^-淋溶而导致的环境污染，降低土壤N素养分的含量。我们的研究结果启示，要准确评价土壤N循环对降水格局变化的响应，以及制定抵御降水变化干扰的有效管理措施，驱动N循环过程的关键功能微生物也是重要的考量因素。

① 中国林业科学院热带林业研究所，广州，510520，中国；

② 中国科学院华南植物园，广州，510650，中国；

* 通讯作者，Email：shenweij@scbg.ac.cn。

Abstract

Climate models predict increased temporal and spatial variations of precipitation at the global scale, and prolonged dry season with reduced precipitation amount followed by shortened wet season with increased precipitation amount in the subtropical areas of China. Such precipitation pattern changes may exert significant effects on soil nitrogen (N) cycling, leading to increased gaseous N emission and NO_3^- leaching in the subtropical evergreen broadleaved forest (EBLF), thus posing a threat to the functioning and service of regional forest ecosystem. Understanding how soil N cycling in lower subtropical forests of China would respond to the regional precipitation changes may provide insights into the management of EBLF for sustainability. The responses of soil N mineralization, nitrification, denitrification, inorganic N leaching and nitrifying (*amoA*), denitrifying (*nirK*, *nirS*, *nosZ*) gene abundance to seasonal precipitation redistribution in a EBLF ecosystem in subtropical region of China were analyzed in this chapter, aiming to understand the patterns and drivers of soil N cycling of lower subtropical forest in response to the predicted regional precipitation changes. Results showed that precipitation changes caused substantial soil N losses through increasing denitrification and inorganic N leaching, leading to an "open" N cycling. The interlinked relationships between functional gene abundance and soil N transformation rates were examined to explore the potential drivers of such responses in soil N cycling. Archaeal *amoA* and *nosZ* gene abundance showed the strongest correlations with nitrification and N_2O emission rates, respectively, suggesting that changes in abundance of the archaeal *amoA* and *nosZ* gene harboring microorganisms played a critical role in driving soil N cycling responses. Long-term seasonal precipitation redistribution may exacerbate the environmental pollution via increasing N_2O emission and NO_3^- leaching in lower subtropical region of china, which consequently may reduce soil N nutrient content. These results indicate that changes in functional microbial abundance should be taken into account when assessing soil N cycling responses to precipitation changes and developing strategies for soil N nutrient management under the predicted regional precipitation scenarios.

引言

全球二氧化碳(CO_2)排放量升高和气候变暖显著影响了全球降水格局(Daly and Porporato, 2005; Min et al., 2011)。近年来,日趋严峻的降水格局变化已成为新兴的全球气候变化问题，其时空变异的复杂程度远远超过了 CO_2 增加和气候变暖（Beier et al., 2012）。降水格局的变化主要体现在年降水量、降水时间、极端降水事件的时空变异以及不同降水类型（如雨、雪、雾、冰雹等）相对贡献的变化（IPCC, 2007; Min et al., 2011）。自 20 世纪以来，全球年平均降水量增加了 2%，但其增加量主要集中在北欧、亚洲中北部及南美的东部，而地中海、非洲南部及亚洲南部地区降水量却显著减少（Craine et al., 2012）。此外，强降雨和干旱等极端气候事件明显增多（IPCC, 2012），这也与全球环流模型（global circulation model, GCM）预测的结果一致，即未来降水格局的变化趋势将主要表现为极端降水事件的发生频率增加（Weltzin et al., 2003; Huntington, 2006; Anthonym et al., 2007）。我国近 40 年的降雨数据也呈现出强降水和极端干旱事件增多的趋势（Liu et al., 2005; Sun and Ding, 2010）。陈小梅等（2010）和 Zhou 等（2011）研究发现，我国南亚热带地区强降水的增加主要发生在雨水充沛的湿季（4—9 月，降水量为全年的 80%），干旱事件的增加则主要发生在雨水较少的干季（10 月至翌年 3 月，降水量为全年的 20%）。这种季节降水不均衡分配导致原本干湿季较明显的降水分配差异变得更加显著，使干季变得更干，湿季变得更湿，进而增加我国南方地区干旱和洪涝灾害发生的概率。已有研究表明降水格局变化对陆地生态系统功能和结构的影响程度将超过其他全球变化所造成的影响（Knapp et al., 2003; Garbulsky et al., 2010）。然而，我国南亚热带地区的陆地生态系统将如何响应干季更干、湿季更湿的季节降水变化尚不明确。深入研究陆地生态系统对全球降水格局变化的响应及其驱动因子至关重要。

氮（N）是生物体的重要组成元素之一，土壤 N 素循环的主要过程（矿化、硝化、反硝化、淋溶、植被吸收等）都与土壤水分密切相关。氮素的生物地球化学循环与全球水循环有很强的耦合关系，两者的平衡与稳定是决定生态系统功能的重要因子。全球降水格局变化背景下，N 循环对降水变化的响应以及这种响应的驱动力引起了生态学家的广泛关注（Wieder et al., 2011; Cregger et al., 2014; Delgado-Baquerizo et al., 2014）。研究表明，降水格局的变化破坏了 N 循环以及土壤 N 素的收支平衡，增加了温室气体（N_2O）排放量，加剧了土壤硝态 N 淋溶，严重影响了生态环境和土壤 N 养分的含量及质量。例如，Davidson 等（2008）通过人工模拟热带雨林降水格局变化对 N 循环的影响发现，隔除降水显著降低了土壤 N_2O 排放量，但停止隔除降水处理一年后，N_2O 的排放量又恢复到处理前的水平，表明减少降水对热带雨林土壤反硝化过程有显著的抑制作用。Reichmann 等（2013）对干旱半干旱生态系统的研究发现，干旱减少了土壤 NO_3^- 的淋溶和植被对无机 N 的吸收，从而增加了土壤无机 N 的含量；然而，干旱后的极端降水事件极易引起土壤 NO_3^- 的大量淋溶，从而减少植物对 N 素的吸收固定，导致生态系统 N 严重流失。类似的现象也发生在云杉林土壤生态系统中：反复的干旱和增加降水处理显著增加了土壤 NO_3^- 的淋溶，使土壤 NO_3^- 含量下降了 76%~85%(Hentschel et al., 2007)。大量的 NO_3^- 淋溶还会降低土壤 NO_3^- 与 NH_4^+ 的比值,改变土壤微环境,促进喜 NH_4^+ 植物的生长,从而影响植被的群落结构(Nautiyal and Dion, 2008)。以上研究表明,在不同生物区系中,降水格局变化对 N 循环过程影响的强度和方向不一致。因此,要全面了解 N 素生物地球化学循环对全球降水格局变化的响应,首先需要了解全球不同生物区系中 N 循环过程的响应特征。而最近一项整合分析(meta-analysis)显示,目前的降水格局变化模拟实验主要集中在干旱半干旱及热带雨林生态系统,缺乏对亚热带生态系统的相关研究(Wu et al., 2011)。而且,有关降水格局变化对土壤 N 循环过程影响的报道大多为直接的观测结果,对驱动 N 循环过程响应关键因子的报道还十分有限(Wieder et al., 2011; Reichmann et al., 2013; Cregger et al., 2014)。有研究认为,土壤含水量的变化是影响土壤 N 循环过程的主要因子,而两者的相关性在不同的生态系统类型中存在较大差异。例如,草地生态系统中,土壤净 N 矿化速率与降水量呈反比,而在温带森林生态系统中,土壤净 N 矿化速率却随降水量的增加而加快(Jamieson et al., 1998; Emmett et al., 2004; Chen et al., 2011; Fuchslueger et al., 2014)。这些结果表明土壤含水量变化可能不是导致 N 循环变化的直接原因,或者不同生态系统中驱动土壤 N 循环变化的主要因子不同。明确土壤 N 循环相关过程对降水格局变化响应的关键驱动因子至关重要,这有利于准确评价和预测未来降水格局变化对 N 素生物地球化学循环的影响。

8.1 氮转化功能微生物对降水格局变化的响应

8.1.1 氮转化主要功能微生物

土壤微生物是驱动土壤 N 循环的关键因子,其活性和功能是评价土壤 N 素养分状况的重要指标。随着分子生物学技术的发展及其在微生物生态学中的应用,主导 N 素转化过程的关键功能微生物群落及其对 N 素生物地球化学循环调控机制的研究越来越受到关注。氮矿化、硝化和反硝化过程是土壤 N 素转化的重要途径,也是易受外界干扰的微生物过程。氮矿化是指微生物将有机 N 转化成无机 N(NO_3^- 和 NH_4^+)的过程。在矿化过程中,微生物还会固定一部分无机 N 到体内满足其对 N 素养分的需求,称为同化作用。硝化和反硝化过程主要由特异性的功能微生物群落来完成。硝化是通过一系列氧化作用将 NH_3 转化成 NO_3^-,同时产生还原产物 $NADPH^+$ 的过程。完整的硝化过程包括氨氧化作用、羟氨氧化作用和亚硝酸氧化作用,分别由含编码氨单加氧酶功能基因(*amo*)、编码羟氨氧化还原酶功能基因(*hao*)以及编码亚硝酸氧化还原酶功能基因(*nox*)的微生物驱动(Frijlink et al., 1992; Richardson, 2000; Bergmann et al., 2005)。在羟氨氧化过程中,有两个电子会穿梭回最初的氨氧化过程,导致氨氧化过程所产生的电子数和 $NADPH^+$ 无法满足氨氧化微生物同化碳(C)源底物的能量需求,因此,氨氧化微生物的生长受到了一定的限制。由于氨氧化微生物生长速率较慢,氨氧化过程是整个 N 循环的限速步骤,也是目前 N 循环研究过程中最受关注的环节(Bollmann et al., 2002)。氨氧化作用主要由氨氧化细菌(ammonia-oxidizing bacteria,AOB)和氨氧化古菌(ammonia-oxidizing archaea,AOA)两类微生物类群来完成。其中,AOB 仅存在于 β 和 γ 变形菌门,主要包括 *Nitrosomonas*, *Nitrosococcus* 和 *Nitrosospira* 三个属;AOA 则属于泉古菌门(Crenarchaeota),且大量研究表明 Crenarchaeota groups 1.1a 和 Crenarchaeota groups 1.1b 是参与氨氧化作用的主要古菌类群(Adair and Schwartz, 2008; Nicol et al., 2008)。编码氨单加氧酶 α 亚基的核苷酸序列(*amoA*)具有极强的保守性,因此 *amoA* 已被作为标记基因广泛应用于 AOB 和 AOA 的分子生物学研究(Norton et al., 2002)。大量研究表明,在酸性土壤、低 NH_3底物浓度、温泉以及冰川等极端环境中,AOA 群落丰度显著高于 AOB,是主导氨氧化过程的主要功能微生物(Hatzenpichler et al., 2008; Towe et al., 2010; Isobe et al., 2012)。

反硝化过程是将 NO_3^-最终还原为 N_2的过程。在该还原过程中,N_2O 是主要的中间产物,也是目前备受关注的温室气体,其温室效应是 CO_2的 310 倍(IPCC, 2007)。完整的反硝化过程由 NO_3^-还原、NO_2^-还原、NO 还原和 N_2O 还原等步骤组成,分别由含编码 NO_3^-还原酶(NAR)、NO_2^-还原酶(NIR)、NO 还原酶(NOR)以及 N_2O 还原酶(NOS)基因的功能微生物完成(Levy-Booth et al., 2014)。目前研究较多的是参与 NO_3^-还原、NO_2^-还原和 NO 还原过程的主要功能微生物群落。它们的主要功能基因为:编码 NO_3^-还原酶的 *narG* 和 *napA* 基因,编码 NO_2^-还原酶的 *nirK* 和 *nirS* 基因,以及编码 NO 还原酶的 *nosZ* 基因。其中,*nirK* 和 *nirS* 是典型的趋同进化功能基因,因此,多数情况下一个生物体内不会同时存在这两个具有相同功能的基因。这一特征也可用于鉴定不同环境中主导 NO_2^-还原过程的主要功能微生物类群。例如,Morales 等(2010)研究报道农田土壤中 *nirS* 基因丰度显著高于 *nirK* 基因丰度,表明含 *nirS* 基因的微生物可能是驱动农田 NO_2^-还原的主要功能微生物类群。

不同于硝化微生物,反硝化微生物在土壤中很常见,占总细菌数的 0.5%～5%(Bru et al., 2011)。大多数反硝化菌为异养型,也有少数自养型,如硫杆菌属反硝化菌 *Thiobacillus denitrificans*。部分硝化菌和真菌也含有编码 NIR 和 NOS 的功能基因,具反硝化功能。在草地土壤生态系统中,真菌反硝化作用对土壤 N_2O 排放量的贡献率能达到 89%(Laughlin and Stevens, 2002)。研究表明,低 pH 条件下,真菌反硝化作用占主导地位(Rütting et al., 2013)。然而,目前针对硝化菌和真菌反硝化功能基因的特异性引物研究还不够完善,因此,有关反硝化功能微生物的研究主要关注反硝化细菌,对真菌和硝化菌的报道较少。相比 N 矿化过程,由特异功能微生物驱动的硝化和反硝化过程对环境变化的响应可能会更加敏感,因此,了解降水格局变化对硝化和反硝化功能微生物的影响将有助于揭示 N 循环响应降水格局变化的内在驱动机制。

8.1.2 降水格局变化对氮循环功能微生物的潜在影响及研究现状

虽然反硝化微生物群落在自然界广泛存在,但同硝化微生物群落一样,其活性和组成都易受到土壤理化性质的影响,如土壤温度(Szukics et al., 2010)、碳氮比(Okabe et al., 1996)、NH_4^+和 NO_3^-含量(Xie et al., 2014)、有机碳(SOC)和pH(Bárta et al., 2010)等。硝化作用是好氧过程,反硝化作用是厌氧过程,两者的顺利进行与土壤含水量(SWC)及溶解氧的浓度显著相关(Szukics et al., 2010; Zhalnina et al., 2012)。以上土壤理化性质极易受到降水量的影响(Bell et al., 2014),因此,降水格局变化可能会通过影响这些土壤理化性质而间接影响硝化、反硝化功能微生物。例如,减少降水会降低 SWC,同时增加土壤养分的扩散,改善土壤通气性,有利于硝化微生物的生长,从而促进硝化过程;SWC 的降低可能还会降低底物的扩散速率,降低细胞与底物的亲和力,同时改变细胞渗透压,导致细胞脱水死亡,抑制微生物 N 素转化过程;减少降水也会使土壤温度升高,促进 NH_3的挥发,降低硝化微生物的底物浓度,从而抑制硝化作用。Stark 和 Firestone(1995)研究发现细胞脱水而导致的生理学影响和底物扩散限制是降低 SWC 后,硝化细菌活性降低的主要机制。然而,这两种机制的贡献率与土壤水势显著相关:当土壤水势 $\geqslant -0.6$ MPa 时,底物扩散限制是影响硝化细菌活性的主要原因;当土壤水势 < -0.6 MPa 时,细胞脱水而导致的生理学影响则起主导作用。研究表明,AOA 比 AOB 有更强的底物亲和能力和极端环境适应能力,例如,Lu 等(2012)发现 AOA 含有能编码脲酶的基因,能通过分解尿素来满足其对 NH_3底物的需求,因此,在底物浓度较低的条件下,AOA 仍能保持一定的活性并主导硝化过程。

增加降水会提升 SWC,降低土壤孔隙度和养分含量,生成厌氧环境,促进反硝化作用,增加土壤气态 N 的排放量(Szukics et al., 2009, 2010)。然而,不同反硝化功能微生物群落对土壤含水量变化的敏感性不一致,例如,Stres 等(2008)研究发现土壤中 *nosZ* 基因的丰度和结构对土壤湿度变化的响应不显著;Szukics 等(2010)研究表明 *nirK* 基因丰度随土壤含水量的升高而增加,*nirK* 基因结构对土壤含水量的变化也表现出较强的敏感性。*nirK* 和 *nosZ* 功能基因对 SWC 变化的不同响应可能会进一步影响反硝化过程,以及 N_2O、N_2的排放量。增加降水可能还会导致土壤硝态 N 和可溶性 SOC 的大量淋溶,减少反硝化微生物所需的 C、N 底物含量,从而抑制反硝化过程。Rasche 等(2011)和 Morales 等(2010)对森林和农田土壤反硝化功能微生物的调查发现,反硝化基因丰度主要受土壤 C 含量的影响,可溶性有机碳(DOC)对 *nosZ* 基因丰度的影响与 NO_3^-底物浓度的影响程度相当。但导致反硝化微生物群落丰度与结构发生变化的 SWC 和底物浓度临界值尚不清楚,SWC 和底物浓度的交互作用对反硝化菌的影响还有待进一步研究。

干季延长及降水减少，湿季降水增加的季节降水变化会加强土壤水循环，使土壤不断地遭受干旱－回湿的干扰，对微生物及由其主导的元素循环过程造成显著影响。干旱后土壤的回湿会增强可溶性底物的扩散运输，改善微生物的移动性(Borken and Matzner, 2009)，破坏土壤团聚体，使之前被吸附包裹在团聚体内的有机质重新释放(Denef et al., 2001)，最终促进微生物生长和土壤有机质的矿化。也有研究表明只有能够抵御干旱和淹水胁迫的微生物才能对干旱－回湿干扰产生正的反馈，因此，长期的干旱－回湿可能还会改变土壤微生物群落结构及相关的土壤生态过程(Borken and Matzner, 2009)。干旱－回湿处理是模拟未来降水格局变化对土壤干扰最接近的实验方法，它对土壤微生物的影响与处理强度、土壤类型，以及循环周期等因素相关，比单一地减少或增加降水量的影响更复杂，更难预测。然而，目前有关土壤干旱－回湿处理对N转化功能微生物的影响尚不明确，参与N循环各环节的功能微生物群落对干旱－回湿响应的内在机理还存在争议(Thion and Prosser, 2014; Radl et al., 2015)。

8.2　降水格局变化下氮转化过程的研究方法及进展

降水格局变化引起的土壤理化性质的改变将对N循环功能微生物产生复杂的潜在影响，并且不同微生物类群对环境变化的响应敏感性不一致。然而，这些结果大多来自室内控制实验，而不同的室内控制实验在实验设计、培养温度、土壤类型和实验处理上会存在差异，往往会得到不一致的结果；此外，室内控制实验变量单一，无法完全模拟野外降水格局变化而引起的复杂环境变化；因此，要准确评价降水格局变化对土壤N循环功能微生物的影响，以及了解全球降水格局变化下功能微生物对土壤N循环的调控机制，需要结合野外模拟实验。

目前，大部分野外降水模拟实验主要关注降水量的变化，其中约有65%是通过减少降水量来模拟干旱，研究干旱对生态系统结构和功能的影响(Beier et al., 2012)。研究表明干旱半干旱生态系统，以及地中海地区对干旱有较强的适应能力，而湿热生态系统的土壤过程对干旱极其敏感，反复干旱可能会显著改变湿热生态系统的土壤性质，从而影响土壤养分循环和元素的生物地球化学过程。因此，未来有关湿热生态系统对降水格局变化的响应研究应继续加强。未来降水格局变化并非单一的降水量的变化，而存在复杂的时空变异，如降水季节分配格局的显著变化。但目前有关降水季节分配变化的模拟实验较少，仅占野外降水模拟实验的10%左右，且极少关注森林生态系统。要模拟降水季节分配的变化需要构建一个可以灵活控制的雨水隔除系统和雨水添加装置(Nepstad et al., 2002; Gimbel et al., 2015)。森林中植株密度较大，植被组成复杂，地形起伏较大，对降水控制实验平台的建立造成了一定的阻碍，尤其是在植被覆盖率较高的热带亚热带森林(Nepstad et al., 2002; Beier et al., 2012)。Nepstad等(2002)在亚马孙热带雨林成功搭建了人工控制降水实验平台,可增加或减少穿透水,有效地模拟降水变化格局。基于此实验平台,Nepstad 系统地研究了林冠、地上净生产力以及土壤气态 N 和甲烷排放对降水变化的响应,是热带森林生态系统野外降水格局变化研究的典型例子。然而,亚热带森林的相关研究仍鲜有报道,因此,借鉴热带雨林的研究方法和技术,在亚热带森林搭建野外降水控制实验平台,模拟未来降水季节分配的变化对生态系统的影响有较强的可行性。

原位 N 转化速率是反映降水格局变化对野外土壤 N 循环影响的重要指标,目前研究较多的有原位净硝化、净 N 矿化以及气态 N 排放通量(Reichmann et al., 2013)。原位净硝化和净 N 矿化速率分别指单位时间内土壤 NO_3^-和矿化 N(NO_3^-和 NH_4^+)的含量变化,指示了单位时间内土壤可利用性 N 素的收支状况,是硝化、矿化、反硝化、植被吸收以及微生物固定等过程综合影响的结果。土壤气态 N(N_2O、NO、N_2)的排放通量能反映单位时间内土壤 N 素经反硝化作用的损失量,也是衡量土壤 N 素收支状况的重要指标。此外,土壤 N 的淋溶、N 库不同组分相对含量的变化也是大部分研究关注的重点。然而,尽管 N 转化功能微生物在 N 循环中扮演着重要角色,少有研究报道降水格局变化对原位 N 转化功能微生物的影响(Chen et al., 2013)。要深入了解 N 转化过程对降水格局变化响应的驱动因子,需要加强对 N 转化功能微生物的研究。

森林生态系统中,土壤-微生物-植物形成了复杂的关系网络。全球降水格局变化背景下,三者构成的网络系统形成了整个生态系统的反馈体系。因此,基于前人对三者关系的研究结果以及野外降水模拟实验的观测结果,构建结构方程模型,揭示不同变量之间的因果关系,有利于深入了解土壤 N 素转化过程对降水格局变化的响应及其调控因子。例如,Delgado-Baquerizo 等(2014)运用结构方程模型的方法研究了气温升高和降雨减少对半干旱草地生态系统土壤 N 矿化和可溶性 N 含量的影响,发现这两类气候变化不仅能直接影响 N 转化,还会通过改变土壤微生物结构和地衣的覆盖率间接影响土壤 N 矿化与可溶性无机 N 含量。Chen 等(2015)研究了“土壤-微生物-植被”反馈体系对蒙古草原降水梯度的响应,采用结构方程模型证明了降水量、地上部分净初级生产力、土壤 pH 及 SOC 含量是土壤微生物群落结构的主要决定因子。Petersen 等(2012)运用结构方程模型揭示了不同植被类型下,N 循环功能微生物群落丰度是决定土壤潜在硝化和反硝化速率的主要因子。然而,少有研究运用结构方程模型剖析降水格局变化下功能微生物与土壤 N 循环过程的相关性。明确两者的相关性将有利于揭示 N 转化对全球降水格局变化响应的驱动机制。

虽然大量研究表明土壤 N 循环过程对降水变化有敏感响应,而 N 循环过程的改变却难以定量,导致无法准确比较不同生态系统中土壤 N 循环过程对降水变化的响应。参照 Orwin 和 Wardle(2004)的研究方法,目标变量受外界干扰后偏离原始值的程度可以用来定量表示该变量对环境变化响应的敏感性,并称之

为“阻力”指数(resistance index),由以下公式 8.1 计算而得:

$$R_S = 1-(2\times(|C_0-S_0|)/(C_0+|C_0-S_0|)) \tag{8.1}$$

式中,C_0和 S_0分别代表对照与干扰后目标变量的值。R_S代表“阻力”指数,该指数范围为-1~1;R_S=1 表明干扰后目标变量的值没有发生变化;R_S=0 表明干扰后目标变量的值与对照相比发生了 100%的变化;R_S=-1 表明干扰导致目标变量的变化大于 100%。

近年来,“阻力”指数被广泛应用于评价土壤理化性质和土壤微生物对外界环境变化的抵抗能力(Orwin et al., 2006; Bouskill et al., 2013; Thion and Prosser, 2014)。Orwin 等(2016)研究表明反复的干旱-回湿处理下,土壤微生物群落结构的“阻力”指数是反映土壤呼吸及其他土壤功能的重要指标。Thion 和 Prosser(2014)对草地土壤进行了类似的实验处理,发现 AOB 群落丰度和结构的“阻力”指数大于 AOA,主要是由于反复的干旱-回湿导致土壤 NH_3浓度增加,更有利于 AOB 群落的生长。因此,“阻力”指数能用于比较微生物不同功能类群对外界干扰的响应敏感性,为预测降水格局变化下,由特定功能微生物驱动的土壤 N 循环过程的响应提供理论依据。

8.3　中国南亚热带森林土壤氮循环及其功能微生物对降水格局变化的响应分析

依据 Zhou 等(2011)对我国南亚热带森林 60 年(1950—2009)的降水调查结果,该地区呈现出干季延长且降水减少,湿季降水增加,而年平均总降水量不变的趋势。此降水季节分配格局的变化是导致干旱、洪涝及严重春旱的主要因素。例如,白永清等(2010)基于标准化降水指数(SPI)对 2003 年我国南方气候的监测结果显示,2002 年 12 月到 2003 年 5 月,华南南部地区降水减少,干季延长,导致春旱,对我国南亚热带生态系统造成了严重的干扰。我国南亚热带森林土壤已处于 N 饱和状态,土壤 N 素极易通过反硝化和淋溶过程流失(Fang et al., 2011)。那么该地区降水季节分配的变化是否会通过影响土壤 N 循环而打破土壤 N 素的收支平衡,增加土壤 N 素的流失呢? 这是本节欲探讨的问题之一。Isobe 等(2012)研究了我国南亚热带不同森林类型(如常绿阔叶林、针阔混交林、针叶林)土壤硝化功能微生物的丰度与结构,发现主导氨氧化作用的功能微生物是 AOA 而非 AOB,这是因为土壤呈酸性导致 NH_3底物浓度较低,不利于 AOB 的生长。那么降水格局变化是否会通过改变土壤理化性质而间接影响土壤硝化功能微生物的优势类群? 反硝化功能微生物对降水格局的变化又会产生怎样的响应? 这是本节欲探讨的问题之二。硝化、反硝化功能微生物是催化硝化、反硝化过程的主要微生物类群,是影响气态 N 排放和无机 N 淋溶的重要因素,那么,在降水格局变化影响下,我国南亚热带森林土壤 N 转化功能微生物的变化是否是驱动土壤 N 循环过程响应的直接因子？其中起主要作用的功能微生物类群又是什么？这将是本节欲讨论的问题之三。

8.3.1　野外人工模拟降水季节分配变化控制实验平台

基于我国广东省鹤山森林生态系统国家野外科学观测研究站的监测结果，本章将对以上三个问题进行深入分析与探讨。该观测站的荷木-火力楠常绿阔叶混交林内布置了降水季节分配变化控制实验样方，作者于 2012 年 10 月至 2014 年 9 月对样方内土壤 N 转化速率、功能微生物丰度和土壤理化性质进行了连续观测。以下将对该实验平台的布置以及降水季节分配的人工模拟做详细描述。

实验林地内设置 12 个 12 m×12 m 的实验样方，各样方植被特征相似，每两个样方之间的距离≥2 m。在这 12 个样方之间一共进行了三种降水处理，每个处理随机选取 4 个样方作为实验重复。实验处理从 2012 年 10 月开始，到 2014 年 9 月结束。处理方案为：① 干季更干、湿季更湿(drier dry season and wetter wet season，简称 DD)，即隔除干季(10 月至翌年 3 月)67%的林下穿透水，并将这部分隔除的穿透水输出实验样方外，然后在湿季(4—9 月)将这部分隔除的雨水以人工灌溉的方式等量多次地加回处理样方，以保持总年降水量不变。② 延长干季、湿季更湿(extend dry season and wetter wet season，简称 ED)，即隔除 4—5 月林下穿透水总量的 67%，并在 6—10 月将这部分隔除的雨水以人工灌溉的形式等量多次地加回样方，同时保持总年降水量与自然状态相等。为避免样方外雨水通过壤中流进入样方内，处理样方四周开挖 60～80 cm 深的隔离沟，并埋入深 1 m，厚 0.5 cm 的 PVC 隔离板。③ 对照处理(control)，样方内没有任何降水处理，只是在样方四周开挖 60～80 cm 深的隔离沟，并埋入深 1 m，厚 0.5 cm 的 PVC 隔离板。

参照 Beier 等(2012)和 Gimbel 等(2015)对林下穿透水隔除野外实验平台建立的综述与建议，野外降水人工控制实验平台主要由支撑系统、穿透水隔除系统和人工加水系统组成(图 8.1)。约 20 根长为 2.5～3 m，直径为 10 cm 的镀锌钢管垂直固定在土深为 90 cm 左右的混凝土底座中，形成样方内的支撑框架，钢管上方用 8 个长 12 m 的不锈钢水平支架焊接相连，组成样方内的支撑系统。穿透水隔除系统由挡雨板组成，每个降水处理样方内安装 8～12 块由透光率>90%的聚乙烯塑料制成的挡雨板，每块挡雨板用两个不锈钢扁钢固定，并用不锈钢挂钩悬挂在支撑系统上。根据样地内植被覆盖状况将挡雨板切割成 50～100 m 的宽度，挡雨板的总面积占样方面积的 67%。挡雨板悬挂在离地面 1.5 m 高的空中，以保证样方内外光照基本一致，空气流通，气温无明显差异。在 DD 处理样方中，干季(10 月 1 日至翌年 3 月 31 日)打开挡雨板，湿季(4 月 1 日至 9 月 30 日)合上挡雨板，即减少干季 67%的林下穿透水；在 ED 处理样方中，4 月 1 日至 5 月 31 日打开挡雨板，其他时间合上挡雨板，即通过减少春季 67%的林下穿透水模拟延长干季,隔除的穿透水通过 PVC 管排出样方,汇入距离样地 800 m 处的池塘中,并通过人工加水系统在湿季加回样方。总的加水量(即干季或延长干季隔除的林下穿透水总量)为干季或延长干季期间的自然降水总量×雨水穿透率×穿透水隔除百分比(67%)。降水总量由实验样地的气象观测站测得;雨水穿透率为 0.86,由 8 个雨量测量器而测得。经计算得:DD 处理中 2013 年干季(2012 年 10 月至 2013 年 3 月)隔除穿透水 220 mm,湿季(2013 年 4 月至 2014 年 9 月)以 4 次 55 mm 的强降水加回样地,2014 年干季(2013 年 10 月至 2014 年 3 月)隔除穿透水 171 mm,湿季(2014 年 4 月至 2014 年 9 月)以 3 次 57 mm 的强降水加回样地;ED 处理中 2013 年 4—5 月隔除穿透水 404 mm,于 2013 年 6—9 月以 4 次 55 mm、4 次 46 mm 强降水加回样地,2014 年 4—5 月隔除穿透水441 mm,于 2014 年 6—9 月以 3 次 57 mm、5 次 54 mm 的强降水加回样地(图 8.2)。

图 8.1　野外人工降水控制实验平台示意图(引自 Chen et al., 2017a)。

8.3.2　我国南亚热带森林土壤氮转化过程对降水格局变化的响应分析

与干旱半干旱地区不同,我国南亚热带森林土壤含水量较高,富含有机质,N 素养分充足。而降水格局变化通过改变土壤 N 循环显著影响了这种优越的土壤养分条件。干季降水的减少明显降低了土壤净硝化和净 N 矿化速率,导致土壤 NO_3^- 含量显著降低。湿季降水量的增加虽然增加了土壤净硝化速率,但同时也加快了 NO_3^- 淋溶,且淋溶的 NO_3^- 量超过了净硝化所产生的量,最终导致土壤无机 N 含量明显下降。延长干季增加了土壤净硝化和净 N 矿化速率,使土壤 NO_3^- 含量增加了 25%~64%,促进了土壤无机 N 的累积;而延长干季后的强降水促进反硝化作用和 NO_3^- 淋溶,从而导致土壤 N 流失。总体来说,降水季节分配变化导致的干旱-强降水循环事件将加速我国南亚热带森林土壤 N 流失,降低土壤无机 N 的含量,影响植物和微生物对土壤可利用性 N 的吸收固定,使 N 循环变

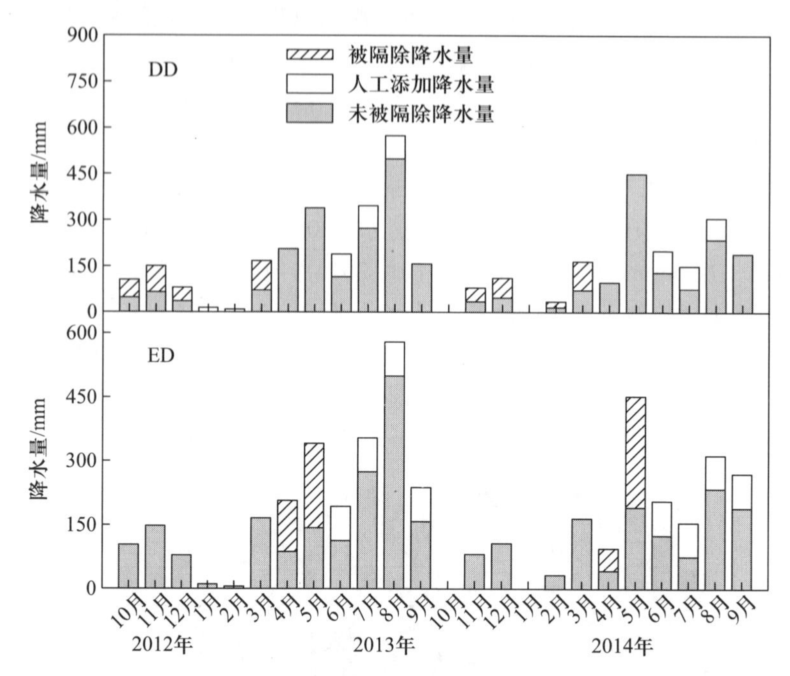

图 8.2 干季更干、湿季更湿(DD)和延长干季、湿季更湿(ED)处理下的总降水量、被隔除降水量、人工添加降水量以及未被隔除降水量的季节动态变化(引自 Chen et al., 2017a, 2017b)。

得更加“开放”。这与干旱半干旱生态系统的研究结果一致,但驱动机制不同。干旱半干旱生态系统中,干旱处理导致 SWC 降低,从而影响植被对 N 的吸收,土壤无机 N 得到累积;干旱后强降水则导致土壤 NO_3^-大量淋溶,在土壤水分充足的条件下,能供植被吸收利用的矿化 N 却减少,不利于 N 素的固持(Reichmann et al., 2013)。在我国南亚热带森林生态系统中,减少干季和春季 67%的降水虽然显著降低了 SWC,但降低后的 SWC(20%~27%)仍高于当地植被水分胁迫的临界值(即永久萎蔫系数,19%)(Briggs and Shantz, 1912),对植被的生长及养分吸收没有影响。同时随着土壤无机 N 含量的增加,植被对 N 素的吸收呈现了增加趋势(Kuang et al., 2017),表明影响植被对 N 素吸收利用的主要因子不是水分,而是土壤可利用性 N 素的含量。因此,干季延长且降水减少、湿季降水增加的降水季节分配变化可能会通过加强反硝化和无机 N 淋溶而减少土壤无机 N 的含量,从而降低植被的吸收固定,改变我国南亚热带森林土壤 N 饱和的状态。同时,反硝化和无机 N 淋溶都将增强,对大气、水环境和森林生态系统功能都将产生显著影响。

8.3.3 我国南亚热带森林土壤氮转化功能微生物对降水格局变化的响应分析

降水变化前后,无法在我国南亚热带森林土壤中检测到 AOB,而每克干土中 AOA 功能基因(archaeal *amoA*)丰度却达到了 10^7 个拷贝数,表明 AOA 是主导该森林土壤氨氧化过程的主要功能微生物,同 Isobe 等(2012)的研究结果一致。同时,降水季节分配变化不会改变主导硝化过程的关键功能微生物类群,这可能是由于土壤 pH 从 3.82±0.02 变为 4.01±0.04,在降水格局变化前后无显著差异。然而,AOA 群落丰度却发生了明显的季节变化,主要表现为干季减少降水使 AOA 群落丰度减少了 70%,而 2014 年延长干季使 AOA 群落丰度增加了 4 倍,湿季增加强降水明显降低了 AOA 群落丰度。反硝化功能微生物群落丰度也受到了显著影响:干季更干和延长干季均降低了反硝化功能微生物群落丰度,湿季增加降水对反硝化微生物群落丰度的影响却存在年际差异。氮循环功能微生物群落丰度的变异主要由土壤 NO_3^-、NH_4^+ 和 DOC 含量变化所导致(图 8.3)。表明降水格局变化会通过影响土壤理化性质而间接改变 N 循环功能微生物群落丰度,且限制我国南亚热带森林土壤 N 循环功能微生物的主要因子是 C、N 底物含量,而非 SWC。

从硝化、反硝化功能微生物群落丰度对降水格局变化的响应敏感程度来看,AOA 群落丰度对降水变化的“阻力”指数显著大于反硝化功能微生物群落丰度的“阻力”指数,表明 AOA 具有较强的抗干扰能力,从而对降水变化引起的环境变化具有较强的适应能力。此结果说明长期降水格局变化下,土壤微生物反硝化过程相较于硝化过程可能更易受到干扰。从功能微生物对不同降水变化格局的响应敏感程度来看,干季减少降水后,功能微生物群落丰度表现出较强的抵抗能力;而延长干季后,功能微生物群落丰度响应敏感。这说明延长干季引起的春旱对 N 循环功能微生物的影响将显著大于干季减少降水而导致的干旱现象。因此,春旱发生时,应进一步加强南亚热带森林土壤 N 素养分的管理。

8.3.4　降水格局变化下我国南亚热带森林土壤氮转化过程的响应机制探索

土壤净 N 矿化和净硝化速率受 AOA 群落丰度的显著正影响;而 N_2O 排放速率受 N_2O 还原菌(用 *nosZ* 功能基因表示)群落丰度的显著负影响(图 8.3)。亚硝酸还原菌(用 *nirK* 和 *nirS* 功能基因表示)群落丰度对 N_2O 排放通量没有显著影响,说明降水格局变化主要通过改变 N_2O 还原菌催化的 N_2O 还原过程而影响土壤 N_2O 的排放。然而,本节主要关注的是表层土壤(0~10 cm),不同土层 N_2O 排放通量与反硝化功能微生物群落的相关性还有待进一步研究。

相比干季更干、湿季更湿(DD)处理,延长干季、湿季更湿(ED)处理对土壤 N 转化过程及其功能微生物的影响更加显著。而不同年降水量背景下,ED 处理改变土壤 N 循环的内在机理不一致。在较湿的年份(2013 年,年降水量:2 094 mm),ED 处理导致土壤无机 N 淋溶速率增加,反硝化功能微生物丰度以及 N_2O 排放量减少;而在较干的年份(2014 年,年降水量:1 551 mm),ED 处理增加了反硝化功能微生物群落丰度及 N_2O 的排放量,降低了无机 N 的淋溶速率(图 8.4)。因此,反硝化作用引起的 N_2O 排放可能是导致较干年份土壤 N 流失的一个主要

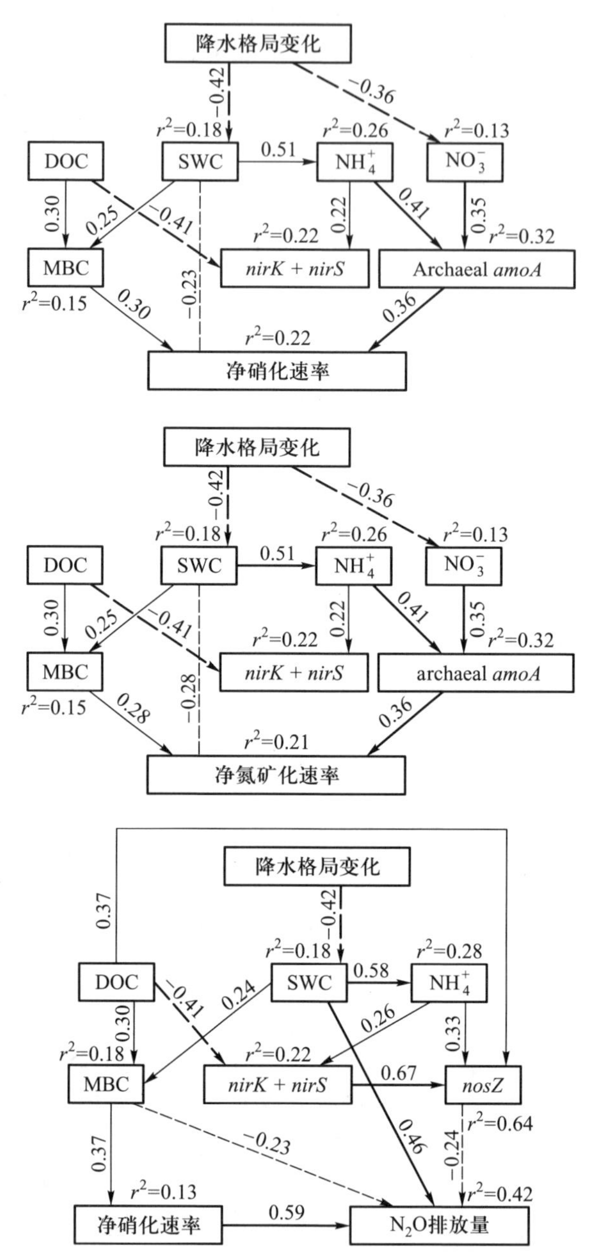

图 8.3 降水格局变化背景下,土壤可溶性有机碳(DOC)、含水量(SWC)、铵态氮(NH_4^+)、微生物生物量碳(MBC)、净硝化速率、N_2O 排放量、氨氧化古菌功能基因(archaeal *amoA*)以及反硝化菌功能基因(*nirK*, *nirS*, *nosZ*)丰度之间相互作用的结构方程模型。箭头代表变量之间相互作用的路径;实线箭头为正作用,虚线箭头为负作用;箭头大小表示相互作用的强度;箭头旁边的数字代表相关系数;r^2 表示目标变量可被解释的变异(引自 Chen et al., 2017a)。

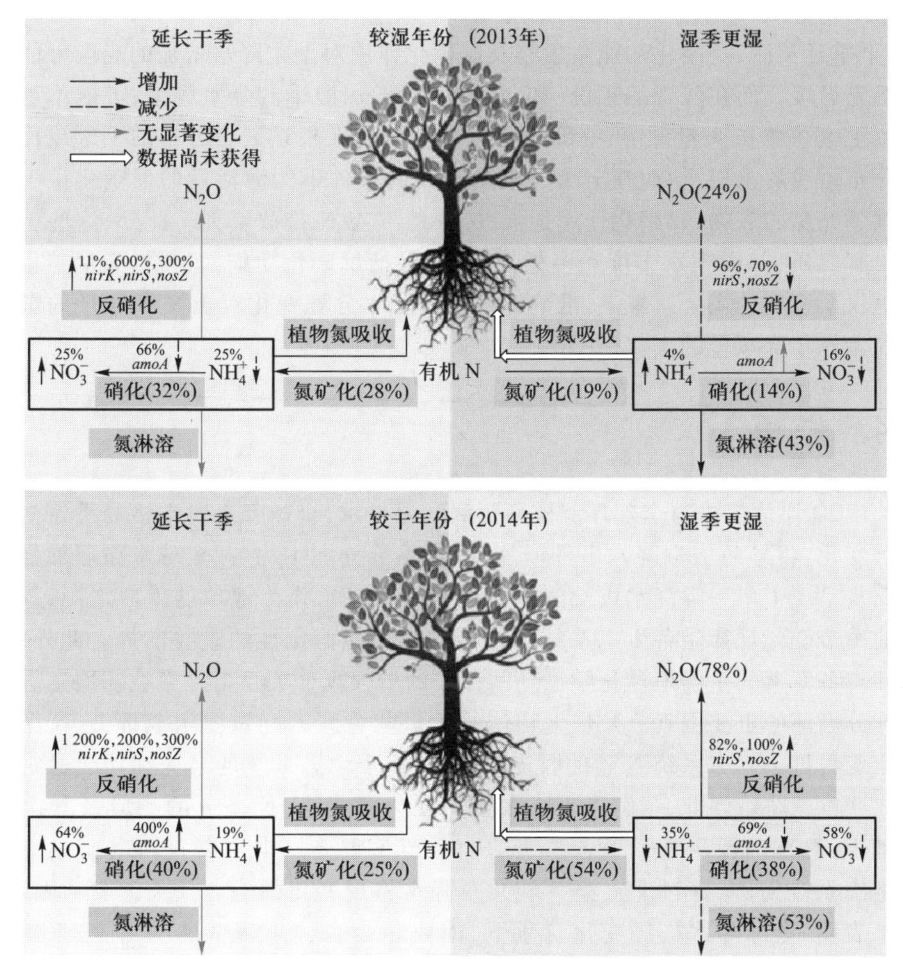

图 8.4　较湿年份(2013 年,年降水量:2 094 mm)和较干年份(2014 年,年降水量:1 551 mm)内,延长干季和湿季更湿降水处理下,土壤硝态氮(NO_3^-)和铵态氮(NH_4^+)含量、氨氧化菌功能基因(*amoA*)和反硝化菌功能基因(*nirK*, *nirS*, *nosZ*)丰度、氮矿化速率、硝化速率、反硝化速率、N_2O 排放量(N_2O)、氮淋溶速率以及植物氮吸收量相对于对照值的变化情况(引自 Chen et al.,2019)。

原因,淋溶可能是导致较湿年份土壤 N 流失的一个重要过程(图 8.4)。这可能是由于反硝化作用和淋溶对降水量变化的响应不一致。Yahdjian 和 Sala(2010)与 Moreira 等(2000)的研究表明,土壤 N 素的淋溶与降水量大小和植物根系的分布有关。我国南亚热带森林中,在较湿的年份(2013 年)增加湿季强降水频率可能将可溶性 N 素淋溶至比根系分布更深的土层,减少植物的吸收固定,导致土壤 N 大量流失。与此同时,在干季延长的影响下,大量微生物处于非活跃状态,这些微生物会在湿季随着降水的增加而被激活,但在被激活前会有一段滞后时间用以合成激活生长所需的酶等物质(Blagodatsky et al., 2000, 2014)。因此,干季延长后,反硝化功能微生物及反硝化作用对湿季降水增加的响应可能比淋溶更迟缓。而在较干的年份(如2014年),增加湿季的降水频率,可能不足以导致土壤N素的大量淋溶,一部分N素仍然保留在根系大量分布的土层或比根系分布更浅的土层,从而在土壤含水量较高的条件下为激活后的反硝化微生物提供了充足的底物,反硝化作用加强,N_2O等气态N排放增加。此外,这些土层富含有机质,其微生物丰度和多样性较高,包括反硝化功能微生物,为反硝化作用提供了有利的场所。综上,准确评价季节降水分配变化对土壤N循环的影响还需考虑年降水量的变化。

8.4 结语

IPCC评估报告与全球环流模型预测结果显示,全球降水时空格局已发生了显著变化,将导致极端降水事件增加、降水季节分配不均匀、全球水循环加强以及反复呈现干旱—强降水极端气候事件等现象。水作为地球的生命之源,其稳定的季节变化规律是各生态系统维持结构与功能稳定性的重要前提。此外,水循环与各元素的生物地球化学循环间存在的较强耦合关系也是影响陆地生态系统养分循环的重要因素。N是生物体的大量营养元素和重要组成部分,N循环的改变将打破生态系统N素的收支平衡,对整个生态系统的结构和功能稳定性造成严重威胁。因此,了解未来降水格局变化背景下,N循环的响应及其内在驱动力,对准确预测整个生态系统的响应至关重要。本章以我国南亚热带森林生态系统为例,探讨了土壤N转化对降水格局变化的响应及关键驱动因子。结果表明,全球降水格局变化背景下,南亚热带森林土壤N流失显著增加,N循环将变得更加“开放”;N转化主要功能微生物,如氨氧化古菌(AOA)、N_2O还原菌等群落丰度的变化是驱动N循环对降水变化响应的直接因子;由降水格局变化导致的土壤C、N底物含量的变化是影响功能微生物群落的主要原因。值得关注的是,反硝化功能微生物对降水变化的响应敏感性大于氨氧化功能微生物,表明土壤反硝化过程可能比硝化过程更容易受到未来降水格局变化的干扰。

当前,全球降水格局变化对N素转化过程的影响已引起学术界的广泛关注,相关的研究已在各生态系统纷纷开展。笔者希冀在此能通过阐明功能微生物与N循环过程的相互关联,初步探讨全球降水格局变化下驱动森林土壤N循环响应的内在机制,为未来降水格局变化下,N素生物地球化学循环响应预测模型的构建提供实验依据和数据支持;为日趋严峻的全球变化背景下森林土壤N素养分的管理提供重要科学依据。

致谢

本文在国家自然科学基金(31425005,31130011,31290222)、广东省百千万工程领军人才项目(201526013)的支持下完成,特此致谢。

参 考 文 献

白永清, 智协飞, 祁海霞, 张玲. 2010. 基于多尺度SPI的中国南方大旱监测. 气象科学, 30: 292-300.

陈小梅, 刘菊秀, 邓琦, 褚国伟, 周国逸, 张德强. 2010. 降水变率对森林土壤有机碳组分与分布格局的影响. 应用生态学报, 21: 1210-1216.

Adair, K. L., and E. Schwartz. 2008. Evidence that ammonia-oxidizing archaea are more abundant than ammonia-oxidizing bacteria in semiarid soils of Northern Arizona, USA. Microbial Ecology, 56: 420-426.

Anthonym, S., K. Alank, and S. Henniea. 2007. Intra-seasonal precipitation patterns and above-ground productivity in three perennial grasslands. Journal of Ecology, 95: 780-788.

Bárta, J., T. Melichová, D. Vaněk, T. Picek, and H. Šantrůčková. 2010. Effect of pH and dissolved organic matter on the abundance of *nirK* and *nirS* denitrifiers in spruce forest soil. Biogeochemistry, 101: 123-132.

Beier, C., C. Beierkuhnlein, T. Wohlgemuth, J. Penuelas, B. Emmett, C. Körner, H. D. Boeck, J. H. Christensen, S. Leuzinger, and I. A. Janssens. 2012. Precipitation manipulation experiments—Challenges and recommendations for the future. Ecology Letters, 15: 899-911.

Bell, C. W., D. T. Tissue, M. E. Loik, M. D. Wallenstein, V. Acosta-Martinez, R. A. Erickson, and J. C. Zak. 2014. Soil microbial and nutrient responses to 7 years of seasonally altered precipitation in a Chihuahuan Desert grassland. Global Change Biology, 20: 1657-1673.

Bergmann, D. J., A. B. Hooper, and M. G. Klotz. 2005. Structure and sequence conservation of *hao* cluster genes of autotrophic ammonia-oxidizing bacteria: Evidence for their evolutionary history. Applied & Environmental Microbiology, 71: 5371-5382.

Blagodatskaya, E., S. Blagodatsky, T. H., Anderson, and Y. Kuzyakov. 2014. Microbial growth and carbon use efficiency in the rhizosphere and root-free soil. PLoS ONE, 9: e93282.

Blagodatsky, S. A., O. Heinemeyer and J. Richter. 2000. Estimating the active and total soil microbial biomass by kinetic respiration analysis. Biology and Fertility of Soils, 32: 73-81.

Bollmann, A., M. BärGilissen, and H. J. Laanbroek. 2002. Growth at low ammonium concentrations and starvation response as potential factors involved in niche differentiation among ammonia-oxidizing bacteria. Applied and Environmental Microbiology, 68: 4751-4757.

Borken, W., and E. Matzner. 2009. Reappraisal of drying and wetting effects on C and N mineralization and fluxes in soils. Global Change Biology, 15: 808-824.

Bouskill, N. J., H. C. Lim, S. Borglin, R. Salve, T. E. Wood, W. L. Silver, and E. L. Brodie.

2013. Pre-exposure to drought increases the resistance of tropical forest soil bacterial communities to extended drought. ISME Journal, 7: 384-394.

Briggs, L. J., and H. L. Shantz. 1912. The relative wilting coefficients for different plants. Botanical Gazette, 53: 229-235.

Bru, D., A. Ramette, N. P. A. Saby, S. Dequiedt, L. Ranjard, C. Jolivet, D. Arrouays, and L. Philippot. 2011. Determinants of the distribution of nitrogen-cycling microbial communities at the landscape scale. ISME Journal, 5: 532-542.

Chen, D., J. Mi, P. Chu, J. Cheng, L. Zhang, Q. Pan, Y. Xie, and Y. Bai. 2015. Patterns and drivers of soil microbial communities along a precipitation gradient on the Mongolian Plateau. Landscape Ecology, 30: 1669-1682.

Chen, J., G. L. Xiao, Y. Kuzyakov, G. D. Jenerette, Y. Ma, W. Liu, Z. F. Wang, and W. J. Shen. 2017a. Soil nitrogen transformation responses to seasonal precipitation changes are regulated by changes in functional microbial abundance in a subtropical forest. Biogeosciences, 14: 2513-2525.

Chen, J., Y. X. Nie, W. Liu, Z. F. Wang, and W. J. Shen. 2017b. Ammonia-oxidizing archaea are more resistant than denitrifiers to seasonal precipitation changes in an acidic subtropical forest soil. Frontiers in Microbiology, 8: 1384.

Chen, J., Y. Kuzyakov, G. D. Jenerette, G. L. Xiao, W. Liu, Z. F. Wang, and W. J. Shen. 2019. Intensified precipitation seasonality reduces soil inorganic N content in a subtropical forest: Greater contribution of leaching loss than N_2O emissions. Journal of Geophysical Research: Biogeosciences, 124: 494-508.

Chen, Y. T., C. Bogner, W. Borken, C. F. Stange, and E. Matzner. 2011. Minor response of gross N turnover and N leaching to drying, rewetting and irrigation in the topsoil of a Norway spruce forest. European Journal of Soil Science, 62: 709-717.

Chen, Y. L., Z. W. Xu, H. W. Hu, Y. J. Hu, Z. P. Hao, Y. Jiang, and B. D. Chen. 2013. Responses of ammonia-oxidizing bacteria and archaea to nitrogen fertilization and precipitation increment in a typical temperate steppe in Inner Mongolia. Applied Soil Ecology, 68: 36-45.

Craine, J. M., J. B. Nippert, A. J. Elmore, A. M. Skibbe, S. L. Hutchinson, and N. A. Brunsell. 2012. Timing of climate variability and grassland productivity. Proceedings of the National Academy of Sciences of the United States of America, 109: 3401-3405.

Cregger, M. A., N. G. McDowell, R. E. Pangle, W. T. Pockman, and A. T. Classen. 2014. The impact of precipitation change on nitrogen cycling in a semi-arid ecosystem. Functional Ecology, 28: 1534-1544.

Daly, E. and A. Porporato. 2005. A review of soil moisture dynamics: From rainfall infiltration to ecosystem response. Environmental Engineering Science, 22: 9-24.

Davidson, E. A., D. C. Nepstad, F. Y. Ishida, and P. M. Brando. 2008. Effects of an experimental drought and recovery on soil emissions of carbon dioxide, methane, nitrous oxide, and nitric oxide in a moist tropical forest. Global Change Biology, 14: 2582-2590.

Delgado-Baquerizo, M., F. T. Maestre, C. Escolar, A. Gallardo, V. Ochoa, B. Gozalo, A. Prado-Comesaña, and D. Wardle. 2014. Direct and indirect impacts of climate change on microbial and biocrust communities alter the resistance of the N cycle in a semiarid grassland. Journal of Ecology, 102: 1592-1605.

Denef, K., J. Six, H. Bossuyt, S. D. Frey, E. T. Elliott, R. Merckx, and K. Paustian. 2001. Influence of dry-wet cycles on the interrelationship between aggregate, particulate organic matter, and microbial community dynamics. Soil Biology Biochemistry, 33: 1599-1611.

Emmett, B. A., C. Beier, M. Estiarte, A. Tietema, H. L. Kristensen, D. Williams, J. Penuelas, I. Schmidt, and A. Sowerby. 2004. The response of soil processes to climate change: Results from manipulation studies of shrublands across an environmental gradient. Ecosystems, 7: 625-637.

Fang, Y., M. Yoh, K. Koba, W. Zhu, Y. Takebayashi, Y. Xiao, C. Lei, J. Mo, W. Zhang, and X. Lu. 2011. Nitrogen deposition and forest nitrogen cycling along an urban-rural transect in southern China. Global Chang Biology, 17: 872-885.

Frijlink, M. J., T. Abee, H. J. Laanbroek, W. D. Boer, and W. N. Konings. 1992. The bioenergetics of ammonia and hydroxylamine oxidation in *Nitrosomonas europaea* at acid and alkaline pH. Archives of Microbiology, 157: 194-199.

Fuchslueger, L., E. M. Kastl, F. Bauer, S. Kienzl, R. Hasibeder, T. Ladreiter-Knauss, M. Schmitt, M. Bahn, M. Schloter, A. Richter, and U. Szukics. 2014. Effects of drought on nitrogen turnover and abundances of ammonia-oxidizers in mountain grassland. Biogeosciences, 11: 6003-6015.

Garbulsky, M. F., J. Peñuelas, D. Papale, J. Ardö, M. L. Goulden, G. Kiely, A. D. Richardson, E. Rotenberg, E. M. Veenendaal, and I. Filella. 2010. Patterns and controls of the variability of radiation use efficiency and primary productivity across terrestrial ecosystems. Global Ecology Biogeography, 19: 253-267.

Gimbel, K. F., K. Felsmann, M. Baudis, H. Puhlmann, A. Gessler, H. Bruelheide, Z. Kayler, R. H. Ellerbrock, A. Ulrich, E. Welk, and M. Weiler. 2015. Drought in forest understory ecosystems—A novel rainfall reduction experiment. Biogeosciences, 12: 961-975.

Hatzenpichler, R., E. V. Lebedeva, E. Spieck, K. Stoecker, A. Richter, H. Daims, and M. Wagner. 2008. A moderately thermophilic ammonia-oxidizing crenarchaeote from a hot spring. Proceedings of the National Academy of Sciences of the United States of America, 105: 2134-2139.

Hentschel, K., W. Borken, and E. Matzner. 2007. Leaching losses of inorganic N and DOC following repeated drying and wetting of a spruce forest soil. Plant Soil, 300: 21-34.

Huntington, T. G. 2006. Evidence for intensification of the global water cycle: Review and synthesis. Journal of Hydrology, 319: 83-95.

IPCC. 2007. Causes of observed changes in extremes and projections of future changes. In Solomon, S., D. Qin, M. Manning, Z. Chen, M. Marquis, K. B. Averyt, M. Tignor, and H. L. Miller (eds.), Climate Change 2007: The Physical Science Basis. Contribution of Working Group I to the Fourth Assesment Report of the Intergovernmental Panel on Climate Change. Cambridge: Cambridge University Press, 996.

IPCC. 2012. Summary for policymakers. In Field, C. B., V. Barros, T. F. Stocker, D. Qin, D. J. Dokken, K. L. Ebi, M. D. Mastrandrea, K. J. Mach, G. -K. Plattner, S. K. Allen, M. Tignor, and P. M. Midgley(eds.), Managing the Risks of Extreme Events and Disasters to Advance Climate Change Adaptation. A Special Report of Working Groups I and II of the Intergovernmental Panel on Climate Change. Cambridge: Cambridge University Press, 1-19.

Isobe, K., K. Koba, Y. Suwa, J. Ikutani, Y. T. Fang, M. Yoh, J. M. Mo, S. Otsuka, and K. Senoo. 2012. High abundance of ammonia-oxidizing archaea in acidified subtropical forest soils in southern China after long-term N deposition. Fems Microbiology Ecology, 80: 193-203.

Jamieson, N., D. Barraclough, M. Unkovich, and R. Monaghan. 1998. Soil N dynamics in a natural calcareous grassland under a changing climate. Biology and Fertility of Soils, 27: 267-273.

Knapp, A. K., P. A. Fay, J. M. Blair, S. L. Collins, M. D. Smith, J. D. Carlisle, C. W. Harper, B. T. Danner, M. S. Lett, and J. K. Mccarron. 2003. Rainfall variability, carbon cycling, and plant species diversity in a mesic grassland. Science, 298: 2202-2205.

Kuang, Y. W., Y. M. Xu, L. L. Zhang, E. Q. Hou, and W. J. Shen. 2017. Dominant trees in a subtropical forest respond to drought mainly via adjusting tissue soluble sugar and proline content. Frontiers in Plant Science, 8: 802.

Laughlin, R. J. and R. J. Stevens. 2002. Evidence for fungal dominance of denitrification and codenitrification in a grassland soil. Soil Science Society of America Journal, 66: 1540-1548.

Levy-Booth, D. J., C. E. Prescott, and S. J. Grayston. 2014. Microbial functional genes involved in nitrogen fixation, nitrification and denitrification in forest ecosystems. Soil Biology and Biochemistry, 75: 11-25.

Liu, B., M. Xu, M. Henderson, and Y. Qi. 2005. Observed trends of precipitation amount, frequency, and intensity in China, 1960—2000. Journal of Geophysical Research Atmospheres, 110: 211-211.

Lu, L., W. Han, J. Zhang, Y. Wu, B. Wang, X. Lin, J. Zhu, Z. Cai, and Z. Jia. 2012. Nitrification of archaeal ammonia oxidizers in acid soils is supported by hydrolysis of urea. ISME Journal, 6: 1978-1984.

Min, S. K., X. Zhang, F. W. Zwiers, and G. C. Hegerl. 2011. Human contribution to more-intense precipitation extremes. Nature, 470: 378-381.

Morales, S. E., T. Cosart, and W. E. Holben. 2010. Bacterial gene abundances as indicators of greenhouse gas emission in soils. ISME Journal, 4: 799-808.

Moreira, M. Z., L. D. S. L. Sternberg, and D. C. Nepstad. 2000. Vertical patterns of soil water uptake by plants in a primary forest and an abandoned pasture in the eastern Amazon: An isotopic approach. Plant Soil, 222: 95-107.

Nautiyal, C. S. and P. Dion. 2008. Molecular Mechanisms of Plant and Microbe Coexistence. Berlin: Springer.

Nepstad, D. C., P. Moutinho, M. B. Dias-Filho, E. Davidson, G. Cardinot, D. Markewitz, R. Figueiredo, N. Vianna, J. Chambers, and D. Ray. 2002. The effects of partial throughfall exclusion on canopy processes, aboveground production, and biogeochemistry of an Amazon forest. Journal of Geophysical Research Atmospheres, 107: LBA 53-1-LBA 53-18.

Nicol, G. W., S. Leininger, C. Schleper, and J. I. Prosser. 2008. The influence of soil pH on the diversity, abundance and transcriptional activity of ammonia oxidizing archaea and bacteria. Environmental Microbiology, 10: 2966-2978.

Norton, J. M., J. J. Alzerreca, Y. Suwa, and M. G. Klotz. 2002. Diversity of ammonia monooxygenase operon in autotrophic ammonia-oxidizing bacteria. Archives of Microbiology, 177: 139-149.

Okabe, S., Y. Oozawa, K. Hirata, and Y. Watanabe. 1996. Relationship between population dynamics of nitrifiers in biofilms and reactor performance at various C : N ratios. Water Research, 30: 1563-1572.

Orwin, K. H., I. A. Dickie, J. R. Wood, K. I. Bonner, and R. J. Holdaway. 2016. Soil microbial community structure explains the resistance of respiration to a dry-rewet cycle, but not soil functioning under static conditions. Functional Ecology, 30: 1430-1439.

Orwin, K. H. and D. A. Wardle. 2004. New indices for quantifying the resistance and resilience of soil biota to exogenous disturbances. Soil Biology Biochemistry, 36: 1907-1912.

Orwin, K. H., D. A. Wardle, and L. G. Greenfield. 2006. Context-dependent changes in the resistance and resilience of soil microbes to an experimental disturbance for three primary plant chronosequences. Oikos, 112: 196-208.

Petersen, D. G., S. J. Blazewicz, M. Firestone, D. J. Herman, M. Turetsky, and M. Waldrop. 2012. Abundance of microbial genes associated with nitrogen cycling as indices of biogeochemical process rates across a vegetation gradient in Alaska. Environmental Microbiology, 14: 993-1008.

Radl, V., R. Kindler, G. Welzl, A. Albert, B. M. Wilke, W. Amelung, and M. Schloter. 2015. Drying and rewetting events change the response pattern of nitrifiers but not of denitrifiers to the application of manure containing antibiotic in soil. Applied Soil Ecology, 95: 99-106.

Rasche, F., D. Knapp, C. Kaiser, M. Koranda, B. Kitzler, S. Zechmeister-Boltenstern, A. Richter, and A. Sessitsch. 2011. Seasonality and resource availability control bacterial and archaeal communities in soils of a temperate beech forest. ISME Journal, 5: 389-402.

Reichmann, L. G., O. E. Sala, and D. P. C. Peters. 2013. Water controls on nitrogen transformations and stocks in an arid ecosystem. Ecosphere, 4: 1-17.

Richardson, D. J. 2000. Bacterial respiration: A flexible process for a changing environment. Microbiology, 146: 551.

Rütting, T., D. Huygens, P. Boeckx, J. Staelens, and L. Klemedtsson. 2013. Increased fungal dominance in N_2O emission hotspots along a natural pH gradient in organic forest soil. Biology Fertility of Soils, 49: 715-721.

Stark, J. M. and M. K. Firestone. 1995. Mechanisms for soil-moisture effects on activity of nitrifying bacteria. Applied and Environmental Microbiology, 61: 218-221.

Stres, B., T. Danevcic, L. Pal, M. M. Fuka, L. Resman, S. Leskovec, J. Hacin, D. Stopar, I. Mahne, and I. Mandic-Mulec. 2008. Influence of temperature and soil water content on bacterial, archaeal and denitrifying microbial communities in drained fen grassland soil microcosms. Fems Microbiology Ecology, 66: 110-122.

Sun, Y. and Y. H. Ding. 2010. A projection of future changes in summer precipitation and monsoon in East Asia. Science China Earth Science, 53: 284-300.

Szukics, U., G. C. Abell, V. Hödl, B. Mitter, A. Sessitsch, E. Hackl, and S. Zechmeister-Boltenstern. 2010. Nitrifiers and denitrifiers respond rapidly to changed moisture and increasing temperature in a pristine forest soil. Fems Microbiology Ecology, 72: 395.

Szukics, U., E. Hackl, S. Zechmeisterboltenstern, and A. Sessitsch. 2009. Contrasting response of two forest soils to nitrogen input: Rapidly altered NO and N_2O emissions and *nirK* abundance. Biology Fertility of Soils, 45: 855-863.

Thion, C. and J. I. Prosser. 2014. Differential response of nonadapted ammonia-oxidising archaea and bacteria to drying-rewetting stress. Fems Microbiology Ecology, 90: 380-389.

Towe, S., A. Albert, K. Kleineidam, R. Brankatschk, A. Dumig, G. Welzl, J. C. Munch, J. Zeyer, and M. Schloter. 2010. Abundance of microbes involved in nitrogen transformation in the rhizosphere of *Leucanthemopsis alpina* heywood grown in soils from different sites of the Damma Glacier Forefield. Microbial Ecology, 60: 762-770.

Weltzin, J. F., M. E. Loik, S. Schwinning, D. G. Williams, P. A. Fay, B. M. Haddad, J. Harte, T. E. Huxman, A. K. Knapp, and G. Lin. 2003. Assessing the response of terrestrial ecosystems to potential changes in precipitation. Bioscience, 53: 941-952.

Wieder, W. R., C. C. Cleveland, and A. R. Townsend. 2011. Throughfall exclusion and leaf litter addition drive higher rates of soil nitrous oxide emissions from a lowland wet tropical forest. Global Change Biology, 17: 3195-3207.

Wu, Z. T., P. Dijkstra, G. W. Koch, J. Penuelas, and B. A. Hungate. 2011. Responses of terrestrial ecosystems to temperature and precipitation change: A meta-analysis of experimental manipulation. Global Change Biology, 17: 927-942.

Xie, Z., X. L. Roux, C. Wang, Z. Gu, M. An, H. Nan, B. Chen, F. Li, Y. Liu, and G. Du. 2014. Identifying response groups of soil nitrifiers and denitrifiers to grazing and associated soil environmental drivers in Tibetan alpine meadows. Soil Biology & Biochemistry, 77: 89-99.

Yahdjian, L. and O. E. Sala. 2010. Size of precipitation pulses controls nitrogen transformation and losses in an arid Patagonian ecosystem. Ecosystems, 13: 575-585.

Zhalnina, K., P. D. de Quadros, F. A. Camargo, and E. W. Triplett. 2012. Drivers of archaeal ammonia-oxidizing communities in soil. Frontiers in Microbiology, 3: 210.

Zhou, G. Y., X. H. Wei, Y. P. Wu, S. G. Liu, Y. H. Huang, J. H. Yan, D. Q Zhang., Q. M. Zhang, J. X. Liu, Z. Meng, C. L. Wang, G. W. Chu, S. Z. Liu, X. L Tang, and X. D. Liu. 2011. Quantifying the hydrological responses to climate change in an intact forested small watershed in Southern China. Global Change Biology, 17: 3736-3746.

红树林生态系统碳循环研究进展

第9章

刘红晓[1]　任海[1]

摘　　要

红树林生态系统具有极高的碳储量，在全球海-陆生态系统碳循环中起重要作用。目前，国际上对于红树林生态系统碳循环的研究已经取得了一些进展，但国内研究多针对碳循环的某一个方面展开研究，从生态系统角度出发的碳循环监测和研究不足。以前的研究增加了我们对红树林碳循环的认识，为红树林的保护和恢复提供了科学依据。本章对红树林碳循环和主要碳库的研究进展进行了综述，在此基础上，对未来的相关研究进行了展望。

① 中国科学院华南植物园，广州，510650，中国。

Abstract

Mangrove is one of the most carbon-rich ecosystems and plays critical roles in global carbon cycling. There have been a lot of literatures on carbon cycling of mangrove ecosystems during recent years. Those studies have significantly improved our understanding on mangrove carbon cycle and provided scientific basis for mangrove conservation and restoration. However, current studies in China mainly focused on certain aspects of mangrove carbon cycle, systematic CO_2 flux monitoring and researches are still deficient. In this chapter, we review key progresses on mangrove carbon cycle processes and carbon pools. We also point out some important research directions to be strengthened in future.

引言

化石燃料燃烧和土地利用变化被认为是大气二氧化碳(CO_2)浓度增加的主要原因(Stocker et al., 2013)。目前应对全球气候变化的策略已从过去的单一减少人类活动带来的碳排放发展到现在的减少排放、保护和恢复高碳储量生态系统类型相结合的方式(Mcleod et al., 2011)。联合国合作项目“减少发展中国家毁林和林分退化带来的碳排放”(Reduced Emissions from Deforestation and Forest Degradation in Developing Countries, REDD+)通过经济手段发展林业管理项目,以达到减排增汇的目的(Ebeling and Yasué, 2008; Miles and Kapos, 2008)。“蓝碳计划”(Blue Carbon Project)通过保护和恢复高碳储量的滨海生态系统增加碳汇。各国政府在增汇减排上做出努力的成效很大程度上取决于对不同生态系统碳循环的准确评估(Keith et al., 2009)。以往碳循环研究主要集中在陆地生态系统(Sabine et al., 2004; Bliedtner et al., 2018; Ru et al., 2018),最近,红树林生态系统由于具有较高的固碳能力,并在全球碳循环中起关键作用受到了学界的关注(Donato et al., 2011; Alongi, 2012; Caldeira, 2012)。

红树林生态系统是全球生产力最高的生态系统类型之一,其单位面积植被生产力与热带雨林相当。众多红树林的案例研究中,其生态系统碳密度都大于2 000 Mg C·hm^{-2}(Bouillon et al., 2003)。红树林的重要性不仅体现在高的固碳能力,还体现在红树林处于海陆交界的位置,深刻影响着海洋和陆地之间的碳循环(Twilley et al., 1992; Bouillon et al., 2008; Kristensen et al., 2008)。全球红树林面积不足陆地面积的0.1%,但红树林控制着陆地向海洋输入有机物总量的10%~11%,占近海沉积物的15% (Jennerjahn and Ittekkot, 2002; Dittmar et al., 2006)。Hamilton 和 Friess(2018)发现全球红树林储存了 4.19 Pg 的碳,其中,

2.96 Pg储存在土壤中,1.23 Pg 储存在活的生物量中。在过去的半个世纪,码头建设、城市扩张、过度开垦、台风、污染、气候变化等因素导致红树林生态系统面积丧失了 30%~50%(Caldeira, 2012)。在 2000—2012 年,2%的红树林碳储量被排放到大气中(316 996 250 t CO_2)。因此,对近海岸带红树林生态系统的科学开发和保护显得尤为重要。加强红树林碳循环的研究将为红树林的保护和管理提供科学依据,同时还将深化我们对全球滨海地区碳循环的认识。

9.1　红树林生态系统概述

红树林是指生长在热带、亚热带低能海岸潮间带上部,受周期性潮水浸淹,以红树植物为主体的常绿灌木或乔木组成的潮滩湿地木本生物群落。红树林一般分布于隐蔽的海岸、风浪较小的曲折河口、港湾和潟湖等淤泥沉积、浅滩广布的生境,其分布受到温度、盐度、洋流、潮汐等影响。温度是红树林分布的主要限制因子,红树林分布区的年平均温度高于 18.5 ℃,最冷月温度超过 8.4 ℃,红树林物种多样性和生产力均随纬度升高和温度下降而减少。世界红树林主要分布在北纬 25°至南纬 25°,2000 年时的面积约为 137 760 km^2(Giri et al., 2011)。75%的红树林分布在 15 个国家,仅有 6.9%的红树林被列为世界自然保护联盟(IUCN) IV 的保护等级。全球红树植物有 83 种,分属 24 科 30 属,分为 5 种林相类型,即外缘红树林(fringe forest)、河边红树林(riverside forest)、超洗红树林(overwash forest)、沿盆地红树林(basin forest)和矮小红树林(dwarf forest)(Snedaker, 1989)。

中国真红树植物有 24 种,隶属 11 科,半红树植物有 12 种,隶属 10 科(王文卿和王瑁,2007)。根据外貌和生长型状况,中国红树林可分为 7 种类型:① 高密冠层红树林,生长于平坦的高潮滩,树干通直,树冠紧密,支柱根和呼吸根发育良好。林下土壤有机物质积累较多,如海莲、海桑林。② 次生开放红树林,生长于内湾河口或者中高潮带,树木疏松,灌木发达,主要有秋茄-桐花树林,木榄-桐花树林等。③ 外缘型红树林,生长于中高潮带潮沟或者海边外缘,比较密,根系较大或者支柱根发达,如正红树、秋茄林等。④ 曲干红树林,生长于冲击明显的高潮区,内湾土层具有沙质壤土,地表枯枝败叶少,潮水浸没时间短,主要有角果木林等。⑤ 河边红树林,生长于中高潮带河滩相对高位的河流冲蚀地。根系生长类似外缘红树林,不同点在于出现在河口以内地段,主要有秋茄-桐花树林。⑥ 宽灌红树林,分布于淤泥沉积深厚、平坦的高潮海滩(面积大于 500 hm^2),植株低矮,1~2 m 高,具有宽树干和明显的支柱根。主要有红海榄、正红树林等。⑦ 沙地疏矮灌木,特殊生境下(内湾和河口细沙冲击),林冠层低矮(1 m 左右),植株稀疏,基干曲折倾斜,呼吸根散布于地表,河口侵蚀严重,地表裸露,有机质缺少,主要有白骨壤群落(林鹏, 1993,1997)。

但新球等(2016)以第二次全国湿地资源调查(2009—2013 年)为基础,结合 3S 技术对中国红树林资源的现状进行了评估,发现中国红树林湿地面积从 20 世纪 50 年代至今总体上呈现先减少后增加的趋势,由 20 世纪 50 年代的 42 001 hm^2 迅速减少到 2000 年的 22 024.9 hm^2,后又快速增加到 2013 年的 34 472.14 hm^2。海南红树林面积近年来保持相对稳定;广西和广东红树林面积近年来有一定增长,分别恢复到 20 世纪 50 年代 87.8%和 92.8%的规模;福建红树林面积近年来稳定增长,已达到 20 世纪 50 年代规模的 1.6 倍;浙江红树林面积基本保持稳定。截至 2014 年,我国建立了以红树林为主要保护对象的红树林自然保护区共 42 个,其中国家级 7 个,省级 4 个,市级 11 个,县级 18 个,另有 2 个位于香港和澳门特别行政区,保护区面积达 1 037.89 km^2(杨盛昌等,2017)。对有红树林分布的 53 个重点湿地的调查结果表明,红树林所遭受的主要威胁因子有污染、围垦、基建和城市建设、过度捕捞和采集以及外来物种入侵。其中,大部分重点调查湿地受污染影响;而 1/3 以上的重点调查湿地受到围垦、基建和城市建设、过度捕捞和采集的影响(但新球等, 2016)。

9.2 红树林生态系统碳循环

红树林有机物输入的途径有:红树林植物的光合作用;藻类和浮游植物的光合作用;河水、潮水有机物输入。红树林固定的碳一部分以自养呼吸的方式消耗掉, 一部分作为地上和地下生物量储存起来,还有一部分以凋落物和细根周转的方式进入环境中。红树林内源和外源的有机物一部分储存在生物量中,一部分沉积在土壤中,一部分随着潮水的运动输入相邻的生态系统中,一部分通过土壤呼吸进入大气中,还有一部分以 CO_2 形式从水-大气界面溢出进入大气。Alongi(2012,2014)、Komiyama 等(2008)、Bouillon 和 Connolly(2009)、Rivera-Monroy 等(2013)对红树林的碳循环进行了综述;Dai 等(2018)建立了红树林生态系统碳模型;Twilley 等(2019)从生态、地貌学角度对红树林的生物地理化学循环进行了详细论述,并对每个碳库的研究进展进行了综述。

9.2.1 红树林碳库

9.2.1.1 生物量碳库

关于红树林生物量的研究比较多,尤其是地上生物量。Twilley 等(1992)提出了生物量和纬度的方程,估算出不同纬度地区地上和地下的生物量;Saenger 和 Snedaker(1993)综述了红树林地上生物量的研究,构建了地上生物量、植被高度与纬度以及凋落物与纬度的方程。Komiyama 等(2008)发现红树林地上生物量最大可达 460 $Mg \cdot hm^{-2}$,生物量<100 $Mg \cdot hm^{-2}$的林分主要是次生群落,高纬度地区天然红树林生产力也可能很高。Donato 等(2011)对印度洋-太平洋红树林的调查发现红树林生物量在 14~937.1 $Mg \cdot hm^{-2}$,平均 343 $Mg \cdot hm^{-2}$左右。Murdiyarso 等(2015)对印度尼西亚 39 个红树林林分的研究表明,红树林生态系统平均生物量碳库为(211±135) Mg·hm^{-2}。不同林型和地理位置的红树林内部差异很大,西非红树林地上碳库在 5.2~312 Mg·hm^{-2}(Kauffman and Bhomia, 2017)。与 IPCC 报告中各气候类型下默认的森林生物量碳对比,红树林的生物量和热带雨林、寒温带湿润森林等高碳密度生态系统相当。

红树林生物量呈现纬度格局性,即生物量随着纬度的降低而增加。红树林在每个纬度区域都有一定的变异,纬度在 10°和 35°的红树林平均生物量分别为 400 Mg·hm^{-2}和 100 Mg·hm^{-2},更高纬度的红树林碳储量通常小于 50 Mg·hm^{-2}(Twilley et al., 1992)。另外,林龄、林分组成、降雨、土壤盐度、海岸类型等因素也影响生物量(Kauffman and Bhomia, 2017)。结合遥感数据,一些学者对全球和国家尺度的红树林做出了评估。Simard 等(2019)结合遥感和实测数据,发现全球红树林的冠层高度和降雨、温度和台风的频率有关。

由于测量困难,红树林根系生物量研究比较少。Komiyama 等(2008)的综述中收集了关于生物量的 23 个研究,其中仅 9 个研究测量了根系生物量。红树林的根、冠、凋落物比可以用于估算红树林的地下生物量。红树林的根冠比较大,地上与地下生物量比为 1 : 4,根系生物量可能占到整个生态系统生物量的 10%~15%,与荒漠、苔原和草地生态系统相似。红树林根系发达一方面是适应波浪冲击的结果,另一方面是由高盐环境造成的生理干旱所导致,在干旱、高盐、营养匮乏、强光的条件下,红树林根冠比将增加。

9.2.1.2　土壤碳库

(1) 土壤碳密度

红树林受到潮水淹没,土壤氧气含量少,有机质分解过程缓慢,因此红树林土壤富含有机质(Liu et al., 2014)。例如,巴西美洲红树(*Rhizophora mangle*)有机土层深达 10 m,持续积累了 6 000 年(Mckee et al., 2007)。土壤沉积物碳来源有红树林凋落物(叶子和根系)、浮游植物凋落物、河水和潮水带来的外源有机物输入,这些物质以悬浮物的形式进入红树林水体。红树林根系发达,能有效减缓林内水流速度。一般潮水速度大于 1 m·s^{-1},而红树林林内流速约 0.1 m·s^{-1},有利于悬浮颗粒物质的沉积。红树林能捕捉到水体中 15%~80%的悬浮物质(Kitheka, 2002; Victor et al., 2004)。红树林悬浮颗粒有机质含量并不高,在 2%~4%(Bouillon et al., 2003),利用同位素标记,可以区分这些有机物的来源(Chen et al., 2018)。悬浮物质的沉积效率受到颗粒物大小、潮水流速、盐度和潮间带大小等因素影响。

最近的研究发现,红树林地下根系生长导致的土壤碳的增加有可能会超过颗粒物沉积的贡献,尤其是红树林难以分解的死根。红树林大量的 NPP 分配到根部,根系周转速率快,分解速率慢,在土壤的沉积中起重要作用。红树林根系每天只有 0.07%~0.17%的质量损失,*Avicennia marina* 的根系分解稍快,每天有

0.09%~0.34%的质量损失(Liu et al., 2017)。凋落物分解周期为5.9~69月,而细根全部分解需要111~655月,细根周转对土壤碳的贡献是凋落物的2.2~5.1倍。另外,Donato等(2011)和Ha等(2018)的研究都发现了死根在土壤碳库中的重要作用。

土壤是红树林生态系统最大的碳库,储存了49%~98%生态系统的碳(Donato et al., 2011; Murdiyarso et al., 2015; Kauffman and Bhomia, 2017)。Donato等(2011)发现红树林土壤碳多储存于30 cm以下的土层。Ha等(2018)发现红树林土壤碳多储存在20~60 cm的土壤中。Jardine和Siikamäki(2014)以及Gress等(2017)建立了全球和国家尺度红树林生态系统土壤碳库的预测模型,为大尺度红树林土壤碳库的估算提供了工具。Rovai等(2018)提出了红树林土壤碳预测的模型,并用数据进行模型验证,发现岩石海岸的红树林土壤碳被低估了,而三角洲发育的红树林碳被高估了。另外,该研究还对57个缺乏红树林土壤碳数据的国家进行了预测。Atwood等(2017)对全球红树林的土壤碳进行了整合分析,发现与地上碳不同,土壤碳没有呈现纬度格局。Ezcurra等(2016)发现,虽然地上的红树林林分低矮,美国南加利福尼亚州沙漠海岸的红树林的土壤碳储量和湿润的热带地区相似。红树林土壤碳与地上植被类型有关,混交红树林土壤碳大于纯林土壤碳(Chen et al., 2012; Atwood et al., 2017)。然而,Li等(2018)的研究发现,环境因子对土壤碳储量的影响大于地上植被类型的影响。

(2) 土壤性质的影响

红树林土壤碳库取决于土壤容重、有机碳含量和土壤深度。红树林土壤有机碳含量变化很大,从小于0.1%到大于40%,平均为2.2%(Alongi, 2014)。许多研究发现,随着土壤深度增加,红树林土壤有机碳含量下降,容重增加。Kauffman和Bhomia(2017)对中非西部红树林的研究,Murdiyarso等(2015)对印度尼西亚红树林的研究,Donato等(2011)对印度-太平洋红树林的研究,朱耀军等(2016)对湛江高桥红树林的研究,以及李真(2013)和黄星(2017)对中国海南红树林土壤的研究均发现了这个规律。另外,Chen等(2018)发现红树林土壤有机碳和容重随着红树林林龄的增加而增加。地上植被的类型、土壤盐分也是影响土壤有机碳含量的因子,高盐分有利于土壤中的腐殖质的累积,从而增加土壤有机碳含量(李真, 2013; Chen et al., 2018)。

红树林土壤深度是影响生态系统碳储量的重要因素(Donato et al., 2011)。红树林土壤深度取决于长期沉积物积累和侵蚀过程。Alongi(2014)收集了不同红树林生态系统的土壤深度。Kauffman和Bhomia(2017)以及Donato等(2011)的研究中82%以上的样地土壤深度超过了300 cm;Stringer等(2015)和Murdiyarso等(2015)的研究中,土壤取样深度为200 cm;Jones等(2016)的取样深度达150 cm; Liu等(2014)、Ha等(2018)和Rozainah等(2018)的研究中,土壤碳取样到 1 m 左右。Jardine 和 Siikamäki(2014)建立的全球尺度土壤碳预测模型,使用 1 m 作为参数,很有可能会低估红树林的土壤碳。

9.2.2　红树林碳循环过程

9.2.2.1　植被-大气交换

目前的通量观测数据都表明了红树林对碳的净吸收作用。大气与植被之间的 CO_2交换主要涉及光合作用和呼吸作用。目前有两种广泛应用的方法观测红树林生态系统的碳交换:涡度相关法和通量梯度法(Tomohiro and Masakazu, 2019)。红树林大气和植被冠层碳交换的观测并不多,许多研究呈现的是同一个站点不同时段的观测数据。Tomohiro 和 Masakazu(2019)对这些站点和观测值进行了收集。Poungparn 和 Komiyama(2013)发现亚热带红树林的总初级生产力(gross primary productivity, GPP)、生态系统呼吸和净生态系统生产力(net ecosystem productivity, NEP)范围分别为 19.08~48.32 t $C\cdot hm^{-2}\cdot a^{-1}$、7.92~26.9 t $C\cdot hm^{-2}\cdot a^{-1}$和 7.9~21.42 t $C\cdot hm^{-2}\cdot a^{-1}$;热带红树林 GPP、生态系统呼吸和 NEP 范围分别为 55.99~60.92 t $C\cdot hm^{-2}\cdot a^{-1}$、42.48~45.68 t $C\cdot hm^{-2}\cdot a^{-1}$、7.75~15.24 t $C\cdot hm^{-2}\cdot a^{-1}$。Rodda 等(2016)发现孙德本红树林冬季净生态系统碳交换量(net ecosystem exchange, NEE)为-10 $\mu mol\cdot m^{-2}\cdot s^{-1}$,高于夏季的-6 $\mu mol\cdot m^{-2}\cdot s^{-1}$;生态系统 GPP 为 1 271 g $C\cdot m^{-2}\cdot a^{-1}$,呼吸为 1 022 g $C\cdot m^{-2}\cdot a^{-1}$, NEP 为(249±20) g $C\cdot m^{-2}\cdot a^{-1}$。Cui 等(2018)对广东红树林和陆地森林的对比研究发现,红树林有较低的光补偿点和较高的光饱和点,并且在 20 ℃时红树林土壤 Q_{10}(土壤呼吸的温度敏感性)低于陆地森林生态系统,因此红树林吸收的碳比陆地森林多。

红树林植被-大气 CO_2通量具有明显的日动态和季节动态(Van et al., 2019)。一般干季红树林净交换量小,湿季净交换量大(Tomohiro and Masakazu, 2019)。另外一个影响红树林净交换量的因子是盐度,盐度增加会降低光利用率。Barr 等(2010)和 Barr 等(2012)发现干季水体减少,土壤盐分增加,导致光合速率降低。降雨和淡水通过改变土壤盐分,影响光合速率。一定盐分梯度下,晴朗的天气,红树林的净交换量与温度呈正相关。康文星等(2008)对广州红树林淹水和未淹水的情况进行了对比,发现淹水的红树林净碳汇作用更加明显。Barr 等(2010)认为这种情况是由于淹水时土壤呼吸的 CO_2直接进入水体,然后以 DIC 的形式被输送到紧邻的水体中。Leopold 等(2016)的研究与以上情况相似,发现在半干旱气候条件下,水淹提高了光合作用,抑制了呼吸作用。

冠层呼吸占红树林-大气 CO_2通量的主要部分。基于叶面积和叶片呼吸数据,Alongi(2009)发现全球红树林冠层呼吸(含藻类)达 425 Tg $C\cdot a^{-1}$(4 413 g $C\cdot m^{-2}\cdot a^{-1}$)。70%的 GPP 通过冠层和藻类的呼吸返回到大气中,和热带雨林相似(75%的 GPP)。Lovelock 等(2015)对加勒比红树林的研究发现,冠层呼吸占红树林 GPP 的 47.9%,地上根系的呼吸比例占到 30.5%。Troxler 等

(2015)对佛罗里达红树林的研究表明,冠层下呼吸通量很大,盐分范围在25~35实际盐度标准(practical salinity units, PSU)时,冠层以下呼吸通量随着盐分上升而下降,枯死木呼吸通量最大[(2.34 ± 0.23) mol·m^{-2}·s^{-1}],其次是呼吸根[(1.94 ± 0.45) mol·m^{-2}·s^{-1}],均超过了土壤呼吸通量[(1.27 ± 0.05) mol·m^{-2}·s^{-1}]。目前关于红树林各个组分的呼吸研究还比较少。

红树林土壤呼吸主要由土壤中微生物呼吸和根系呼吸组成。土壤呼吸底物源于红树林腐烂的根系、根系分泌物和凋落物,这个过程包含了微生物和土壤动物的共同作用。土壤呼吸和土壤温度、湿度、土壤营养成分、氧化还原电位等因素相关(Lovelock et al., 2011)。Lovelock 等(2015)对比了伯利兹海边红树林、内陆矮红树林、P 添加的内陆矮红树林的碳循环,发现光合与呼吸比值分别为1.2、1.4、0.95。微生物膜(microbial mat)阻止了 CO_2 在土壤表面的扩散,导致对土壤呼吸的测量偏低。微生物膜去除后,土壤呼吸会增加60%。红树林土壤-大气界面的 CO_2 通量在有光和黑暗的情况下分别为-3.93 mmol CO_2·m^{-2}·h^{-1}和8.85 mmol CO_2·m^{-2}·h^{-1}(Leopold et al., 2015).

红树林的砍伐会导致土壤排放大量的 CO_2(Bulmer et al., 2017),其速率与土壤温度、有机物含量、土壤动物有关。随着砍伐后时间的推移,土壤呼吸速率下降(Lovelock et al., 2011)。研究发现,红树林砍伐后的20个月,土壤中易于分解的有机物完全分解,2年后碳排放非常低(Grellier et al., 2017)。Castillo 等(2017)对菲律宾红树林的研究表明,CO_2 和 CH_4 排放量比非红树林(由红树林转化的废弃的鱼塘等)高2.6倍和6.6倍,N_2O 排放比非红树林区域低34倍,但是该研究中红树林用地类型已转化长达10年。Bulmer 等(2015)对新西兰红树林皆伐后1个月到8年的土壤呼吸研究发现,砍伐后土壤呼吸速率稍低,但没有显著差异[(7.02 ± 1.91) mmol·m^{-2}·h^{-1},(5.57 ± 1.55) mmol·m^{-2}·h^{-1}]。Bulmer 等(2015)发现在砍伐后20~25月,土壤呼吸显著高于红树林和滩涂,这可能是由于温度低的原因。可以看出,对于红树林砍伐后土壤呼吸的变化,不同研究结果不同,其中一个原因可能是实验距离红树林砍伐的时间不同。

9.2.2.2　生物量累积

(1) 植被 NPP

一般 NPP 的计算是用一年的凋落物加上胸径增加带来的生物量增加。Twilley 等(1992)研究发现全球红树林地上部分 NPP 为67 mol C·m^{-2}·a^{-1}(约占 NPP 的45%),凋落物为38 mol C·m^{-2}·a^{-1}(约占25%),根系为44 mol C·m^{-2}·a^{-1}(约占30%),总 NPP 达到149 mol C·m^{-2}·a^{-1}。Hossain(2014)对马来西亚 *Bruguiera parviflora* 天然林研究发现,地上 NPP 为17.09 Mg·hm^{-2}·a^{-1},凋落物为10.35 Mg·hm^{-2}·a^{-1},总的生产力为27.44 Mg·hm^{-2}·a^{-1}。红树林地上 NPP 变异性很大,变异系数达到66%(Alongi, 2012)。Bouillon 等(2008)发现全球红树林 NPP 为$(218\pm72)\times10^6$ Mg C·a^{-1},凋落物占32%,根系占38%,地上生物量生产力

占30%。红树林生产力和陆地森林生产力的变化趋势相同,随着林龄增加,红树林生产力呈先增加后逐渐下降的趋势。Ren等(2010)用异速生长方程法对4年、5年、8年、10年的无瓣海桑人工林研究发现,地上NPP在5年以后增长的速率下降,而根系NPP持续上升。

(2) 凋落物NPP

由于测量方便,对于凋落物研究较多。通过凋落物可以得到红树林有机物输出和周转情况,也可以根据凋落物估算红树林地上和地下生产力。Bouillon等(2008)对178个凋落物的研究发现,红树林凋落物随着纬度增高而减少,与陆地森林生态系统趋势相似。纬度在0°—10°地区凋落物为(10.4±4.6) $Mg \cdot hm^{-2} \cdot a^{-1}$;纬度在10°—20°地区为(9.1±3.4) $Mg \cdot hm^{-2} \cdot a^{-1}$;纬度在20°—30°地区为(8.8±4.2) $Mg \cdot hm^{-2} \cdot a^{-1}$;纬度>30°地区凋落物为(4.7±2.1) $Mg \cdot hm^{-2} \cdot a^{-1}$。全球红树林凋落物达到(156±45)$\times 10^6$ $Mg \cdot a^{-1}$,相当于(68.4±19.7)$\times 10^6$ $Mg\ C \cdot a^{-1}$。Wafar等(1997)对红海榄、红茄冬、杯萼海桑的研究发现,凋落物在季风季节最少,季风前和季风后较多。凋落物是红树林有机碳沉积的重要来源,25%的凋落物留在红树林体内,50%输送到邻近的海洋生态系统中,25%被矿化。98%~100%的凋落物干重、碳,以及90%的氮、磷在8~15周分解损失掉,该过程释放的氮、磷等营养元素对于河口和近海地区的营养循环和微生物生物链维持有重要作用(Robertson and Daniel, 1989)。

(3) 根系NPP

根系生产力是红树林生态系统生产力的重要组成部分,但是相关研究不多,不同研究间变异很大(Alongi, 2014)。很多对NPP的估算中,并没有包括根系NPP。Bouillon等(2008)的综述中只收集到4例包含了根系生产力的研究,作者计算了根与凋落物比值,以此来推算全球红树林根系NPP,结果为(82.8±57.7)$\times 10^6$ $Mg\ C \cdot a^{-1}$,占总NPP的37.6%。

9.2.2.3 土壤掩埋

红树林土壤掩埋的过程不仅可以揭示土壤碳库的形成过程,预测未来土壤碳库的发展趋势,而且涉及红树林对全球变化带来的海平面上升的响应,是碳循环中重要而复杂的环节。红树林土壤增长速率为0.1~10 $mm \cdot a^{-1}$,平均为5 $mm \cdot a^{-1}$。许多学者对红树林土壤垂直增加速率进行了研究。Toscano和Macintyre(2003)建立了大西洋西部红树林和珊瑚礁土壤的累积曲线。潮水淹没频率是最主要的影响因素,高潮潮间带红树林比靠海边的红树林土壤增加速率低(朱耀军等, 2016)。长期来看,红树林土壤增长速率在时间上存在较大变异(Gonneea et al., 2004)。

Twilley等(1992)、Jennerjahn和Ittekot(2002)以及Duarte等(2005)基于不同的数据源,对土壤碳增加速率进行了研究,得到了相似的结果(平均为167g $C \cdot m^{-2} \cdot a^{-1}$)。基于此数据,假设红树林面积为137 760 km,土壤掩埋速率为 22.3 $\times10^6$ Mg C·a^{-1},不同研究得到的结果相似:Bouillon 等(2008)、Bouillon 和 Connolly(2009)、Alongi(2014)的研究表明全球红树林土壤碳增加速率为 18.4×10^6 Mg C·a^{-1}、29 $\times10^6$ Mg C·a^{-1}和 24×10^6 Mg C·a^{-1}。红树林土壤碳增加速率远高于其他热带、亚热带海岸的土壤,而且湿润地区红树林土壤碳增加速率更大。Ha 等(2018)通过对比红树林临近的沙滩,对 18 年林龄的秋茄林土壤碳累积过程进行了研究,发现红树林土壤碳累积大多在 20~60 cm,累积速率为 6.94 Mg C·hm^{-2}·a^{-1}。Kida 等(2017)研究发现,红树林土壤的累积速率和土壤盐分有关,高的盐分保存更多的腐殖质。

目前研究表明,大部分红树林土壤掩埋速率和气候变化带来的海平面上升速率相当(Ezcurra et al., 2016)。朱耀军等(2016)发现湛江高桥红树林湿地百年尺度上沉积率为 6.5~11 mm·a^{-1},且靠海的土壤沉积速率显著快于靠陆地的土壤沉积速率。但是在太平洋岛屿和加勒比地区的红树林,其土壤增量小于海平面上升速率(Saenger and Snedaker, 1993; Mckee et al., 2007)。另外,平均 5 mm·a^{-1}的掩埋速率可能掩盖了一个问题,即红树林土壤有可能在一个地方被侵蚀,在同一个河口或海湾红树林的另一个地方沉积下来。所以对同流域的取样量较小时,红树林土壤掩埋速率可能会被夸大。Tomohiro 和 Masakazu(2019)对红树林土壤掩埋做了详细的综述。

9.2.2.4 有机碳和无机碳输出(横向交换)

(1) 红树林颗粒有机物和溶解有机碳输出

很多关于潮间红树林碳交换的研究关注了颗粒有机物,以及红树林生态系统碳输出对近海生态系统的支持和营养作用。大多数红树林有碳输出的过程,因为退潮力量大于涨潮力量,且红树林水体中有机物含量会高于近海海水。退潮时,有机物输出到近海;涨潮时,海水带着有机物涌入红树林。Adame 和 Lovelock(2011)对红树林的有机碳输出做了系统综述,发现红树林颗粒有机物(particulate organic carbon, POC)输出与温度有关,平均为(59.1±88.0) g C·m^{-2}·a^{-1},变异很大(Robertson and Alongi, 1995)。溶解有机碳(dissolved organic carbon, DOC)的输出量为(26.6±88.0) g C·m^{-2}·a^{-1},对 DOC 变异解释最大的变量为潮幅、降雨和最低温度,但是这些变量均不显著(Adame and Lovelock, 2011)。Alongi(2014)对红树林碳输出进行了估算,得出 POC 输出量为(28±21) Tg C·a^{-1},DOC 输出量为(15±13)Tg C·a^{-1}。Ray 等(2018)研究了孙德本红树林的 POC、DOC 和 DIC(dissolved inorganic carbon)的输出,发现输出的碳超过了之前对该系统“迷失的碳”的估计。Ray 等(2015)、Ray 和 Shahraki(2016)以及 Ray 等(2018)对红树林输出的 POC、DOC 和 DIC 的来源进行了研究。最近的研究表明红树林输出了大量的挥发性有机物,占全球海洋排放挥发性有机物的 60%(Sippo et al., 2017)。红树林有机碳输出涉及复杂的生物化学过程,同时受到地形、水文动态、潮水动力学等环境因子以及气候因素的影响,还有很多问题尚待系统的研究(Lu et al., 2017)。

(2) 红树林 DIC 输出

红树林生产力高,但约 50%的碳不知去向,这部分碳被称为“迷失的碳”(Bouillon et al., 2007)。许多研究提出了这部分“迷失的碳”可能作为 DIC 从地下途径流失。研究表明,红树林潮汐中的 DIC 比例大于 DOC 和 POC,潮汐对 DIC 的输出量可达到 DOC 的 3~10 倍,这部分碳一部分以 CO_2的形式进入大气中,另一部分以 HCO_3^- 的形式存于 DIC 中最终被输出红树林(Bouillon et al., 2008)。红树林地表栖息着各种微生物群落和无脊椎动物,如沙蟹、相手蟹和腹足类生物等。这些生物扰动了地表沉积物,在红树林地表上留下了许多管道、土丘等生物扰动结构。另外,红树林地表有许多裂缝,充满了细根,吸收溶解的营养物质。综合以上因素的影响,导致红树林土壤像海绵一样,不断被海水、溶解气体、各种溶剂淹没,又不断排水。这些生物物理结构包含了高浓度的 CO_2、DIC、NH_4^+等代谢物质。此类代谢物质的生产和传输曾经被认为处于稳定状态,从深层土壤渗透上来,排放到土壤表面。但最近有研究表明,这些溶解的物质和气体同时被地下水和潮汐水传送,而不是仅作为地表径流传输,因此并非一个稳定状态。DIC 进入海水中,一个途径是参与钙化过程从而引起 CO_2排放,另一个途径是留在水中,形成碳汇。因此对 DIC 的研究在全球碳平衡中非常重要(Pierre et al., 2018;Miyajima et al., 2015)。

近年来,有许多关于 DIC 途径的研究文章,发现红树林 DIC 输出非常高(Bouillon et al., 2007;Maher et al., 2013; Sippo et al., 2016)。Pierre 等(2018)和 Taillardat 等(2018)发现红树林水体输出的溶解碳中,DIC 占 69.5%~82.5%,和 Bouillon 等(2008)的综述结果类似;从水中溢出的 CO_2,占 9.4%~31.8%,以 DOC 形式输出的碳仅占 3.8%~8.1%。红树林水体向大气排放的 CO_2中,很大部分是从 DIC 转化而来的(Pierre et al., 2018)。Call 等(2019)的研究结果与 Pierre 等(2018)不同,该研究发现 CO_2的直接排放受到季节和潮幅的影响,导致占水体溶解碳输出的比例更大。Maher 等(2018)的研究表明孔隙水中的 DIC 来自 40 cm 的土壤的再矿化作用。红树林土壤被认为是稳定的碳库,因此对缓解大气 CO_2升高有重要作用,土壤再矿化过程的发现表明红树林土壤在缓解大气 CO_2升高中的作用可能需要重新评估。

(3) 红树林水-大气 CO_2通量

红树林中生物的呼吸、孔隙水的 DIC,以及河流水中的溶解 DIC 会导致水体中的 CO_2趋于饱和,从而被释放到大气中。水-大气的 CO_2交换可能成为红树林另一个碳流失的渠道(Borges et al., 2003; Bouillon et al., 2003; Koné and Borges, 2008)。水-大气的 CO_2通量平均为43 mmol $C \cdot m^{-2} \cdot d^{-1}$(3~114 mmol $C \cdot m^{-2} \cdot d^{-1}$),通量大小和潮位、温度、降雨有关(Alongi, 2009)。水-大气的 CO_2通量季风后最小,季风前和季风早期达到最大(Biswas et al., 2004)。Mukherjee 等(2013)发现 pH 是影

响水中 DIC 向 CO_2转化过程的控制因子。Troxler 等(2015)观测了红树林林冠下呼吸,发现潮水淹没会减少根系呼吸,但是会增加水中的 CO_2分压,从而增加水中 HCO_3^- 向 CO_2的转化。研究发现水-大气的 CO_2通量有一定的季节性,通常湿季的通量高于干季(Koné and Borges 2008; Peirre et al., 2018)。此外,CO_2的排放也受到潮幅的影响(Rosentreter et al., 2018a,b,c)。

9.2.2.5 红树林的甲烷(CH_4)排放

红树林甲烷排放也是碳循环的重要环节。甲烷对全球变暖的效应远大于 CO_2,因此近十年关于红树林 CH_4排放已有相当多的研究(Barnes et al., 2006; Nóbrega et al., 2016; Maher et al., 2018; Jacotot et al., 2019)。Barnes 等(2006)估算全球红树林的 CH_4排放为 1.3×10^{11} mol·a^{-1},占近海 CH_4排放很大一部分。最近,Rosentreter 等(2018c)的研究表明红树林(潮水和土壤)排放的 CH_4将会抵消红树林系统 20%的全球变暖的积极影响。Maher 等(2018)的研究表明红树林排放的 CH_4抵消了 6%的土壤掩埋的碳。红树林内源产生的碳和河水的输入碳同时影响了水中 CH_4的溢出,湿季的排放量大于干季排放量(Rosentreter et al., 2018a)。Jha 等(2014)基于通量塔数据,对印度孙德本红树林 CH_4排放进行了分析,发现红树林 CH_4排放量为(150.22±248.87) mg·m^{-2}·d^{-1},日变化很大。Chen 等(2010)对比了深圳和香港的红树林夏季 CH_4排放,发现不同潮位红树林 CH_4排放显著不同,CH_4排放仅和土壤 NH_4^+-N 浓度显著相关。Jacotot 等(2019)对半干旱区域的红树林的研究发现,夏季的 CH_4排放更高,土壤表层的生物膜抑制了土壤 CH_4向大气的扩散。

9.3 红树林生态系统碳循环研究展望

近十年,红树林碳循环研究有了很大的进展,为红树林的保护和恢复提供了科学依据。随着同位素、涡度相关技术的应用,对碳循环的认识将会不断细化和深入。红树林是个巨大的碳汇,已经得到生态学界的普遍认可,但是,还有以下方面需要加强研究。

(1) 目前红树林生态系统碳收支的研究多是基于整合各地案例开展的核算,整合的核算思路有助于发现宏观尺度上碳格局和碳收支的问题,但是不能展示红树林内部碳在各个组分间的真实迁移过程。因此,今后需要结合同位素、涡度相关、遥感、调查等手段,对典型红树林水体、土壤、植被、大气、浮游植物和动物等各个组分进行系统性长期监测,以全面刻画和追踪碳循环过程。

(2) 目前红树林"迷失的碳"的问题还未解决。一些研究认为通过对 DIC 途径的考虑有望达到红树林的碳收支平衡。然而,有研究表明,加入了 DIC 过程,红树林生态系统的碳支出超过了 GPP(Ray et al., 2018)。红树林水体中的 DIC 涉及红树林上游来水中的 DIC、水体和大气的 CO_2交换动态平衡、土壤地下水横向传输、土壤深层微生物矿化作用等过程，其机理尚不清楚。

(3) 土壤是红树林生态系统最大的碳库，但是不同尺度上影响土壤碳库的因素还不清楚，对于全球土壤碳库估算的不确定性还很大。最近的研究表明，土壤的再矿化过程可能使储存的碳重新排放到大气中，土壤温室气体排放也将抵消红树林吸收的碳。因此对再矿化、温室气体排放的研究将会使我们重新认识红树林生态系统在全球碳收支中的作用。

(4) 红树林受到人类活动和气候变化等多种因素的威胁。尤其在亚洲地区，人类活动造成了大量红树林的消失。皆伐和排水后的红树林土壤碳排放研究还有待加强。虽然全球性的海洋气候变化还未确定，但是在研究区域红树林碳循环时，需将温度、降水、海平面变化等因素纳入考虑中。

参考文献

但新球，廖宝文，吴照柏，吴后建，鲍达明，但维宇，刘世好. 2016. 中国红树林湿地资源、保护现状和主要威胁. 生态环境学报，25(7)：1237-1243.

黄星. 2017. 红树林土壤有机碳、重金属特征对红树林景观格局变化的响应. 博士学位论文，上海：华东师范大学.

康文星，赵仲辉，田大伦，何介南，邓湘雯. 2008. 广州市红树林和滩涂湿地生态系统与大气二氧化碳交换. 应用生态学报，19(12)：2605-2610.

李真. 2013. 海南岛红树林湿地土壤有机碳库分布特征研究. 硕士学位论文，海口：海南师范大学.

林鹏. 1993. 中国红树植物种类分布和林相类型. 环境与生态论丛. 厦门：厦门大学出版社.

林鹏. 1997. 中国红树林生态系. 北京：科学出版社.

王文卿，王瑁. 2007. 中国红树林. 北京：科学出版社.

杨盛昌，陆文勋，邹祯，李思. 2017. 中国红树林湿地：分布、种类组成及其保护. 亚热带植物科学，46(4)：301-310.

朱耀军，赵峰，郭菊兰，武高洁，林广旋. 2016. 湛江高桥红树林湿地有机碳分布及埋藏特征. 生态学报，36(23)：7841-7849.

Adame, M. F., and C. E. Lovelock. 2011. Carbon and nutrient exchange of mangrove forests with the coastal ocean. Hydrobiologia, 663(1): 23-50.

Alongi, D. M. 2012. Carbon sequestration in mangrove forests. Carbon Management, 3(3): 313-322.

Alongi, D. M. 2009. The Energetics of Mangrove Forests. Dordrecht: Springer.

Alongi, D. M. 2014. Carbon cycling and storage in mangrove forests. Annual Review of Marine Science, 6: 195-219.

Atwood, T. B., R. M. Connolly, H. Almahasheer, P. E. Carnell, C. M. Duarte, C. J. E. Lewis, X. Irigoien, J. J. Kelleway, P. S. Lavery, and P. I. Macreadie. 2017. Global patterns in mangrove soil carbon stocks and losses. Nature Climate Change, 7(7): 523-528.

Barnes, J., R. Ramesh, R. Purvaja, A. N. Rajkumar, B. S. Kumar, K. Krithika, K. Ravichandran, G. Uher, and R. Upstill-Goddard. 2006. Tidal dynamics and rainfall control N_2O and CH_4 emissions from a pristine mangrove creek. Geophysical Research Letters, 33(15): 161-177.

Barr, J. G., V. Engel, J. D. Fuentes, J. C. Zieman, T. L. O'Halloran, T. J. Smith, and G. H. Anderson. 2010. Controls on mangrove forest-atmosphere carbon dioxide exchanges in western Everglades National Park. Journal of Geophysical Research: Biogeosciences, 115(G2): 245-269.

Barr, J. G., V. Engel, T. J. Smith, and J. D. Fuentes. 2012. Hurricane disturbance and recovery of energy balance, CO_2 fluxes and canopy structure in a mangrove forest of the Florida Everglades. Agricultural and Forest Meteorology, 153: 54-66.

Biswas, H., S. Mukhopadhyay, T. De, S. Sen, and T. Jana. 2004. Biogenic controls on the air-water carbon dioxide exchange in the Sundarban mangrove environment, northeast coast of Bay of Bengal, India. Limnology and Oceanography, 49(1): 95-101.

Bliedtner, M., T. Stalder, P. Mäder, A. Flieβbach, G. Salazar, and S. Szidat. 2018. Soil organic carbon cycling in a long-term agricultural experiment, Switzerland. European Geosciences Union General Assembly 2018.

Borges, A. V., S. Djenidi, G. Lacroix, J. Théate, B. Delille, and M. Frankignoulle. 2003. Atmospheric CO_2 flux from mangrove surrounding waters. Geophysical Research Letters, 30(11): 1558.

Bouillon, S., and R. M. Connolly. 2009. Carbon exchange among tropical coastal ecosystems. In: Nagelkerken I. (eds) Ecological Connectivity among Tropical Coastal Ecosystems. Dordrecht: Springer.

Bouillon, S., A. V. Borges, E. Castañeda-Moya, K. Diele, T. Dittmar, N. C. Duke, E. Kristensen, S. Y. Lee, C. Marchand, and J. J. Middelburg. 2008. Mangrove production and carbon sinks: A revision of global budget estimates. Global Biogeochemical Cycles, 22(2): 1-12.

Bouillon, S., F. Dahdouh-Guebas, A. V. V. S. Rao, N. Koedam, and F. Dehairs. 2003. Sources of organic carbon in mangrove sediments: Variability and possible ecological implications. Hydrobiologia, 495: 33-39.

Bouillon, S., J. J. Middelburg, F. Dehairs, A. V. Borges, G. Abril, M. R. Flindt, S. Ulomi, and E. Kristensen. 2007. Importance of intertidal sediment processes and porewater exchange on the water column biogeochemistry in a pristine mangrove creek (Ras Dege, Tanzania). Biogeosciences, 4(3): 311-322.

Bulmer, R. H., C. Lundquist, and L. Schwendenmann. 2015. Sediment properties and CO_2 efflux from intact and cleared temperate mangrove forests. Biogeosciences, 12(20): 6169-6180.

Bulmer, R., M. Lewis, E. O'Donnell, and C. Lundquist. 2017. Assessing mangrove clearance methods to minimise adverse impacts and maximise the potential to achieve restoration objectives. New Zealand Journal of Marine and Freshwater Research, 51(1): 110-126.

Caldeira, K. 2012. Avoiding mangrove destruction by avoiding carbon dioxide emissions. Proceedings of the National Academy of Sciences, 109(36): 14287-14288.

Call, M., I. R. Santos, T. Dittmar, C. E. de Rezende, N. E. Asp, and D. T. Maher. 2019. High pore-water derived CO_2 and CH_4 emissions from a macro-tidal mangrove creek in the Amazon region. Geochimica et Cosmochimica Acta, 247: 106-120.

Castillo J. A. A., A. A. Apan, T. N. Maraseni, and S. G. S. Iii. 2017. Soil C quantities of mangrove forests, their competing land uses, and their spatial distribution in the coast of Honda Bay, Philippines. Geoderma, 293: 82-90.

Chen, G., M. Gao, B. Pang, S. Chen, and Y. Ye. 2018. Top-meter soil organic carbon stocks and sources in restored mangrove forests of different ages. Forest Ecology and Management, 422: 87-94.

Chen, G., N. Tam, and Y. Ye. 2010. Summer fluxes of atmospheric greenhouse gases N_2O, CH_4 and CO_2 from mangrove soil in South China. Science of the Total Environment, 408(13): 2761-2767.

Chen, L., X. Zeng, N. F. Tam, W. Lu, Z. Luo, X. Du, and J. Wang. 2012. Comparing carbon sequestration and stand structure of monoculture and mixed mangrove plantations of *Sonneratia caseolaris* and *S. apetala* in Southern China. Forest Ecology and Management, 284: 222-229.

Cui, X., J. Liang, W. Lu, H. Chen, F. Liu, G. Lin, F. Xu, Y. Luo, and G. Lin. 2018. Stronger ecosystem carbon sequestration potential of mangrove wetlands with respect to terrestrial forests in subtropical China. Agricultural and Forest Meteorology, 249: 71-80.

Dai, Z., C. C. Trettin, S. Frolking, and R. A. Birdsey, 2018. Mangrove carbon assessment tool: Model development and sensitivity analysis. Estuarine, Coastal and Shelf Science, 208: 23-35.

Dittmar, T., N. Hertkorn, G. Kattner, and R. J. Lara. 2006. Mangroves, a major source of dissolved organic carbon to the oceans. Global Biogeochemical Cycles, 20(1): GB1012.

Donato, D. C., J. B. Kauffman, D. Murdiyarso, S. Kurnianto, M. Stidham, and M. Kanninen. 2011. Mangroves among the most carbon-rich forests in the tropics. Nature Geoscience, 4(5): 293-297.

Duarte, C. M., J. J. Middelburg, and N. Caraco. 2005. Major role of marine vegetation on the oceanic carbon cycle. Biogeosciences, 2(1): 1-8.

Ebeling, J., and M. Yasué. 2008. Generating carbon finance through avoided deforestation and its potential to create climatic, conservation and human development benefits. Philosophical Transactions of the Royal Society of London, 363(1498): 1917-1924.

Ezcurra, P., E. Ezcurra, P. P. Garcillán, M. T. Costa, and O. Aburto-Oropeza. 2016. Coastal landforms and accumulation of mangrove peat increase carbon sequestration and storage. Proceedings of the National Academy of Sciences, 113(16): 4404-4409.

Giri, C., E. Ochieng, L. L. Tieszen, Z. Zhu, A. Singh, T. Loveland, J. Masek, and N. Duke. 2011. Status and distribution of mangrove forests of the world using earth observation satellite data. Global Ecology and Biogeography, 20(1): 154-159.

Gonneea, M. E., A. Paytan, and J. A. Herrera-Silveira. 2004. Tracing organic matter sources and carbon burial in mangrove sediments over the past 160 years. Estuarine Coastal & Shelf Science, 61(2): 211-227.

Grellier, S., J. L. Janeau, N. D. Hoai, C. N. T. Kim, Q. L. T. Phuong, T. P. T. Thu, N. T. Tran-Thi, and C. Marchand. 2017. Changes in soil characteristics and C dynamics after mangrove clearing (Vietnam). Science of the Total Environment, 593-594: 654-663.

Gress, S. K., M. Huxham, J. G. Kairo, L. M. Mugi, and R. A. Briers. 2017. Evaluating, predicting and mapping belowground carbon stores in Kenyan mangroves. Global Change Biology, 23(1): 224-234.

Ha, T. H., C. Marchand, J. Aime, H. N. Dang, N. H. Phan, X. T. Nguyen, and T. K. C. Nguyen. 2018. Belowground carbon sequestration in a mature planted mangroves(Northern Viet Nam). Forest Ecology and Management, 407: 191-199.

Hamilton, S. E., and D. A. Friess. 2018. Global carbon stocks and potential emissions due to mangrove deforestation from 2000 to 2012. Nature Climate Change, 8(3): 240-244.

Hossain, M. 2014. Carbon pools and fluxes in *Bruguiera parviflora* dominated naturally growing mangrove forest of Peninsular Malaysia. Wetlands Ecology & Management, 22(1): 15-23.

Jacotot, A., C. Marchand, and M. Allenbach. 2019. Biofilm and temperature controls on greenhouse gas(CO_2 and CH_4) emissions from a *Rhizophora* mangrove soil(New Caledonia). Science of the Total Environment, 650: 1019-1028.

Jardine, S. L., and J. V. Siikamäki. 2014. A global predictive model of carbon in mangrove soils. Environmental Research Letters, 9(10): 104013.

Jennerjahn, T. C., and V. Ittekkot. 2002. Relevance of mangroves for the production and deposition of organic matter along tropical continental margins. Die Naturwissenschaften, 89(1): 23-30.

Jha, C. S., S. R. Rodda, K. C. Thumaty, A. Raha, and V. Dadhwal. 2014. Eddy covariance based methane flux in Sundarbans mangroves, India. Journal of Earth System Science, 123(5): 1089-1096.

Jones, T., L. Glass, S. Gandhi, L. Ravaoarinorotsihoarana, A. Carro, L. Benson, H. Ratsimba, C. Giri, D. Randriamanatena, and G. Cripps. 2016. Madagascar's mangroves: Quantifying nation-wide and ecosystem specific dynamics, and detailed contemporary mapping of distinct ecosystems. Remote Sensing, 8(2): 106.

Kauffman, J. B. , and R. K. Bhomia. 2017. Ecosystem carbon stocks of mangroves across broad environmental gradients in West-Central Africa: Global and regional comparisons. Plos One, 12(11): e0187749.

Keith, H., B. G. Mackey, and D. B. Lindenmayer. 2009. Re-evaluation of forest biomass carbon stocks and lessons from the world's most carbon-dense forests. Proceedings of the National Academy of Sciences of the United States of America, 106(28): 11635-11640.

Kida, M., M. Tomotsune, Y. Iimura, K. Kinjo, T. Ohtsuka, and N. Fujitake. 2017. High salinity leads to accumulation of soil organic carbon in mangrove soil. Chemosphere, 177: 51-55.

Kitheka, J. U. 2002. Dynamics of suspended sediment exchange and transport in a degraded mangrove creek in Kenya. AMBIO:A Journal of the Human Environment, 31(7): 580-587.

Komiyama, A., E. O. Jin, and S. Poungparn. 2008. Allometry, biomass, and productivity of mangrove forests: A review. Aquatic Botany, 89(2): 128-137.

Koné, J. M., and A. V. Borges. 2008. Dissolved inorganic carbon dynamics in the waters surrounding forested mangroves of the Ca Mau Province(Vietnam). Estuarine Coastal & Shelf Science, 77(3): 409-421.

Kristensen, E., S. Bouillon, T. Dittmar, and C. Marchand. 2008. Organic carbon dynamics in mangrove ecosystems: A review. Aquatic Botany, 89(2): 201-219.

Leopold, A., C. Marchand, J. Deborde, and M. Allenbach. 2015. Temporal variability of CO_2 fluxes at the sediment-air interface in mangroves(New Caledonia). Science of the Total Environment, 502: 617-626.

Leopold, A., C. Marchand, A. Renchon, J. Deborde, T. Quiniou, and M. Allenbach. 2016. Net ecosystem CO_2 exchange in the "Coeur de Voh" mangrove, New Caledonia: Effects of water stress on mangrove productivity in a semi-arid climate. Agricultural and Forest Meteorology, 223: 217-232.

Li, S. B., P. H. Chen, J. S. Huang, M. L. Hsueh, L. Y. Hsieh, C. L. Lee, and H. J. Lin. 2018. Factors regulating carbon sinks in mangrove ecosystems. Global Change Biology, 24(9): 4195-4210.

Liu, H. X., H. Ren, D. F. Hui, W. Q. Wang, B. W. Liao, and Q. X. Cao. 2014. Carbon stocks and potential carbon storage in the mangrove forests of China. Journal of Environmental Management, 133(15): 86-93.

Liu, X., Y. Xiong, and B. Liao. 2017. Relative contributions of leaf litter and fine roots to soil organic matter accumulation in mangrove forests. Plant & Soil, 421(1-2): 493-503.

Lovelock, C. E., M. F. Adame, V. Bennion, M. Hayes, R. Reef, N. Santini, and D. R. Cahoon. 2015. Sea level and turbidity controls on mangrove soil surface elevation change. Estuarine Coastal & Shelf Science, 153: 1-9.

Lovelock, C., L. Simpson, L. Duckett, and I. Feller. 2015. Carbon budgets for Caribbean mangrove forests of varying structure and with phosphorus enrichment. Forests, 6(10): 3528-3546.

Lovelock, C. E., R. W. Ruess, and I. C. Feller. 2011. CO_2 efflux from cleared mangrove peat. PloS One, 6(6): e21279.

Lu, W., J. Xiao, F. Liu, Y. Zhang, C. A. Liu, and G. Lin. 2017. Contrasting ecosystem CO_2 fluxes of inland and coastal wetlands: A meta-analysis of eddy covariance data. Global Change Biology, 23(3): 1180-1198.

Maher, D. T., I. R. Santos, L. Golsby-Smith, J. Gleeson, and B. D. Eyre. 2013. Groundwater-derived dissolved inorganic and organic carbon exports from a mangrove tidal creek: The missing mangrove carbon sink? Limnology & Oceanography, 58(2): 475-488.

Maher, D. T., M. Call, I. R. Santos, and C. J. Sanders. 2018. Beyond burial: Lateral exchange is a significant atmospheric carbon sink in mangrove forests. Biology Letters, 14(7): 20180200.

Mckee, K. L., D. R. Cahoon, and I. C. Feller. 2007. Caribbean mangroves adjust to rising sea level through biotic controls on change in soil elevation. Global Ecology & Biogeography, 16(5): 545-556.

Mcleod, E., G. L. Chmura, S. Bouillon, R. Salm, M. Björk, C. M. Duarte, C. E. Lovelock, W. H. Schlesinger, and B. R. Silliman. 2011. A blueprint for blue carbon: Toward an improved understanding of the role of vegetated coastal habitats in sequestering CO_2. Frontiers in Ecology & the Environment, 9(10): 552-560.

Miles, L., and V. Kapos. 2008. Reducing greenhouse gas emissions from deforestation and forest degradation: Global land-use implications. Science, 320(5882): 1454-1455.

Miyajima, T., Y. Tsuboi, Y. Tanaka, and I. Koike. 2015. Export of inorganic carbon from two Southeast Asian mangrove forests to adjacent estuaries as estimated by the stable isotope composition of dissolved inorganic carbon. Journal of Geophysical Research Biogeosciences, 114(G1): 456-466.

Mukherjee, J., S. Ray, and P. B. Ghosh. 2013. A system dynamic modeling of carbon cycle from mangrove litter to the adjacent Hooghly estuary, India. Ecological Modelling, 252: 185-195.

Murdiyarso, D., J. Purbopuspito, J. B. Kauffman, M. W. Warren, S. D. Sasmito, D. C. Donato, S. Manuri, H. Krisnawati, S. Taberima, and S. Kurnianto. 2015. The potential of Indonesian mangrove forests for global climate change mitigation. Nature Climate Change, 5: 1089-1092.

Nóbrega, G. N., T. O. Ferreira, M. S. Neto, H. M. Queiroz, A. G. Artur, E. D. S. Mendonça, E. D. O. Silva, and X. L. Otero. 2016. Edaphic factors controlling summer(rainy season) greenhouse gas emissions(CO_2 and CH_4) from semiarid mangrove soils(NE-Brazil). Science of the Total Environment, 542: 685-693.

Pierre, T., W. Pim, M. Cyril, A. F. Daniel, W. David, B. Paul, T. Van Vinh, N. Thanh-Nho, and D. Z. Alan. 2018. Assessing the contribution of porewater discharge in carbon export and CO_2 evasion in a mangrove tidal creek(Can Gio, Vietnam). Journal of Hydrology, 563: 303-318.

Poungparn, S., and A. Komiyama. 2013. Net ecosystem productivity studies in mangrove forests. Reviews in Agricultural Science, 1: 61-64.

Ray, R., and M. Shahraki. 2016. Multiple sources driving the organic matter dynamics in two contrasting tropical mangroves. Science of the Total Environment, 571: 218-227.

Ray, R., E. Michaud, R. Aller, V. Vantrepotte, G. Gleixner, R. Walcker, J. Devesa, M. Le Goff, S. Morvan, and G. Thouzeau. 2018. The sources and distribution of carbon(DOC, POC, DIC) in a mangrove dominated estuary(French Guiana, South America). Biogeochemistry, 138(3): 297-321.

Ray, R., T. Rixen, A. Baum, A. Malik, G. Gleixner, and T. Jana. 2015. Distribution, sources and biogeochemistry of organic matter in a mangrove dominated estuarine system(Indian Sundarbans) during the pre-monsoon. Estuarine, Coastal and Shelf Science, 167: 404-413.

Ren, H., H. Chen, Z. A. Li, and W. Han. 2010. Biomass accumulation and carbon storage of four different aged Sonneratia apetala plantations in Southern China. Plant Soil, 327: 279-291.

Rivera-Monroy, V. H., E. Castañeda-Moya, J. G. Barr, V. Engel, J. D. Fuentes, T. G. Troxler, R. R. Twilley, S. Bouillon, T. J. Smith, and T. L. O'Hallora. 2013. Current methods to evaluate net primary production and carbon budgets in mangrove forests. In: DeLaune, R. D., K. R. Reddy, C. J. Richardson, J. P. Megonigal(ed), Methods in Biogeochemistry of Wetlands, SSSA Book Ser. 10. Madison: SSSA.

Robertson, A. I., and P. A. Daniel. 1989. The influence of crabs on litter processing in high intertidal mangrove forests in tropical Australia. Oecologia, 78(2): 191-198.

Robertson, A., and D. Alongi. 1995. Role of riverine mangrove forests in organic carbon export to the tropical coastal ocean: A preliminary mass balance for the Fly Delta(Papua New Guinea). Geo-Marine Letters, 15: 134-139.

Rodda, S. R., K. C. Thumaty, C. S. Jha, and V. K. Dadhwal. 2016. Seasonal variations of carbon dioxide, water vapor and energy fluxes in tropical Indian mangroves. Forests, 7(2): 35.

Rosentreter, J. A., D. T. Maher, D. V. Erler, R. H. Murray, and B. D. Eyre. 2018c. Methane emissions partially offset "blue carbon" burial in mangroves. Science Advances, 4(6): eaao4985.

Rosentreter, J. A., D. Maher, D. Erler, R. Murray, and B. Eyre. 2018a. Factors controlling seasonal CO_2 and CH_4 emissions in three tropical mangrove-dominated estuaries in Australia. Estuarine, Coastal and Shelf Science, 215: 69-82.

Rosentreter, J. A., D. Maher, D. Erler, R. Murray, and B. Eyre. 2018b. Seasonal and temporal CO_2 dynamics in three tropical mangrove creeks—A revision of global mangrove CO_2 emissions. Geochimica et Cosmochimica Acta, 222: 729-745.

Rovai, A. S., R. R. Twilley, E. Castañeda-Moya, P. Riul, M. Cifuentes-Jara, M. Manrow-Villalobos, P. A. Horta, J. C. Simonassi, A. L. Fonseca, and P. R. Pagliosa. 2018. Global controls on carbon storage in mangrove soils. Nature Climate Change, 8(6): 534-538.

Rozainah, M. Z., M. N. Nazri, A. B. Sofawi, Z. Hemati, and W. A. Juliana. 2018. Estimation of carbon pool in soil, above and below ground vegetation at different types of mangrove forests in Peninsular Malaysia. Marine Pollution Bulletin, 137: 237-245.

Ru, J., Y. Zhou, D. Hui, M. Zheng, and S. Wan. 2018. Shifts of growing-season precipitation peaks decrease soil respiration in a semiarid grassland. Global Change Biology, 24(3): 1001-1011.

Sabine, C. L., R. A. Feely, N. Gruber, R. M. Key, K. Lee, J. L. Bullister, R. Wanninkhof, C. S. Wong, B. Tilbrook, and F. J. Millero. 2004. The oceanic sink for anthropogenic CO_2. Science, 305(5682): 367-371.

Saenger, P., and S. C. Snedaker. 1993. Pantropical trends in mangrove above-ground biomass and annual litterfall. Oecologia, 96(3): 293-299.

Simard, M., L. Fatoyinbo, C. Smetanka, V. H. Rivera-Monroy, E. Castañeda-Moya, N. Thomas, and T. Van der Stocken. 2019. Mangrove canopy height globally related to precipitation, temperature and cyclone frequency. Nature Geoscience, 12(1): 40-45.

Sippo, J. Z., D. T. Maher, D. R. Tait, C. Holloway, and I. R. Santos. 2016. Are mangroves drivers or buffers of coastal acidification? Insights from alkalinity and dissolved inorganic carbon export estimates across a latitudinal transect. Global Biogeochemical Cycles, 30(5): 753-766.

Sippo, J. Z., D. T. Maher, D. R. Tait, S. Ruiz-Halpern, C. J. Sanders, and I. R. Sant. 2017. Mangrove outwelling is a significant source of oceanic exchangeable organic carbon. Limnology and Oceanography Letters, 2(1): 1-8.

Snedaker, S. C. 1989. Overview of ecology of mangroves and information needs for Florida Bay. Bulletin of Marine Science, 44: 341-347.

Stocker, T. F., D. Qin, G. -K. Plattner, M. Tignor, S. K. Allen, J. Boschung, A. Nauels, Y. Xia, V. Bex, and P. M. Midgley. 2013. Climate change 2013: The physical science basis. Intergovernmental Panel on Climate Change, Working Group I Contribution to the IPCC Fifth Assessment Report(AR5). New York: Cambridge University Press.

Stringer, C. E., C. C. Trettin, S. J. Zarnoch, and W. Tang. 2015. Carbon stocks of mangroves within the Zambezi River Delta, Mozambique. Forest Ecology & Management, 354: 139-148.

Taillardat, P., A. D. Ziegler, D. A. Friess, D. Widory, V. Truong Van, F. David, N. Thành-Nho, and C. Marchand. 2018. Carbon dynamics and inconstant porewater input in a mangrove tidal creek over contrasting seasons and tidal amplitudes. Geochimica et Cosmochimica Acta, 237: 32-48.

Tomohiro, K., and H. Masakazu. 2019. Blue Carbon In Shallow Coastal Ecosystems. Singapore:

Springer.

Toscano, M. A., and I. G. Macintyre. 2003. Corrected western Atlantic sea-level curve for the last 11,000 years based on calibrated ^{14}C dates from *Acropora palmata* framework and intertidal mangrove peat. Coral Reefs, 22(3): 257–270.

Troxler, T. G., J. G. Barr, J. D. Fuentes, V. Engel, G. Anderson, C. Sanchez, D. Lagomasino, R. Price, and S. E. Davis. 2015. Component-specific dynamics of riverine mangrove CO_2 efflux in the Florida coastal Everglades. Agricultural & Forest Meteorology, 213: 273–282.

Twilley, R. R., R. H. Chen, and T. Hargis. 1992. Carbon sinks in mangroves and their implications to carbon budget of tropical coastal ecosystems. Water Air & Soil Pollution, 64(1–2): 265–288.

Twilley, R. R., V. H. Rivera-Monroy, A. S. Rovai, E. Castañeda-Moya, and S. Davis. 2019. Mangrove biogeochemistry at local to global scales using ecogeomorphic approaches. In Perillo, G. M. E., E. Wolanski, D. R. Cahoon, and C. S. Hopkinson(ed). Coastal Wetlands. Elsevier.

Van, V. T., A. Michel, J. Aimé, and M. Cyril. 2019. Seasonal variability of CO_2 fluxes at different interfaces and vertical CO_2 concentration profiles within a *Rhizophora* mangrove forest(Can Gio, Viet Nam). Atmospheric Environment, 201: 301–309.

Victor S., Y. Golbuu, E. Wolanski, and R. H. Richmond. 2004. Fine sediment trapping in two mangrove-fringed estuaries exposed to contrasting land-use intensity, Palau, Micronesia. Wetlands Ecology & Management, 12(4): 277–283.

Wafar S., A. G. Untawale, and M. Wafar. 1997. Litter fall and energy flux in a mangrove ecosystem. Estuarine, Coastal and Shelf Science, 44(1): 111–124.

第10章

北半球高纬度地区植被生长对大气 CO_2 浓度季节性振幅的调节作用

李钊[①]　程婉莹[①]　夏建阳[①]

摘　　要

北半球中高纬度地区植被的季节性生长是导致大气 CO_2 浓度产生季节性波动的主要原因。本文综述了近年来关于大气 CO_2 浓度季节性振幅时空变异及其调控机理的相关研究。在空间尺度上，大气 CO_2 季节性振幅存在明显的纬度地带性，即从赤道向北逐渐增强；在时间尺度上，自20世纪60年代以来，多个站点测得的 CO_2 季节性振幅均呈现增长趋势，尤以高纬度地区更为明显。影响大气 CO_2 浓度的多个碳通量（例如，化石燃料排放和生态系统呼吸）都对大气 CO_2 振幅的年际变异产生影响，但模型模拟和数据分析的结果表明近半个世纪以来北半球所经历的气候变暖及其导致的植被活性增强是高纬度地区大气 CO_2 季节性振幅增长的主要原因。然而，我们目前仍无法断言未来气候变暖会进一步增强大气 CO_2 季节性振幅。一方面是因为季节间不对称性的气候变暖使植被的生长状况变得难以预测，另一方面是因为植被的生理变化（如夏季最大生产力）以及生态系统呼吸对气候变暖的响应还存在不确定性。因此，为了更加准确地预测大气 CO_2 浓度的季节性振幅，未来的研究需要从生态学的角度进一步探索植物生理过程和植被物候对不同季节气候变暖的响应机理。

---

① 华东师范大学生态与环境科学学院，浙江天童森林生态系统国家野外科学观测研究站，全球变化和生态预测研究中心，上海，200241，中国。

Abstract

The seasonal amplitude of the atmospheric CO_2 concentration ([CO_2]) in the northern hemisphere is strongly affected by the vegetation carbon uptake in terrestrial ecosystems. Previous studies have documented the spatial pattern and temporal trends of the seasonal amplitude of [CO_2]. Spatially, the seasonal amplitude of [CO_2] gradually increases from the equator to the arctic. Temporally, a long-term increasing trend has been widely observed by the *in-situ* [CO_2] monitoring sites since the 1960s. Various carbon fluxes between biosphere and atmosphere (e. g., fossil fuel emissions and ecosystem respiration) could impact on the seasonal amplitude of [CO_2]. However, both modeling studies and data analyses have shown that the increasing atmospheric [CO_2] amplitude is associated with the warming-induced increase in vegetation activity during the past half century. However, it is still unclear that whether the future increases in air temperature or vegetation activity will lead to a further increase in the atmospheric [CO_2] amplitude. The asymmetric responses of vegetation to non-uniform seasonal warming could be important to improve our understanding on this question. Thus, we recommend more efforts on understanding the response of vegetation physiology and phenology to climate warming in the near future.

引言

大气二氧化碳(CO_2)浓度的季节性振幅是指一年内大气 CO_2浓度最高值([CO_2]峰值,图 10.1)和最低值([CO_2]谷值,图 10.1)的差值,它表征着大气 CO_2季节性特征的强弱,是陆地、海洋多个界面与大气进行 CO_2交换的综合结果(Pearman and Hyson, 1981; Bacastow et al., 1985; Gray et al., 2014; Barlow et al., 2015; Piao et al., 2018)。自 20 世纪 60 年代以来,大气 CO_2浓度的季节性振幅被视为北半球中、高纬度森林植被碳吸收能力的重要指示信号(Keeling, 1960)。在全球变化的背景下,大气 CO_2浓度的季节性振幅表现出持续的增长趋势(Bacastow et al., 1985; Keeling et al., 1996; Graven et al., 2013)。近年来,学术界对该现象的主要驱动力主要存在三种解释,即北半球高纬度地区植被活性的增长和净生物群区生产力(net biome productivity, NBP)的提高,农业生产力的提升(Gray et al., 2014; Wenzel et al., 2016)与大气 CO_2浓度本身的升高(Piao et al., 2018)。

大气 CO_2浓度季节性振幅的年际动态是反映陆-气、海-气、人类排放等多通量之间相对变化的综合信号。因此,对其驱动机理的研究有助于进一步加深我

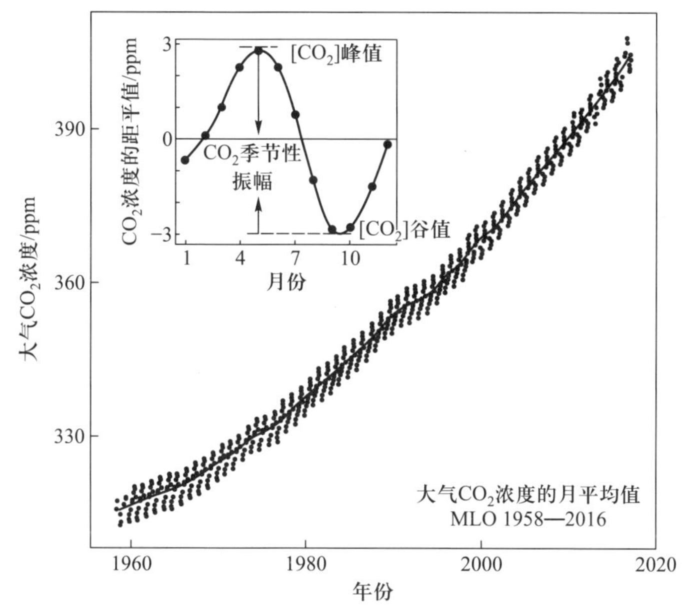

图 10.1　Keeling 曲线。大气 CO_2浓度存在季节性波动，一年内[CO_2]的最大值称为[CO_2]峰值，最低值称为[CO_2]谷值，[CO_2]峰值和[CO_2]谷值的差值称为大气 CO_2的季节性振幅。

们对全球碳循环的理解和模拟，并为人类应对全球气候变化提供更精准的背景知识。本文综述了大气 CO_2浓度季节性振幅的发现历程、长期趋势、研究进展及其主要控制因子。

10.1　大气 CO_2 浓度季节性振幅的研究进展

10.1.1　大气 CO_2浓度季节性振幅的发现

20 世纪 50 年代以前，由于科学认知和测量技术的限制，人类缺乏对大气成分的定点长期监测资料，只能依靠在不同地区（例如城市和乡村；海洋的不同地带）取得的随机空气样品研究大气 CO_2浓度的变化规律（Keeling，1958）。当时普遍被接受的观点认为，大气 CO_2浓度是一个固定值，而各地区测得的大气 CO_2浓度差异是测量偏差和区域性变异所导致的（Keeling，1998）。然而，以加利福尼亚大学斯克里普斯海洋研究所（Scripps Institution of Oceanography）的 Roger Revelle 和 Charles David Keeling 为代表的部分科学家并不赞同这一观点。他们建议采用统一的观测方法在多地点对大气 CO_2浓度实施长期监测（Keeling，1960）。1957—1958 年，国际地球物理年期间，Keeling 获得了美国国家科学基金会的资金支持，在人类干扰较少的夏威夷莫纳罗亚火山（Mauna Loa）和南极（South Pole）建立了长期的大气 CO_2浓度原位观测站点。同时，科研人员在太平洋和大西洋的一些站点用大容量长颈瓶定期采集空气样品,随后带回实验室用非分散红外分析仪(non-dispersive infrared analyzer)测量其样品中的CO_2浓度以及C/O同位素丰度。

基于这些观测数据,Keeling首次绘制了大气CO_2浓度的时间动态序列,并发现所有北半球站点的大气CO_2浓度均存在季节性震荡。这种季节性震荡的幅度在站点之间由南向北逐渐增强,且出现[CO_2]谷值的月份越早。长颈瓶取样的结果显示,北半球高纬度地区大气CO_2浓度的季节性振荡幅度高于温带地区,而在南半球则没有发现类似的规律(Keeling, 1960)。同时,Keeling发现在陆地周围取样的空气样品中,^{13}C同位素丰度呈现季节性震荡;而在远离陆地的海洋上空,空气中^{13}C同位素丰度则保持恒定(Keeling, 1960, 1961)。此外,所有样品中的^{13}C / ^{12}C丰度比值都与测得的大气CO_2浓度存在线性关系。根据这些测量结果,Keeling推断出北半球CO_2浓度的季节性振荡与北半球温带植被生长的季节动态存在联系(Keeling, 1960)。

夏威夷莫纳罗亚天文台(Mauna Loa Observatory, MLO)的大气CO_2浓度监测工作持续进行。1976年,Keeling用长达15年的观测数据描述了大气CO_2浓度持续稳定上升的趋势(Keeling et al., 1976)。人们把这条基于MLO测量数据绘制的曲线称为"基林曲线"(Keeling curve;图10.1),而早期的MLO观测数据(图10.1)也构成了基林曲线的开始部分。

10.1.2 大气CO_2浓度季节性振幅的年际动态

10.1.2.1 北半球CO_2浓度季节性振幅的增大现象

随着大气CO_2浓度长期动态数据的积累,大气CO_2季节性振幅的长期变化趋势逐渐受到关注。Hall等(1975)对1958—1972年MLO站点记录的大气CO_2浓度数据进行了归一化处理,通过排除工业排放对大气CO_2通量的影响(Keeling, 1973),定量了生态系统"净光合作用"和"净呼吸作用"(Broecker et al., 1971)。该研究结果显示,虽然净光合作用和净呼吸作用在1958—1972年没有显著的变化趋势,但是光合呼吸比(P/R ratio)在1962—1968年呈现出明显的增长趋势。

随着大气CO_2浓度数据的逐渐丰富和新研究方法的不断涌现,北半球大气CO_2季节性振幅存在缓慢增长的猜想逐渐得到证实。例如,Cleveland等(1983)利用分解时间序列的方法(Cleveland and Terpenning, 1982),通过排除CO_2浓度本身的增长趋势,发现北半球大气CO_2的振幅在1958—1978年间存在10.7%的增幅。Bacastow等(1985)首次结合样条方程(spline function)和谐波函数(harmonic function)的方法对日尺度的数据进行处理,将大气CO_2的季节震荡从长期趋势中剥离出来。他们发现MLO站点测得的大气CO_2振幅在1958—1982年,以每年0.7%±0.09%的速率不断增大。至20世纪90年代,Keeling等(1996)利用四次定相谐波(4-harmonic seasonal function with invariant phasing)和四次锁相谐波(4-harmonic seasonal function with phase-locked signal)的方法对夏威夷站测得的大气 CO_2 浓度数据进行处理,发现其季节性振幅在 1964—1994 年分别增长了 20.2%±1.4%和 19.7%±2%。

10.1.2.2　北半球大气 CO_2 振幅及其增长趋势由北向南逐渐降低

北半球大气 CO_2 季节性振幅随纬度降低呈现出逐渐减小的趋势。北半球高纬度地区的大气 CO_2 季节性振幅浮动在 15~20 ppm,向南至赤道,逐渐降低到 3ppm 的水平(Conway et al., 1994)。这主要是由植物活性的季节性特征由北高纬到赤道逐渐减弱所导致(Keeling, 1960; Bacastow et al., 1985; Conway et al., 1994)。在近几十年全球变化的背景下,北半球 CO_2 季节性振幅增长显著,但有关该增长趋势的纬度差异直到近年来才取得进展。

美国斯克利普斯海洋研究所(Scripps Institution of Oceanography)的 Graven 等(2013)对机载取样得到的北太平洋和大西洋沿岸的 CO_2 观测数据进行分析,通过对比 2009—2011 年和 1958—1961 年的观测数据,发现距地面 3~6 km 高度的大气 CO_2 具有季节性振幅,在北半球高纬度地区(45°N—90°N)存在 50%的增幅,但在 10°N—45°N 的中低纬度区域,只有 25%的增幅。同时,北半球分别位于 71°N 的 BRW 站点和 20°N 的 MLO 两个长期观测站点的记录表明,它们的 CO_2 季节性振幅在过去的 50 年间分别增长了 35%和 15%。

大气 CO_2 季节性振幅变迁的纬度差异在近年来得到进一步验证。例如, Forkel 等(2016)选取了 19 个位于北半球、观测时长>20 年的大气 CO_2 观测站点,发现高纬度地区的 CO_2 季节性振幅的增长速度比低纬度地区高。以原位观测站点 BRW 和 MLO 站点为例:BRW 站点测得的 CO_2 季节性振幅在 1971—2011 年以每年 0.53%(约 0.08 ppm)的幅度增大,而同时期低纬度的 MLO 站点则以每年 0.076%(约 0.005ppm)的幅度增大。

10.2　大气 CO_2 季节性振幅的主要调控因子

10.2.1　生态系统碳循环的变异性

大气 CO_2 浓度每上升 100 ppm,其碳储存量将增加约 220 Pg(Petit et al., 1999)。自工业革命以来,大气 CO_2 浓度从约 280 ppm 迅速上升至约 400 ppm。这些碳主要来源于化石燃料的排放和土地利用变化(Quéré et al., 2015)。最新的研究显示,在 2007—2016 年,化石燃料燃烧释放的碳量为(9.4±0.5) $Gt\ C\cdot a^{-1}$,土地利用变化导致的碳丢失为(1.3±0.7) $Gt\ C\cdot a^{-1}$,而陆地生态系统的碳吸收量则为(3.0±0.8) $Gt\ C\cdot a^{-1}$(Quéré et al., 2018)。陆地生态系统作为一个重要碳汇在吸收人类排放和缓解气候变化方面扮演着重要角色(Beer et al., 2010)。

持续升高的大气二氧化碳浓度和普遍存在的气候变暖使陆地生态系统的净碳通量在年际间(Jung et al., 2017)和更长的时间尺度(Ballantyne et al., 2012;

Smith et al., 2016)都存在很大的变异性。Zhu 等(2016)用三种叶面积指数(leaf area index, LAI)的遥感产品(GIMMS3g,GLASS 和 GLOMAP)分析发现在 1982—2009 年北半球中高纬度地区和热带森林植被的变绿趋势十分明显。Zeng 等(2014)基于 VEGAS 模型论证了 20° N—60° N 农业用地的增加和农业活动的加剧是大气 CO_2季节性振幅升高的重要原因。该研究进一步认为土地利用变化对过去 50 年间全球大气 CO_2季节性振幅增长的贡献率达到 45%。

秋冬季节与夏春季节增温的不对称性也增加了陆-气碳交换的变异性。秋季增温对植被生长和生长季延长没有显著作用(Li et al., 2018),却对生长季末的生态系统呼吸(Piao et al., 2008, 2014)有显著正作用。因此,当春季增温和秋季增温同时发生时,陆地植被及生态系统碳交换对气候变暖的响应也存在不确定性(Li et al., 2018; Jeong et al., 2018; Zohner et al., 2019)。另外,秋冬季增温会使冻土层融化,将大量的土壤碳排放到空气中(Commane et al., 2017)。然而,一些针对非冻土区的研究表明,冬季增温会使积雪厚度减少,降低非冻土区的土壤温度,从而减少了冬季的土壤呼吸(Yu et al., 2016)。这些因素都增加了生态系统碳循环的变异性。

虽然生态系统碳循环的变异性加大了预测全球范围内大气二氧化碳振幅的不确定性,但观测数据、遥感数据和模型研究的结果显示气候变化导致的植被生长仍然是北半球中高纬度地区大气 CO_2浓度振幅升高的最主要原因(Graven et al., 2013; Forkel et al., 2016; Peñuelas et al., 2017; Piao et al., 2018)。例如,Forkel 等(2016)将 TM3 大气传输模型(RöDenbeck et al., 2003)和 JPJmL 植被动态模型(Sitch et al., 2003; Bondeau et al., 2007)相结合,在排除了 CO_2施肥效应、土地利用变化、火灾发生等事件对 CO_2季节性振幅的影响之后,发现近些年来气候变化所造成的植被生产力增加是高纬度地区大气 CO_2振幅强烈增长的主要原因。

10.2.2 气候变化通过影响植被物候而对生态系统碳交换产生影响

10.2.2.1 北半球高纬度地区植物生长主要受温度限制

植物的生理活动、生化反应都必须在一定的温度条件下才能进行,当温度过低时植物细胞无法进行有丝分裂(Körner, 2003; Rossi et al., 2007),例如,在冬季(11—12 月)低于 5 ℃的环境下,苗圃中的油菜叶片几乎没有生长(Körner, 2008)。北半球高纬度地区,温度变化的季节性规律十分明显,冬季寒冷漫长,夏季温暖短促,植被生长主要受温度限制(Churkina and Running, 1998; Nemani et al., 2003),具体表现在植物的生长季长度(growing season length, GSL)上。在该地区,植物的生长季长度对该年内的植物生长具有非常重要的作用。

以 1982—2010 年为例,我们用 8 km 分辨率、15 天步长的全球植被指数变化研究数据(GIMMS NDVI3g)产品(Tucker et al., 2005),提取北纬 50°N 以北地区的植被归一化指数(the normalized difference vegetation index,NDVI),并用阈值法

(Piao et al., 2006, 2011; Zhang et al., 2013)判断该地区每年生长季开始(start of growing season, SOS)和结束(end of growing season, EOS)的日期,以 EOS 和 SOS 的差值作为当年的 GSL。相关性分析显示,在该区域,植被生长状况和该年的生长季长度在区域水平和格点水平上都密切相关(图 10.2, Li et al., 2018)。近 50 年来,北半球高纬度地区经历着十分明显的温度上升(Liu et al., 2007; Xia et al., 2014),这使得植被生长加速和植被绿度加深的现象在广泛的区域内被捕捉到(Nemani et al., 2003; Natali et al., 2012)。

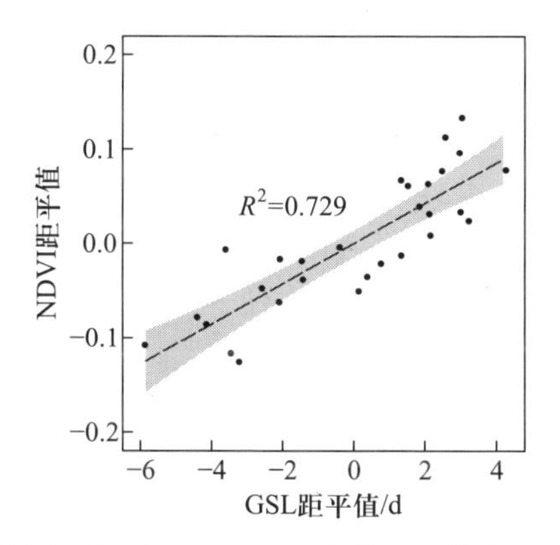

图 10.2　北半球高纬度地区(>50°N)1982—2010 年植被生长(NDVI)和生长季长度(GSL)的关系(引自 Li et al., 2018)。图中 R^2是 50°N—90°N 地区年平均 NDVI 和 GSL 各自距平值的线性相关决定系数,其显著性为 $P<0.001$。

10.2.2.2　植被物候期对生态系统碳交换的影响

由于植物的生长发育需要一定的温度阈值和热力积累,全球变暖现象对北半球高纬度地区植被最显著的影响就是提前其春季物候期(Wolfe et al., 2005; Dai et al., 2013; Ge et al., 2015),即气候变暖通过提前植物生长季开始的时间来延长生长季长度(Myneni et al., 1997)。Keenan 等(2014)评估了美国东部温带森林在 1989—2012 年的物候变化,发现气候变暖导致植物的春季物候提前了 (0.47±0.4) $d \cdot a^{-1}$。Fu 等(2015)利用欧洲物候数据库中的 7 个树种的展叶期数据发现气候变暖促使植物春季展叶期提前,并且这种提前的程度随着温度的增加有减小的趋势。Menzel 等(2006)基于欧洲 1971—2000 年的数据发现植物春季物候提前存在于 78%的地区,平均提前了 2.5 $d \cdot (℃)^{-1}$,只有 3%的植物存在显著的春季物候期延迟的现象。在我国,Wang 等(2012)利用"中国物候观测网"的数据发现白蜡的春季物候期在 1952—2007 年以 0.11 $d \cdot a^{-1}$的速率提前。

近些年来,陆续有研究报道春季物候对气温变暖的敏感性呈现减弱趋势(Fu et al., 2015)。甚至有研究报道春季物候期提前的现象出现停滞(Wang et al., 2015),同时伴随发生的是陆地植被绿度增长趋势的减弱(Jeong et al., 2013)与陆地植被生产力增速的减缓(Bhatt et al., 2013)。Fu 等(2015)用欧洲中部地区 7 个树种的展叶期数据和 3 个冷激模型证明,春季物候温度敏感性的下降可能和冬季的冷激需求不足有关,有研究显示,结束冬眠的冷激需求和生长季开始的积温需求存在着一个抵消作用,即冬季冷激越强则春季萌发的积温需求越低(Zhang et al., 2017)。需要注意的是,近年来在北半球高纬度地区冬季气温增长迅速(Xia et al., 2014),春季温度在 20 世纪 90 年代末期却出现了停滞甚至降低的趋势,这极不利于早春季节植物萌发的积温需求。

秋季物候期的长期趋势不如春季物候期明显,在地域间和物种间存在显著的差异,但总体呈现微弱的物候期延迟趋势。例如,Jeong 等(2011)发现欧洲和北美温带森林的秋季物候期自 1982 年以来存在显著的延迟(0.3~0.4 $d \cdot a^{-1}$)趋势。其中只有 15%的站点记录到明显的秋季物候期延迟,12%的站点记录到秋季物候期提前,83%的站点没有出现明显的物候期变化趋势。Menzel 等(2006)用长期地面观测数据证明了欧洲地区植物的秋季物候期在 1971—2000 年以 0.13 $d \cdot a^{-1}$的速率推迟,其温度敏感性达到 +1 $d \cdot (℃)^{-1}$;Menzel(2000)、Menzel 和 Fabian(2001)用国际物候园的数据发现,秋季物候期延后现象更多地发生在欧洲中、南部地区,而在欧洲北部地区物候期提前的概率很大(Kozlov and Berlina, 2002)。Ge 等(2014)收集了中国地区观测时长>20 年的秋季物候数据,发现 1960—2011 年中国地区木本植物的秋季物候期以 0.198 $d \cdot a^{-1}$的速率推迟。

秋季物候期和空气温度的关系不明显,通常被认为是植物叶片着色期和脱落期的控制因子比较复杂所致。除空气温度(Menzel et al., 2006; Doi and Takahashi, 2008)以外,光照时长(Körner and Basler, 2010; Rohde et al., 2011; Archetti et al., 2013)、初次霜冻事件(Way and Montgomery, 2015)、春季温度(Menzel et al., 2008)和春季物候期(Liu et al., 2016)等对秋季物候/生长季结束期(EOS)具有一定的控制作用。此外,各环境因子对秋季物候期的控制在不同物种间也存在较明显差异:Fu 等(2017)设计了 3 个加温实验的组合证明了欧洲山毛榉(*Fagus sylvatica* L.)在水分和营养充足的情况下,温度对叶片衰老时间的绝对控制性。但另一些研究则报道秋季物候期对温度的变化不敏感(Ĉufar et al., 2012; Olsson and Jönsson, 2015)。Fracheboud 等(2009)选取 12 个不同群系的欧洲山杨用温室实验设置不同的温度梯度和光照梯度,证明了日照时长对秋季植物衰老时间的控制作用。然而,最近一个关于 116 株广泛分布于整个欧洲的山毛榉的研究并没有发现随着日照时长的改变而使秋季物候期规律性地变化(Michelson et al., 2017)。Keenan 和 Richardson(2015)则用哈伯德布鲁克林实验森林(Hubbard Brook Experimental Forest)和哈佛森林(Harvard Forest)的物候期观测数据结合遥感数据证明了物种水平和区域水平的秋季物候期与当年内生长季开始时间(春季物候期)密切相关。

春季物候期的提前,将通过延长一年内碳吸收的时间,提高植被生产力(Bacastow et al., 1985; Keeling et al., 1996),进而增强陆地生态系统对大气 CO_2的吸收能力。然而,也有研究发现春季物候期提前会给生态系统维持稳定的生产力带来挑战。例如,过早开始的生长季会增加植物暴露在早春霜冻天气的风险(Inouye, 2008);在干旱和半干旱的区域,过早的春季物候期也有可能使土壤水分提前被消耗掉,导致夏季生产力的降低(Angert et al., 2005; Buermann et al., 2013)和秋季衰老期的提前(Keenan and Richardson, 2015; Liu et al., 2016)。

秋季物候期作为生长季结束的标志,其延后发生也意味着植物生长季长度的延长,从而可以增加植物光合作用的有效时间,进而提高初级生产力(Richardson et al., 2010)。秋季生长季的延长又会增加生态系统的呼吸从而抵消由光合作用时间延长所增加的碳吸收(Piao et al., 2008, 2018)。然而,Graven等(2013)用Atmospheric Chemistry Transport(ACTM, Patra et al., 2011)和TM3模型(RöDenbeck et al., 2003)扩展大气 CO_2 监测站点所代表的区域,分析并没有发现非生长季的碳释放的增长能完全抵消掉生长季净光合的碳吸收。

春季和秋季物候对气候变暖的响应并不对称。以现有区域尺度的研究来看,秋季物候期延迟对温度升高的敏感性总体上低于春季物候期提前对温度升高的敏感性。例如,基于欧洲成年树种的一项整合分析研究显示春季物候比秋季物候具有更高的温度敏感性(Menzel et al., 2006)。然而,Fu等(2017)用增温实验却发现幼年的欧洲山毛榉(*Fagus sylvatica* L.)的秋季物候对温度变化的敏感性高于春季物候。因此,该领域仍然需要进一步深入的研究,以期发现更加普遍的调控机理。总体而言,基于目前已有的证据,我们倾向于认为春季变暖更有利于植物生长季的延长和生态系统的碳吸收;而秋季变暖则对生长季的延长和净光合增长的作用微弱,可能更有助于生态系统的呼吸作用即碳释放。温度—植物生长—大气 CO_2 季节性振幅之间的相互作用可以用图10.3加以说明。

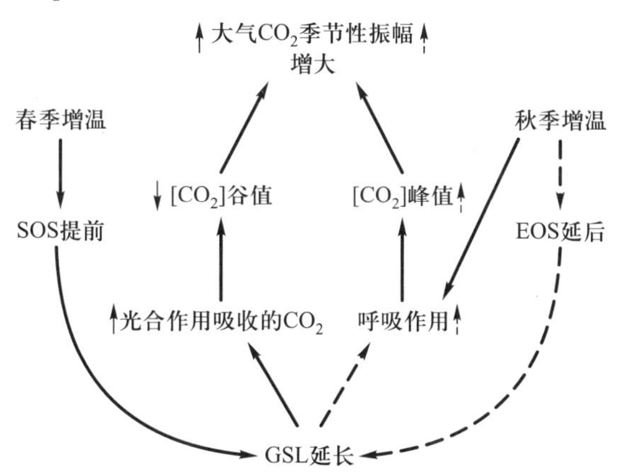

图10.3　大气 CO_2 浓度季节性振幅对春、秋季节增温反应的不对称性。粗箭头用来连接不同的变量,细箭头代表该变量对春/秋季增温的反应;相对较弱的反应用虚线表示,相对较强的反应用实线表示。

10.2.3 气候变化通过调控植物生理特性对生态系统碳交换产生影响

在北半球季节特性较明显的地区,植被的初级生产力(GPP)由指征植物生理能力的夏季生产力(GPP_{max})和生长季长度(GSL)共同控制(Xia et al., 2015)。近年来多处研究表明,除热带地区以外,植被的最大生产力(GPP_{max})对植被的年初级生产力(GPP)的控制作用远超其他环境因子(Zhou et al., 2016, 2017; Musavi et al., 2017; Huang et al., 2018)。而且 Forkel 等(2016)和 Li 等(2018)指出,近年来北半球高纬度地区的大气二氧化碳振幅的增长主要由二氧化碳浓度曲线的谷值引起,而谷值出现的时间恰是植物生产力达到峰值的时间。Huang 等(2018)用 NDVI 和一套全球尺度的格点化 GPP 数据证明了在 1982—2011 年,全球的植被生产力最大值呈现出线性增长的趋势。

模型的敏感性分析、叶绿素荧光数据和植物功能性状数据显示,农业区的增加和农业活动的加剧对全球 GPP_{max} 的增长贡献了将近 30%(Zeng et al., 2014; Huang et al., 2018)。而对于北半球的自然植被来说,水的可利用性往往是其最大光合作用能力的重要限制因子(Allen et al., 2010; Ma et al., 2012; Huang et al., 2018)。早春物候期提前(Buermann et al., 2013)、雪被和冰川的过早融化(Trujillo et al., 2012)以及极端气候(Zhang et al., 2012; Wolf et al., 2016)等原因导致的夏秋干旱,都会限制植物的最大光合能力。一项针对北方泥炭地的增温施氮的野外实验显示,增温导致的干旱会使植物的最大光合作用能力下降,而春季增温和氮添加会使植物生产力的峰值提早到来(Peichl et al., 2018)。一项针对 34 个落叶林站点的研究显示,LAI 最大值在年际间比较稳定,水分压力对 LAI 较大($LAI>5.5\ m^2 \cdot m^{-2}$)的站点存在迟滞性的胁迫影响(Le et al., 2000)。

10.3 其他环境因子对大气 CO_2 季节性振幅的调节作用

日益升高的大气 CO_2 浓度、土地利用变化和氮沉降等,对植物生长动态和陆地生态系统的碳吸收能力具有一定的调控作用。Zhu 等(2016)用三种叶面积指数(leaf area index, LAI)的遥感产品(GIMMS3g, GLASS 和 GLOMAP)分析发现,1982—2009 年全球 25%~50%的植被区域呈现变绿(LAI 增长)的趋势,只有低于 4%的地区显示出了叶面积指数下降的状况。多模型模拟的结果表明,CO_2 施肥效应解释了 70%的植被增长趋势;氮沉降、气候变化和土地覆盖变化分别对地球绿度增长的解释度为 9%、8%和 4%;CO_2 施肥效应对热带地区的解释度较高;气候变化则是北半球高纬度地区和青藏高原地区植被变绿的主要解释因子(Zhu et al., 2016)。其他模型研究则表明,CO_2 施肥效应在温暖、干旱区的作用较为显著,而在以温度控制为主导的北半球高纬度地区的作用并不明显

(Donohue et al., 2013)。虽然开放式空气 CO_2 浓度富集实验(free-air CO_2 enrichment experiment, FACE)证明高水平的 CO_2 浓度可以促进植物生长,但这些实验多布置在温带地区,其结果并不能很好地代表北方生态系统对高浓度 CO_2 的响应(Hickler et al., 2008)。还需要注意的是,这些实验的研究对象大多为幼年森林,且实验持续时间较短。此外,密集的农业活动和化石燃料的排放,使全球的氮排放和氮沉降在过去几十年的速率急剧提高(Galloway, 1995)。氮元素又是大多数生态系统生产力的限制性营养元素(Vitousek and Howarth, 1991),因此温带地区大量的氮沉降,也会促进该地带的植被生长。Piao 等(2018)将 8 个植被动态模型和大气传输模型(LMDZ4,Hourdin et al., 2013)结合,模拟了导致大气 CO_2 季节性振幅增长的关键过程。多模型综合结果显示,生态系统碳循环过程对大气 CO_2 富集的反应和气候变化是导致高纬度地区大气 CO_2 季节性振幅升高的主要原因,基于 BRW 站点的分析,二者的解释度分别达到 39%~42% 和 32%~35%(Piao et al., 2018)。该研究也指出,增强的植被活性并不完全意味着大气 CO_2 季节性振幅的升高,因为生长季储存下的生物质碳也是非生长季生态系统呼吸作用增强的主要原因之一(Piao et al., 2018)。

其他影响 CO_2 浓度的重要通量还包括:热带雨林锐减、温带地区植树造林以及半干旱生态系统周期性燃烧(Randerson et al., 2012),人类活动产生的化石燃料和水泥排放(Andres et al., 2011),森林火灾(Turetsky et al., 2014; Moritz et al., 2014),风蚀作用和淋溶作用(Chappell et al., 2016; Butman and Raymond, 2011)以及海洋碳吸收(Ballantyne et al., 2012)等。Randerson 等(1977)早在 20 世纪末用 GISS 大气传输模型(Heimann, 1989)的模拟结果证明化石燃料排放、森林火灾和海洋碳吸收对大气 CO_2 季节性振幅的贡献十分有限。Forkel 等(2016)用 LPJmL 植被动态模型和 TM3 大气传输模式(RöDenbeck et al., 2003)的组合模型证明化石燃料的燃烧和海洋碳吸收通量对 CO_2 季节性振幅的年际间变异的调节作用十分微弱。Graven 等(2013)用 ACTM 模型(Patra et al., 2011)的模拟也同样支持此结果。

10.4 结语与未来研究展望

大气 CO_2 浓度的季节性振荡幅度与北半球植被的生长节律息息相关,因此被视为表征高纬度地区植被活性的标志之一(Bacastow et al., 1985; Myneni et al., 1997)。然而全球变化背景下,化石燃料排放、森林火灾和海洋碳汇等通量对大气 CO_2 浓度的年内、年际变异和长期趋势都具有不可忽视的重要影响。多手段的研究成果显示,气候变暖导致的陆地植被增长仍然是导致北半球高纬度地区大气 CO_2 季节性振幅增长的主要因素。但不排除在未来情景下,生态系统呼吸、土地利用变化以及化石燃料排放对北半球高纬度地区大气 CO_2 季节性振幅的控制作用。

目前研究中,大气 CO_2浓度季节性振幅的归因分析多是通过陆地生态系统模型进行敏感性实验得到。然而,现阶段的陆地生态系统模型普遍高估了秋季变暖对植被生长的作用(Li et al., 2018),因此存在高估气候变暖对北半球植被生产力(Xia ct al., 2017)和 CO_2季节性振幅的风险。总体而言,进一步研究植物生理学和植被物候学过程对各季节气候变暖的响应并提高其在模型中的模拟精确度,对理解陆地生态系统碳循环及大气 CO_2季节性振幅的变异具有不可忽视的重要意义。

致谢

本文在 2017 年 5 月上海第九届现代生态学讲座讲稿基础上撰写而成。本文的工作受到国家重点研发专项(2017YFA0604603)、国家自然科学基金委员会(31722009)与青年千人计划的资助。

参 考 文 献

Allen, C. D., A. K. Macalady, H. Chenchouni, D. Bachelet, N. McDowell, M. Vennetier, and P. Gonzalez. 2010. A global overview of drought and heat-induced tree mortality reveals emerging climate change risks for forests. Forest Ecology and Management, 259: 660-684.

Andres, R. J., J. S. Gregg, L. Losey, G. Marland, and T. A. Boden. 2011. Monthly, global emissions of carbon dioxide from fossil fuel consumption. Tellus B, 63: 309-327.

Angert, A., S. Biraud, C. Bonfils, C. Henning, W. Buermann, J. Pinzon, C. Tucker, and I. Fung. 2005. Drier summers cancel out the CO_2 uptake enhancement induced by warmer springs. Proceedings of the National Academy of Sciences of the United States of America, 102: 10823-10827.

Archetti, M., A. D. Richardson, J. O'Keefe, and N. Delpierre. 2013. Predicting climate change impacts on the amount and duration of autumn colors in a New England forest. PLoS One, 8: e57373.

Bacastow, R. B., C. D. Keeling, and T. P. Whorf. 1985. Seasonal amplitude increase in atmospheric CO_2 concentration at Mauna Loa, Hawaii, 1959—1982. Journal of Geophysical Research: Atmospheres, 90: 10539-10540.

Ballantyne, A. P, C. B. Alden, J. B. Miller, P. P. Tans, and J. W. C. White. 2012. Increase in observed net carbon dioxide uptake by land and oceans during the past 50 years. Nature, 488: 70-72.

Barlow, J. M., P. I. Palmer, L. M. Bruhwiler, and P. Tans. 2015. Analysis of CO_2 mole fraction data: First evidence of large-scale changes in CO_2 uptake at high northern latitudes. Atmospheric Chemistry and Physics, 15: 13739-13758.

Beer, C., M. Reichstein, E. Tomelleri, P. Ciais, M. Jung, N. Carvalhais, C. Rödenbeck, M. A. Arain, D. Baldocchi, G. B. Bonan, A. Bondeau, A. Cescatti, G. Lasslop, A. Lindroth, M. Lomas, S. Luyssaert, H. Margolis, K. W. Oleson, O. Roupsard, E. Veenendaa, N. Viovy, C. Williams, F. I. Woodward and D. Papale. 2010. Terrestrial gross carbon dioxide uptake: Global distribution and covariation with climate. Science, 329: 834-838.

Bhatt, U. S., D. A. Walker, M. K. Raynolds, P. A. Bieniek, H. E. Epstein, J. C. Comiso, J. E. Pinzon, C. J. Tucker, and I. V. Polyakov. 2013. Recent declines in warming and vegetation greening trends over pan-Arctic tundra. Remote Sensing, 5: 4229-4254.

Bondeau, A., P. C. Smith, S. Zaehle, S. Schaphoff, W. Lucht, W. Cramer, D. Gerten, H. Lotze-Campen, C. MÜLler, M. Reichstein, and B. Smith. 2007. Modelling the role of agriculture for the 20th century global terrestrial carbon balance. Global Change Biology, 13: 679-706.

Broecker, W. S., Y. H. Li, and T. H. Peng. 1971. Carbon dioxide—Man's unseen artifact. In: Hood H. W. (eds). Impingement of Man on the Oceans. Hoboken, New Jersey: John Wiley & Sons, pp 287-324.

Buermann, W., P. R. Bikash, M. Jung, D. H. Burn, and M. Reichstein. 2013. Earlier springs decrease peak summer productivity in North American boreal forests. Environmental Research Letters, 8: 024-027.

Butman, D., and P. A. Raymond. 2011. Significant efflux of carbon dioxide from streams and rivers in the United States. Nature Geoscience, 4: 839-842.

Chappell, A, J. Baldock, and J. Sanderman. 2016. The global significance of omitting soil erosion from soil organic carbon cycling schemes. Nature Climate Change, 6: 187-191.

Churkina, G., and S. W. Running. 1998. Contrasting climatic controls on the estimated productivity of global terrestrial biomes. Ecosystems, 1: 206-215.

Cleveland, W. S., A. E. Freeny, and T. E. Graedel. 1983. The seasonal component of atmospheric CO_2: Information from new approaches to the decomposition of seasonal time series. Journal of Geophysical Research: Oceans, 88: 10934-10946.

Cleveland, W. S., and I. J. Terpenning. 1982. Graphical methods for seasonal adjustment. Journal of the American Statistical Association, 77: 52-62.

Commane, R., J. Lindaas, J. Benmergui, K. A. Luus, R. Y. W. Chang, B. C. Daube, E. S. Euskirchen, J. M. Henderson, A. Karion, J. B. Miller, S. M. Miller, N. C. Parazoo, J. T. Randerson, C. Sweeney, P. Tans, K. Thoning, S. Veraverbeke, C. E. Miller, S. C. Wofsy, and S. M. Miller. 2017. Carbon dioxide sources from Alaska driven by increasing early winter respiration from Arctic tundra. Proceedings of the National Academy of Sciences of the United States of America, 114: 5361-5366.

Conway, T. J., P. P. Tans, L. S. Waterman, K. W. Thoning, D. R. Kitzis, K. A. Masarie, and N. Zhang. 1994. Evidence for interannual variability of the carbon cycle from the National Oceanic and Atmospheric Administration/Climate Monitoring and Diagnostics Laboratory Global Air Sampling Network. Journal of Geophysical Research: Atmospheres, 99: 22831-22855.

Čufar, K., M. De Luis, M. A. Saz, Z. Črepinšek, and L. Kajfež-Bogataj. 2012. Temporal shifts in leaf phenology of beech(*Fagus sylvatica*)depend on elevation. Trees, 26: 1091-1100.

Dai, J., H. Wang, and Q. Ge. 2013. Multiple phenological responses to climate change among 42 plant species in Xi'an, China. International Journal of Biometeorology, 57: 749-758.

Doi, H. and M. Takahashi. 2008. Latitudinal patterns in the phenological responses of leaf colouring and leaf fall to climate change in Japan. Global Ecology and Biogeography, 17: 556-561.

Donohue, R. J., M. L. Roderick, T. R. McVicar, and G. D. Farquhar. 2013. Impact of CO_2 fertilization on maximum foliage cover across the globe's warm, arid environments. Geophysical Research Letters, 40: 3031-3035.

Forkel, M., N. Carvalhais, C. Rödenbeck, R. Keeling, M. Heimann, K. Thonicke, S. Zaehle, and M. Reichstein. 2016. Enhanced seasonal CO_2 exchange caused by amplified plant productivity in northern ecosystems. Science, 351: 696-699.

Fracheboud, Y., V. Luquez, L. Björkén, A. Sjödin, H. Tuominen, and S. Jansson. 2009. The control of autumn senescence in European aspen. Plant Physiology, 149: 1982-1991.

Francey, R. J., C. E. Allison, D. M. Etheridge, C. M. Trudinger, I. G. Enting, M. Leuenberger, R. L. Langenfelds, E. Michel, and L. P. Steele. 1999. 1000-year high precision record of delta ^{13}C in atmospheric CO_2. Tellus B, 51: 170-193.

Froend, R. H., and A. J. Mc Comb. 1994. Distribution, productivity and reproductive phenology of emergent macrophytes in relation to water regimes at wetlands of south-western Australia. Marine and Freshwater Research, 45: 491-508.

Fu, Y. H., H. Zhao, S. Piao, M. Peaucelle, S. Peng, G. Zhou, P. Ciais, M. Huang, A. Menzel, and J. Peñuelas. 2015. Declining global warming effects on the phenology of spring leaf unfolding. Nature, 526: 104-107.

Fu, Y. H., S. Piao, N. Delpierre, F. Hao, H. Hanninen, Y. Liu, W. Sun, I. A. Janssens, and M. Campioli. 2017. Larger temperature response of autumn leaf senescence than spring leaf-out phenology. Global Change Biology, 24: 2159-2168.

Galloway, J. N. 1995. Acid deposition: Perspectives in time and space. Water, Air, and Soil Pollution, 85: 15-24.

Ge, Q., H. Wang, T. Rutishauser, and J. Dai. 2015. Phenological response to climate change in China: A meta-analysis. Global Change Biology, 21: 265-274.

Ge, Q., H. Wang, J. Zheng, R. This, and J. Dai. 2014. A 170 year spring phenology index of plants in eastern China: Historical phenology in Eastern China. Journal of Geophysical Research: Biogeosciences, 119: 301-311.

Graven, H., R. Keeling, S. Piper, P. Patra, B. Stephens, S. Wofsy, L. Welp, C. Sweeney, P. Tans, and J. Kelley. 2013. Enhanced seasonal exchange of CO_2 by northern ecosystems since 1960. Science, 341: 1085-1089.

Gray, J. M., S. Frolking, E. A. Kort, D. K. Ray, C. J. Kucharik, N. Ramankutty, and M. A. Friedl. 2014. Direct human influence on atmospheric CO_2 seasonality from increased cropland productivity. Nature, 515: 398-401.

Hall, C. A. S., C. A. Ekdahl, and D. E. Wartenberg. 1975. A fifteen-year record of biotic metabolism in the Northern Hemisphere. Nature, 255: 136-138.

Heimann, M. 1989. A three dimensional model of atmospheric CO_2 transport based on observed winds: 3 seasonal cycle and synptic time scale variations. Geophysical Monograph, 55: 277-303.

Hickler, T., B. Smith, I. C. Prentice, K. MjöFors, P. Miller, A. Arneth, and M. T. Sykes. 2008. CO_2 fertilization in temperate FACE experiments not representative of boreal and tropical forests. Global Change Biology, 14: 1531-1542.

Hourdin, F., M. A. Foujols, F. Codron, V. Guemas, J. L. Dufresne, S. Bony, S. Denvil, L. Guez, F. Lott, J. Ghattas, P. Braconnot, O. Marti, Y. Meurdesoif, and L. Bopp. 2013. Impact of the LMDZ atmospheric grid configuration on the climate and sensitivity of the IPSL-CM5A coupled model. Climate Dynamics, 40: 2167-2192.

Huang, K., J. Xia, Y. P. Wang, A. Ahlstrom, J. Chen, R. Cook, E. Cui, Y. Fang, J. Fisher, D. Huntzinger, Z. Li, A. Michalak, Y. Qiao, K. Schaefer, C. Schwalm, J. Wang, Y. Wei, X. Xu, L. Yan, C. Bian, and Y. Luo. 2018. Enhanced peak growth of global vegetation and its key mechanisms. Nature Ecology & Evolution, 2: 1897.

Inouye, D. W. 2008. Effects of climate change on phenology, frost damage, and floral abundance of montane wildflowers. Ecology, 89: 353-362.

Jeong, S. J., C. H. Ho, H. J. Gim, and M. E. Brown. 2011. Phenology shifts at start vs. end of growing season in temperate vegetation over the Northern Hemisphere for the period 1982—2008. Global Change Biology, 17: 2385-2399.

Jeong, S. J., C. H. Ho, B. M. Kim, S. Feng, and D. Medvigy. 2013. Non-linear response of vegetation to coherent warming over northern high latitudes. Remote Sensing Letters, 4: 123-130.

Jeong, S. J., A. A. Bloom, D. Schimel, C. Sweeney, N. C. Parazoo, D. Medvigy, G Schaepman-Strub, C Zheng, C. R. Schwalm, D. N. Huntzinger, A. M. Michalak, and C. E. Miller. 2018. Accelerating rates of Arctic carbon cycling revealed by long-term atmospheric CO_2 measurements. Science Advances, 4: eaao1167.

Jung, M., M. Reichstein, C. R. Schwalm, C. Huntingford, S. Sitch, A. Ahlström, A. Arneth, G. Camps-Valls, P. Ciais, P. Friedlingstein, F. Gans, K. Ichii, A. K. Jain, E. Kato, D. Papale, B. Poulter, B. Raduly, C. Rödenbeck, G. Tramontana, N. Viovy, Y. P. Wang, U. Weber, S. Zaehle, and N. Zeng. 2017. Compensatory water effects link yearly global land CO_2 sink changes to temperature. Nature, 541: 516-520.

Keeling, C. D. 1958. The concentration and isotopic abundances of atmospheric carbon dioxide in rural areas. Geochimica et Cosmochimica Acta, 13: 322-334.

Keeling, C. D. 1960. The concentration and isotopic abundances of carbon dioxide in the atmosphere. Tellus 12: 200-203.

Keeling, C. D. 1961. The concentration and isotopic abundances of carbon dioxide in rural and marine air. Geochimica et Cosmochimica Acta, 24: 277-298.

Keeling, C. D. 1973. Industrial production of carbon dioxide from fossil fuels and limestone. Tellus, 25: 174-198.

Keeling, C. D., R. B. Bacastow, A. E. Bainbridge, Jr. Ekdahl, A. Carl, P. R. Guenther, L S Waterman, and J F. S. Chin. 1976. Atmospheric carbon dioxide variations at Mauna Loa Observatory, Hawaii. Tellus, 28: 538-551.

Keeling, C. D., J. F. S. Chin, and T. P. Whorf. 1996. Increased activity of northern vegetation inferred from atmospheric CO_2 measurement. Nature, 382: 146-149.

Keeling, C. D. 1998. Rewards and penalties of monitoring the earth. Annual Review of Energy and the Environment, 23: 25-82.

Keenan, T. F., B. Darby, E. Felts, O. Sonnentag, M. A. Friedl, K. Hufkens, J. O'KEEFE, S. Klosterman, J. W. Munger, M. Toomey, and A. D. Richardson. 2014. Tracking forest phenology and seasonal physiology using digital repeat photography: A critical assessment. Ecological Applications, 24: 1478-1489.

Keenan, T. F., and A. D. Richardson. 2015. The timing of autumn senescence is affected by the timing of spring phenology: Implications for predictive models. Global Change Biology, 21: 2634-2641.

Körner, C. 2003. Alpine Plant Life: Functional Plant Ecology of High Mountain Ecosystems. Berlin: Springer.

Körner, C. 2008. Winter crop growth at low temperature may hold the answer for alpine treeline formation. Plant Ecology & Diversity, 1: 3-11.

Körner, C., and D. Basler. 2010. Phenology under global warming. Science, 327: 1461-1462.

Kozlov, M. V., and N. G. Berlina. 2002. Decline in length of the summer season on the Kola Peninsula, Russia. Climatic Change, 54: 387-398.

Le Dantec, V., E. Dufrêne, and B. Saugier. 2000. Interannual and spatial variation in maximum leaf area index of temperate deciduous stands. Forest Ecology and Management, 134: 71-81.

Li, Z., J. Xia, A. Ahlström, A. Rinke, C. Koven, D. J. Hayes, D. Ji, G. Zhang, G. Krinner, G. Chen, J. Dong, J. Liang, J. C. Moore, L. Jiang, L. Yan, P. Ciais, S. Peng, Y. P. Wang, X. Xiao, Z. Shi, A. David McGuire, and Y. Luo. 2018. Non-uniform seasonal warming regulates vegetation greening and atmospheric CO_2 amplification over northern lands. Environmental Research Letters, 13: 124008.

Liu, J., J. A. Curry, Y. Dai, and R. Horton. 2007. Causes of the northern high-latitude land surface winter climate change. Geophysical Research Letters, 34 (14), DOI: 10.1029/2007GL030196.

Liu, Q., Y. H. Fu, Z. Zhu, Y. Liu, Z. Liu, M. Huang, I. A. Janssens, and S. Piao. 2016. Delayed autumn phenology in the Northern Hemisphere is related to change in both climate and spring phenology. Global Change Biology, 22: 3702-3711.

Ma, Z., C. Peng, Q. Zhu, H. Chen, G. Yu, W. Li, X. Zhou, W. Wang, and W. Zhang. 2012. Regional drought-induced reduction in the biomass carbon sink of Canada's boreal forests. Proceedings of the National Academy of Sciences of the United States of America, 109: 2423-2427.

Menzel, A. 2000. Trends in phenological phases in Europe between 1951 and 1996. International Journal of Biometeorology, 44: 76-81.

Menzel, A., and P. Fabian. 2001. Climate change and the phenology of European trees and shrubs. In: Green, R. E., M. Harley, M. Spalding, and C. Zöckler(eds). Impacts of climate change on wildlife. pp 47-52. Retrieved from United Nations Environment Programme website: https://www.unenvironment.org/resources/report/impacts-climate-change-wildlife.

Menzel, A., T. H. Sparks, N. Estrella, E. Koch, A. Aasa, R. Ahas, K. Alm-KÜBler, P. Bissolli, O. G. BraslavskÁ, A. Briede, F. M. Chmielewski, Z. Crepinsek, Y. Curnel, Å. Dahl, C. Defila, A. Donnelly, Y. Filella, K. Jatczak, F. MÅGe, A. Mestre, Ø. Nordli, J. PeÑUelas, P. Pirinen, V. RemiŠOvÁ, H. Schcifinger, M. Striz, A. Susnik, A. J. H. Van Vliet, F. -E. Wielgolaski, S. Zach, and A. N. A. Zust. 2006. European phenological response to climate change matches the warming pattern. Global Change Biology, 12: 1969-1976.

Menzel, A., N. Estrella, W. Heitland, A. Susnik, C. Schleip, and V. Dose. 2008. Bayesian analysis of the species-specific lengthening of the growing season in two European countries and the influence of an insect pest. International Journal of Biometeorology, 52: 209-218.

Michelson, I. H., P. K. Ingvarsson, K. M. Robinson, E. Edlund, M. E. Eriksson, O. Nilsson, and S. Jansson. 2017. Autumn senescence in aspen is not triggered by day length. Physiologia Plantarum, 162: 123-134.

Moritz, M. A., E. Batllori, R. A. Bradstock, A. M. Gill, J. Handmer, P. F. Hessburg, J. Leonard, S. McCaffery, D. C. Odion, T. Schoennagel, and A. D. Syphard. 2014. Learning to coexist with wildfire. Nature, 515: 58-66.

Myneni, R. B., C. D. Keeling, C. J. Tucker, G. Asrar, and R. R. Nemanl. 1997. Increased plant growth in the northern high latitudes from 1981—1991. Nature, 386: 698-702.

Natali, S. M., E. A. G. Schuur, and R. L. Rubin. 2012. Increased plant productivity in Alaskan tundra as a result of experimental warming of soil and permafrost. Journal of Ecology, 100: 488-498.

Nemani, R. R., C. D. Keeling, H. Hashimoto, W. M. Jolly, S. C. Piper, C. J. Tucker, R. B. Myneni, and S. W. Running. 2003. Climate-driven increases in global terrestrial net primary production from 1982 to 1999. Science, 300: 1560-1563.

Musavi, T., M. Migliavacca, M. Reichstein, J. Kattge, C. Wirth, T. A. Black, I. Janssens, A. Knohl, D. Loustau, O. Roupsard, A. Varlagin, S. Rambal, A. Cescatti, D. Gianelle, H. Kondo, R. Tamrakar, and M. D. Mahecha. 2017. Stand age and species richness dampen interannual variation of ecosystem-level photosynthetic capacity. Nature Ecology & Evolution, 1: 48.

Olsson C., and A. M. Jönsson. 2015. A model framework for tree leaf colouring in Europe. Ecological Modelling, 316: 41-51.

Patra, P. K., Y. Niwa, T. J. Schuck, C. A. M. Brenninkmeijer, T. Machida, H. Matsueda, and Y. Sawa. 2011. Carbon balance of South Asia constrained by passenger aircraft CO_2 measurements. Atmospheric Chemistry and Physics, 11: 4163-4175.

Pearman, G. I., and P. Hyson. 1981. The annual variation of atmospheric CO_2 concentration observed in the northern hemisphere. Journal of Geophysical Research: Oceans, 86: 9839-9843.

Peichl, M., M. Gažovič, I. Vermeij, E. D. Goede, O. Sonnentag, J. Limpens and M. B. Nilsson. 2018. Peatland vegetation composition and phenology drive the seasonal trajectory of maximum gross primary production. Scientific Reports, 8: 8012.

Peñuelas, J., P. Ciais, J. G. Canadell, I. A. Janssens, M. Fernández-Martínez, J. Carnicer, M. Obersteiner, S. Piao, R. Vautard, and J. Sardans. 2017. Shifting from a fertilization-dominated to a warming-dominated period. Nature Ecology & Evolution, 1: 1438.

Petit, J. R., J. Jouzel, D. Raynaud, N. I. Barkov, J. -M. Barnola, I. Basile, M. Bender, J. Chappellaz, M. Davis, G. Delaygue, M. Delmotte, V. M. Kotlyakov, M. Legrand, V. Y. Lipenkov, C. Lorius, L. PÉpin, C. Ritz, E. Saltzman, and M. Stievenard. 1999. Climate and atmospheric history of the past 420, 000 years from the Vostok ice core, Antarctica. Nature, 399: 429-436.

Piao, S., J. Y. Fang, L. M. Zhou, P. Ciais, and B. Zhu. 2006. Variations in satellite-derived phenology in China's temperate vegetation. Global Change Biology, 12: 672-685.

Piao, S., P. Ciais, P. Friedlingstein, P. Peylin, M. Reichstein, S. Luyssaert, H. Margolis, J. Fang, A. Barr, and A. Chen. 2008. Net carbon dioxide losses of northern ecosystems in response to autumn warming. Nature, 451: 49-52.

Piao, S., M. D. Cui, A. P. Chen, X. H. Wang, P. Ciais, J. Liu, and Y. H. Tang. 2011. Altitude and temperature dependence of change in the spring vegetation green-up date from 1982 to 2006 in the Qinghai-Xizang Plateau. Agricultural and Forest Meteorology, 151: 1599-1608.

Piao, S., H. Nan, C. Huntingford, P. Ciais, P. Friedlingstein, S. Sitch, S. Peng, A. Ahlström, J. G. Canadell, N. Cong, S. Levis, P. E. Levy, L. Liu, M. R. Lomas, J. Mao, R. B. Myneni, P. Peylin, B. Poulter, X. Shi, G. Yin, N. Viovy, T. Wang, X. Wang, S. Zaehle, N. Zeng, Z. Zeng, and A. Chen. 2014. Evidence for a weakening relationship between interannual temperature variability and northern vegetation activity. Nature Communication, 5: 5018.

Piao, S., Z. Liu, Y. Wang, P. Ciais, Y. Yao, S. Peng, F. Chevallier, P. Friedlingstein, I. A. Janssens, J. Peñuelas, S. Sitch, and T. Wang. 2018. On the causes of trends in the seasonal amplitude of atmospheric CO_2. Global Change Biology, 24: 608-616.

Quéré, C. L., R. Moriarty, R. M. Andrew, J. G. Canadell, S. Sitch, J. I. Korsbakken, P. Friedlingstein, G. P. Peters, R. J. Andres, T. A. Boden, R. A. Houghton, J. I. House, R. F. Keeling, P. Tans, A. Arneth, D. C. E. Bakker, L. Barbero, L. Bopp, J. Chang, F. Chevallier, L. P. Chini, P. Ciais, M. Fader, R. A. Feely, T. Gkritzalis, I. Harris, J. Hauck, T. Ilyina, A. K. Jain, E. Kato, Kitidis V., Goldewijk K. K., Koven C., Landschützer P., Lauvset S. K., Lefèvre N., Lenton A., Lima I. D., Metzl N., Millero F., Munro D. R., A. Murata, J. E. M. S. Nabel, S. Nakaoka, Y. Nojiri, K. O'Brien, A. Olsen, T. Ono, F. F. Pérez, B. Pfeil, D. Pierrot, B. Poulter, G Rehder., C. Rödenbeck, S. Saito, U. Schuster, J. Schwinger, R. Séférian, T. Steinhoff, B. D. Stocker, A. J. Sutton, T. Takahashi, B. Tilbrook, I. T. van der Laan-Luijkx, G. R. van der Werf, S. van Heuven, D. Vandemark, N. Viovy, A. Wiltshire, S. Zaehle and N. Zeng. 2015. Global Carbon Budget 2015. Earth System Science Data, 7: 349-396.

Quéré, C. L., R. M. Andrew, P. Friedlingstein, S. Sitch, J. Pongratz, A. C. Manning, J. I. Korsbakken, G. P. Peters, J. G. Canadell, R. B. Jackson, T. A. Boden, P. P. Tans, O. D. Andrews, V. K Arora, D. C. E. Bakker, L. Barbero, M. Becker, R. A. Betts, L. Bopp, F. Chevallier, L. P. Chini, P. Ciais, C. E. Cosca, J. Cross, K. Currie, T. Gasser, I. Harris, J. Hauck, V. Haverd, R. A. Houghton, C. W. Hunt, G. Hurtt, T. Ilyina, A. K. Jain, E. Kato, M. Kautz, R. F. Keeling, K. Klein Goldewijk, A. Körtzinger, P. Landschützer, N. Lefèvre, A. Lenton, S. Lienert, I. Lima, D. Lombardozzi, N. Metzl, F. Millero, P. M. S. Monteiro, D. R. Munro, J. E. M. S. Nabel, S. i. Nakaoka, Y. Nojiri, X. A. Padín, A. Peregon, B. Pfeil, D. Pierrot, B. Poulter, G. Rehder, J. Reimer, C. Rödenbeck, J. Schwinger, R. Séférian, I. Skjelvan, B. D. Stocker, H. Tian, B. Tilbrook, I. T. van der Laan-Luijkx, G. R. van der Werf,, S. van Heuven,, N. Viovy, N. Vuichard, A. P. Walker, A. J. Watson, A. J. Wiltshire, S. Zaehle, and D. Zhu. 2018. Global Carbon Budget. 2017. Earth System Science Data, 10: 405-448.

Randerson, J. T., M. V. Thompson, T. J. Conway, I. Y. Fung, and C. B. Field. 1997. The contribution of terrestrial sources and sinks to trends in the seasonal cycle of atmospheric carbon dioxide. Global Biogeochemical Cycles, 11: 535-560.

Randerson, J. T., Y. Chen, G. R. van der Werf, B. M. Rogers, and D. C Morton. 2012. Global burned area and biomass burning emissions from small fires. Journal of Geophysical Research: Biogeoscience, 117: G04012.

Richardson, A. D., T. A. Black, P. Ciais, N. Delbart, M. A. Friedl, N. Gobron, D. Y. Hollinger, W. L. Kutsch, B. Longdoz, and S. Luyssaert. 2010. Influence of spring and autumn phenological transitions on forest ecosystem productivity. Philosophical Transactions of the Royal Society of London B: Biological Sciences, 365: 3227-3246.

RöDenbeck, C., S. Houweling, M. Gloor, and M. Heimann. 2003. Time-dependent atmospheric CO_2 inversions based on interannually varying tracer transport. Tellus B, 55: 488-497.

Rohde, A., C. Bastien, and W. Boerjan. 2011. Temperature signals contribute to the timing of photoperiodic growth cessation and bud set in poplar. Tree Physiology, 31: 472-482.

Rossi, S., A. Deslauriers, T. Anfodillo, and V. Carraro. 2007. Evidence of threshold temperatures for xylogenesis in conifers at high altitudes. Oecologia, 152: 1-12.

Sitch, S., B. Smith, I. C. Prentice, A. Arneth, A. Bondeau, W. Cramer, J. O. Kaplan, S. Levis, W. Lucht, M. T. Sykes, K. Thonicke, and S. Venevsky. 2003. Evaluation of ecosystem dynamics, plant geography and terrestrial carbon cycling in the LPJ dynamic global vegetation model. Global Change Biology, 9: 161-185.

Smith, W. K., S. C. Reed, C. C. Cleveland, A. P. Ballantyne, W. R. Anderegg, W. R. Wieder, Y. Y. Liu, and S. W. Running. 2016. Large divergence of satellite and Earth system model estimates of global terrestrial CO_2 fertilization. Nature Climate Change, 6: 306-310.

Trujillo, E., N. P. Molotch, M. L. Goulden, A. E. Kelly, and R. C. Bales. 2012. Elevation-dependent influence of snow accumulation on forest greening. Nature Geoscience, 5: 705-709.

Turetsky, M. R., B. Benscoter, S. Page, G. Rein, G. R. van der Werf, and A. Watts. 2014. Global vulnerability of peatlands to fire and carbon loss. Nature Geoscience, 8: 11-14.

Tucker, C. J., J. E. Pinzon, M. E. Brown, D. A. Slayback, E. W. Pak, R. Mahoney, E. F. Vermote, and N. El Saleous. 2005. An extended AVHRR 8-km NDVI dataset compatible with MODIS and SPOT vegetation NDVI data. International Journal of Remote Sensing, 26: 4485-4498.

Vitousek, P. M., and R. W. Howarth. 1991. Nitrogen limitation on land and in the sea: How can it occur? Biogeochemistry, 13: 87-115.

Wang, H., J. Dai, and Q. Ge. 2012. The spatiotemporal characteristics of spring phenophase changes of *Fraxinus chinensis* in China from 1952 to 2007. Science China Earth Sciences, 55: 991-1000.

Wang, X., S. Piao, X. Xu, P. Ciais, N. MacBean, R. B. Myneni, and L. Li. 2015. Has the advancing onset of spring vegetation green-up slowed down or changed abruptly over the last three decades? Global Ecology and Biogeography, 24: 621-631.

Way, D. A., and R. A. Montgomery. 2015. Photoperiod constraints on tree phenology, performance and migration in a warming world. Plant, Cell & Environment, 38: 1725-1736.

Wenzel, S., P. M. Cox, V. Eyring, and P. Friedlingstein. 2016. Projected land photosynthesis constrained by changes in the seasonal cycle of atmospheric CO_2. Nature, 538: 499-501.

Wolf, S., T. F. Keenan, J. B. Fisher, D. D. Baldocchi, A. R. Desai, A. D. Richardson, R. L. Scott, B. E. Law, M. E. Litvak, N. A. Brunsell, W. Peters, and I. T. van der Laan-Luijkx. 2016. Warm spring reduced carbon cycle impact of the 2012 US summer drought. Proceedings of the National Academy of Sciences of the United States of America, 113: 5880-5885.

Wolfe, D. W., M. D. Schwartz, A. N. Lakso, Y. Otsuki, R. M. Pool, and N. J. Shaulis. 2005. Climate change and shifts in spring phenology of three horticultural woody perennials in northeastern USA. International Journal of Biometeorology, 49: 303-309.

Xia, J., J. Chen, S. Piao, P. Ciais, Y. Luo, and S. Wan. 2014. Terrestrial carbon cycle affected by non-uniform climate warming. Nature Geoscience, 7: 173-180.

Xia, J., S. Niu, P. Ciais, I. A. Janssens, J. Chen, C. Ammann, A. Arain, P. D. Blanken, A. Cescatti, and D. Bonal. 2015. Joint control of terrestrial gross primary productivity by plant phenology and physiology. Proceedings of the National Academy of Sciences of the United States of America, 112: 2788-2793.

Xia, J., A. D. McGuire, D. Lawrence, E. Burke, G. Chen, X. Chen, C. Delire, C. Koven, A. MacDougall, S. Peng, A. Rinke, K. Saito, W. Zhang, R. Alkama, T. J. Bohn, P. Ciais, B. Decharme, I. Gouttevin, T. Hajima, D. J. Hayes, K. Huang, D. Ji, G. Krinner, D. P. Lettenmaier, P. A. Miller, J. C. Moore, B. Smith, T. Sueyoshi, Z. Shi, L. Yan, J. Liang, L. Jiang, Q. Zhang, and Y. Luo. 2017. Terrestrial ecosystem model performance in simulating productivity and its vulnerability to climate change in the northern permafrost region. Journal of Geophysical Research: Biogeosciences, 122: 430-446.

Yu, Z., J. Wang, S. Liu, S. Piao, P. Ciais, S. W. Running, B. Poulter, J. S. Rentch, and P Sun. 2016. Decrease in winter respiration explains 25% of the annual northern forest carbon sink enhancement over the last 30 years. Global Ecology and Biogeography, 25: 586-595.

Zeng, N., F. Zhao, G. J. Collatz, E. Kalnay, R. J. Salawitch, T. O. West, and L. Guanter 2014. Agricultural green revolution as a driver of increasing atmospheric CO_2 seasonal amplitude. Nature, 515: 394-397.

Zhang, G., Y. Zhang, J. Dong, and X. Xiao. 2013. Green-up dates in the Tibetan Plateau have continuously advanced from 1982 to 2011. Proceedings of the National Academy of Sciences of the United States of America, 110: 4309-4314.

Zhang, L., J. Xiao, J. Li, K. Wang, L. Lei, and H. Guo. 2012. The 2010 spring drought reduced primary productivity in southwestern China. Environmental Research Letters, 7: 045706.

Zhang, H., S. Liu, P. Regnier, and W. Yuan. 2017. New insights on plant phenological response to temperature revealed from long-term widespread observations in China. Global Change Biology, 24(5): 2066-2078.

Zhou, S., Y Zhang, K. K. Caylor, Y. Luo, X. Xiao, P. Ciais, Y. Huang, and G. Wang. 2016. Explaining inter-annual variability of gross primary productivity from plant phenology and physiology. Agricultural and Forest Meteorology, 226: 246–256.

Zhou, Y., S. Niu, L. Xu, and X. Gao. 2017. Spatial analysis of growing season peak control over gross primary production in northern ecosystems using modis-GPP dataset. 2017 IEEE International Geoscience and Remote Sensing Symposium (IGARSS), Fort Worth, TX, pp. 6221–6224.

Zhu, Z., S. Piao, R. B. Myneni, M. Huang, Z. Zeng, J. G. Canadell, P. Ciais, S. Sitch, P. Friedlingstein, A. Arneth, C. Cao, L. Cheng, E. Kato, C. Koven, Y. Li, X. Lian, Y. Liu, R. Liu, J. Mao, Y. Pan, S. Peng, J. Peñuelas, B. Poulter, T. A. M. Pugh, B. D. Stocker, N. Viovy, X. Wang, Y. Wang, Z. Xiao, H. Yang, S. Zaehle, and N. Zeng. 2016. Greening of the Earth and its drivers. Nature Climate Change, 6: 791–795.

Zohner, C. M., A. Rockinger, and S. S. Renner. 2019. Increased autumn productivity permits temperate trees to compensate for spring frost damage. New Phytologist, 221: 789–795.

全球环境变化与农业景观生态系统服务的可持续发展

第 11 章

仇江啸[1]

摘　要

农业景观生态系统服务的可持续性对于人类社会发展及福祉至关重要，但受到全球环境变化的严重影响。如何有效地应对全球气候和土地利用/覆盖变化，促进农业生态系统服务的可持续管理，是当前全球变化研究的一个重要议题。本研究以美国中西部的 Yahara 流域为例，结合实地观测、模型模拟、政策分析和情景分析等研究手段，揭示了：① 生态系统服务之间的权衡及协同关系；② 景观格局对生态系统服务的影响；③ 生态系统服务供给与政策的关系；④ 未来气候变化以及人类活动对区域生态系统服务动态变化的影响。本研究的结果增进了对农业生态系统服务可持续性的理解，也有助于改善农业景观的可持续管理，促进水文和其他陆地生态系统服务的可持续性。该研究提出的景观及区域尺度上人类适应全球变化的综合策略，对于如何有效地保护和管理农业景观和农业生态系统服务具有理论、实践和决策意义。本研究的分析框架也可应用于探索不同地区或其他类型景观，在不同未来情景下生态系统服务的时空变化。

---

① School of Forest Resources and Conservation, Fort Lauderdale Research and Education Center, University of Florida, 3205 College Ave, Davie, FL 33314, USA。

Abstract

Sustaining ecosystem services such as food production, water quality, soil retention, flood, and climate regulation that underpin human wellbeing in agriculture-dominated landscapes is a pressing global challenge, given accelerating environmental changes. This research focuses on a Midwestern urbanizing agricultural watershed (Wisconsin, United States) and uses an interdisciplinary approach integrating field observations, biophysical modeling, policy analysis, and scenario planning to demonstrate ① complex relationships (i. e., tradeoffs, synergies) among multiple ecosystem services; ② the role of landscape heterogeneity in sustaining ecosystem services; ③ spatial fit between policy application and the provision of ecosystem services; and ④ how future climate and other anthropogenic drivers of change affect the provision of ecosystem services under alternative scenarios. Results from this research will contribute to enhancing our understanding of landscape sustainability in agricultural systems, inform landscape-and regional-scale strategies for human adaptations to global environmental changes, and provide important theoretical and practical implications for conserving and managing ecosystem services in agricultural landscapes. The analytical framework in this research can also be applied in other systems or landscapes to explore spatial-temporal dynamics of ecosystem services under alternative future scenarios.

引言

在全球环境变化背景下,如何有效地管理与维持景观可持续性(landscape sustainability),即景观所具备的能够长期而稳定地提供生态系统服务(ecosystem service)(如食品、水资源、气候调节等),从而维护和改善人类福祉的综合能力,是全球变化研究的优先事项,也是人类福祉所依赖的基础(Wu, 2013)。自18世纪下半叶的工业革命以来,世界人口经历了前所未有的快速增长,从不足10亿增加到75亿之多。人类活动以及科学技术革命,一方面极大地推动了社会和经济的发展,满足了人类的物质需求,但另一方面也引起了一系列的重大环境问题,如气候变化、环境污染、土地利用变化、生物多样性锐减、自然资源耗竭以及环境质量下降。这些环境变化从区域到全球尺度上深刻地改变着生态系统及其所提供的服务,给生态系统服务和人类社会的可持续性带来了重大挑战(Foley et al., 2005; Chapin et al., 2010; Steffen et al., 2015)。在全球范围内,千年生态系统评估(Millennium Ecosystem Assessment, MEA)提供了令人信服的证据:在过去的50年,绝大部分生态系统服务正经历持续退化(MEA, 2005a; Carpenter et al., 2009)。调节服务的退化和丧失尤其令人关注,因为它可能预示着未来其他生态服务的下降,影响生态系统的恢复力,引发生态系统难以逆转的突变,导致人类社会超越“安全运行空间”(safe operating space)(Scheffer et al., 2001; Carpenter et al., 2009; Steffen et al., 2015)。因此,在面对这些前所未有的人为改变,认知多种环境驱动变化如何影响未来生态系统,探索人类活动如何能在满足发展需求的同时,持续地保障地球生命支持系统的基本结构和功能,是学术界和社会各界广泛关注的重大科学问题和决策焦点。

景观尺度上所产生的生态系统服务并不相互独立,而是存在复杂的相互作用(Peterson et al., 2003; Rodríguez et al., 2006)。生态系统服务之间的相互作用关系主要以两种方式存在:① 当多种服务同时增强时,协同效应(synergy)会产生(Bennett et al., 2009);② 当一种服务的使用或者供给导致另一种服务的降低,就会产生权衡效应(tradeoff)(Rodríguez et al., 2006)。人类活动为了满足特定的需求(如食物和能源生产)往往忽视了它们之间的相互作用,因此可能导致其他生态系统服务的降低(DeFries et al., 2004; Bennett et al., 2009)。虽然关于生态系统服务之间相互作用的研究显著增长(Bennett et al., 2009),但很少有研究同时关注一系列多种生态系统服务之间的权衡和协同关系(Nelson et al., 2009; Raudsepp-Hearne et al., 2010; Maes et al., 2012),尤其是从空间直观的角度。而这些研究的结果对于如何确定尤为重要的景观要素,有效管理生态系统服务之间的关系,并科学指导生态管理、保护生态系统服务具有重要的意义。

人类活动正在驯化整个生态系统,重塑生态过程和功能(如能量循环以及有机体和物质运动),并很大程度上改变了景观的异质性。而这些景观元素的空间异质性对于生态系统服务的供给与流动具有重要的影响(Turner, 2005; Kareiva et al., 2007)。前人的研究虽然从概念层面上加深了我们对于景观格局与生态系统服务之间关系的理解(Mitchell et al., 2013; Jones et al., 2013; Musacchio, 2013; Turner et al., 2013),但景观格局与多种生态系统服务之间的相互联系以及这些关系的机制还不完全清楚,特别是对景观组分(landscape composition)(如土地覆盖的类型和比例)和景观配置(landscape configuration)(如覆盖类型的空间布局)的相对重要性的认识还有待提高(Turner, 2005; Turner et al., 2013)。本研究可以有效地指导在全球变化的背景下如何通过改变景观格局来维持和促进生态系统服务的可持续发展。

人类干预(human intervention)(如政策和管理)是一种有效的方式来应对人类社会发展所带来的过度开发和各种环境问题,以及生态系统服务的退化。但之前研究表明,人类干预的实施效果还差强人意,尤其是在区域和景观尺度上难以取得满意的效果(van der Horst, 2007; Allan et al., 2013; Wardropper et al., 2015)。这些研究进一步表明,加强生态系统服务的政策和管理应该从景观角度入手,基于空间定位和选择(spatial targeting)的方法来提高管理效应,从而有效地提高和保护生态系统功能和服务。尽管有对于这些研究的呼吁,但是在该方向的大多数研究都是零碎的,要么侧重于一些保护区,要么强调一个或几个特定的政策,极少数研究能全面系统地评价政策和管理的效果(Qiu and Dosskey, 2012; Marinoni et al., 2013)。然而,在现实中,多种政策往往同步实施,其中很多政策也具有多种不同的社会和生态目标。因此,有必要从景观层面上对一整套实施的政策进行更为全面的评估,找出潜在差距与优先考虑的未来政策和管理方向。

预测未来全球环境变化的轨迹以及生态系统服务后果是非常具有挑战性的,需要长远的眼界,并着眼于中长期时间尺度的变化(Alcamo, 2008; Carpenter et al., 2015)。这些挑战很大程度上源于未来的高度不确定性、缺乏历史类比、社会-生态系统的复杂相互作用、反馈以及“遗留效应”(legacy effect)(Folke et al., 2004; Polasky et al., 2011)。换句话说,目前社会-生态系统的发展趋势可能导致未来不可预测的结果。情景分析(scenario analysis)已经成为一种设想复杂的社会-生态系统如何从现有发展模式、驱动因素和人类选择与行为中演化未来的有效方法(Peterson et al., 2003; Raskin, 2005)。情景(scenario)是一系列合理的、有可能发生的且相互之间形成鲜明对比的关于环境变化和社会-生态系统状态的故事。情景以叙事的方式,通过明确纳入相关科学、社会期望和内部一致的关于驱动因素和关系的假设来描述和探索未来的多种可能性(Alcamo, 2008; Thompson et al., 2012)。从某种意义上说,情景定义了未来社会-生态系统可能的发展空间。情景还可以与模拟模型相结合(scenario and simulation, SAS),探索一系列潜在的变化,量化潜在环境变化对于生态系统服务可能产生的结果(Alcamo, 2008)。

近年来,利用情景分析研究社会-生态系统的动态和可持续性的研究迅速增长(Baker et al., 2004; MEA, 2005b; Nelson et al., 2009; Koh and Ghazoul, 2010; Bateman et al., 2013; Lawler et al., 2014; Lamarque et al., 2014; Byrd et al., 2015)。最近的研究全面综合分析了2003—2014年在全球范围内开展的23个参与式的情景规划研究(participatory scenario planning)(Oteros-Rozas et al., 2015)。人们越来越认识到,这种在地的(place-based)、自下而上的情景研究能够很好地考虑相关利益者的需求,促使决策者探索和实现社会-生态系统的可持续发展(Oteros-Rozas et al., 2015; Kok et al., 2016)。在之前的研究中,虽然情景分析已经被用于一些全球案例(如IPCC和MEA等),但在区域尺度上,利用参与式过程将社会、政治、经济和生物物理故事情景与生物物理模型有效耦合的研究还是较为罕见的。此外,迄今为止大多数研究主要集中在单一的环境驱动因子,主要是气候(Bellard et al., 2012; Ntegeka et al., 2014)或土地覆被(Metzger et al., 2006; Gude et al., 2007; Eigenbrod et al., 2011; Goldstein et al., 2012; Thompson et al., 2016),仅有一小部分研究同时考虑了多种驱动因子的变化及其相互作用的结果(Byrd et al., 2015)。社会因素,比如养分和土地管理、市场经济、人口、饮食偏好等,如何推动对生态系统服务的需求和供给,很少被考虑到。然而,这些社会、经济和文化变化,对生态系统服务和人类福祉，有时可能会产生比生物物理驱动因素更为深远的影响（Kriegler et al.，2012；Alexander et al.，2015；Nyborg et al.，2016）。另一方面，有关情景分析的研究主要是采用丰富的叙事方法来描述复杂的经济、政治和社会动态，并探索潜在的可持续发展的道路，比如 Bohensky 等（2006）和 Hanspach 等（2014）。但这些研究的局限性在于它们很大程度上是定性的，并不能量化生态系统服务的变化。因此，如何能把情景模拟和定量生物物理模型结合起来探索社会-生态系统的可持续性，分析精细尺度的空间格局和多种生态系统服务在十年甚至百年时间尺度上的相互作用的变化，是目前生态系统服务科学和应用的前沿（Bennett，2017）。

针对前面提到的研究进展和空白，本文以农业景观为例，采用交叉学科方法框架（图 11.1）以实地观测、模型模拟、政策分析、问卷调查和情景分析为主要研究手段，探讨以下 4 个案例：① 生态系统服务之间相互权衡及协同关系；② 景观格局对于生态系统服务的影响；③ 生态系统服务供给与政策的关系；④ 未来气候变化及人类活动在不同情景下对区域生态系统服务的时空动态变化影响。农业生态系统占全球陆地面积约 38%（其中耕地占 12%，草地占 26%），是人类基本物质来源和社会福祉的基础。农业生态系统，一方面受到全球变化的严重影响，另一方面也带来各种环境问题。因此，农业景观生态系统服务的可持续性研究至关重要。特别是如何有效地应对全球气候和土地利用/覆盖变化，促进农业及生态系统服务的可持续管理，是当前全球变化研究中的一个重要议题。本研究的研究区为美国中西部威斯康星州的 Yahara 流域，该流域面积为 1 345 km^2，包含 5 个主要湖泊（图 11.2）。该地区气候湿润，呈现强烈的季节和年际变化。

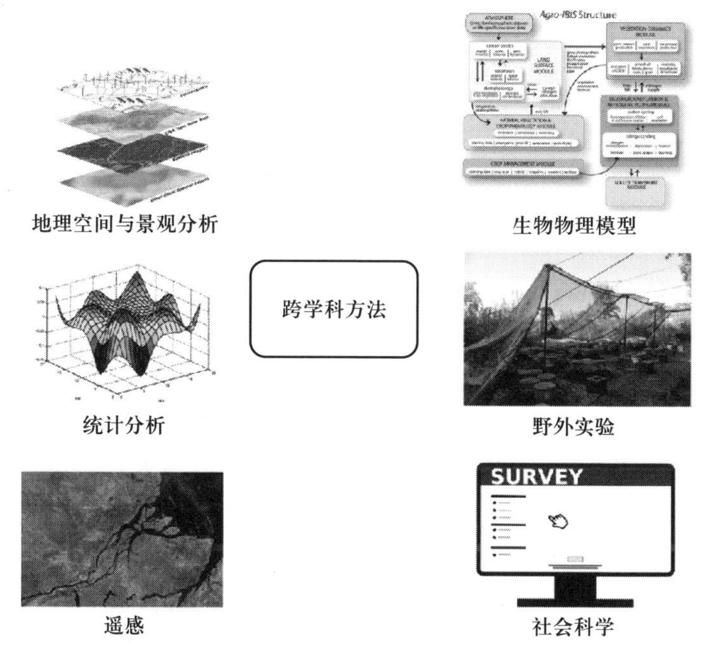

图 11.1　本研究采用的交叉学科方法框架。

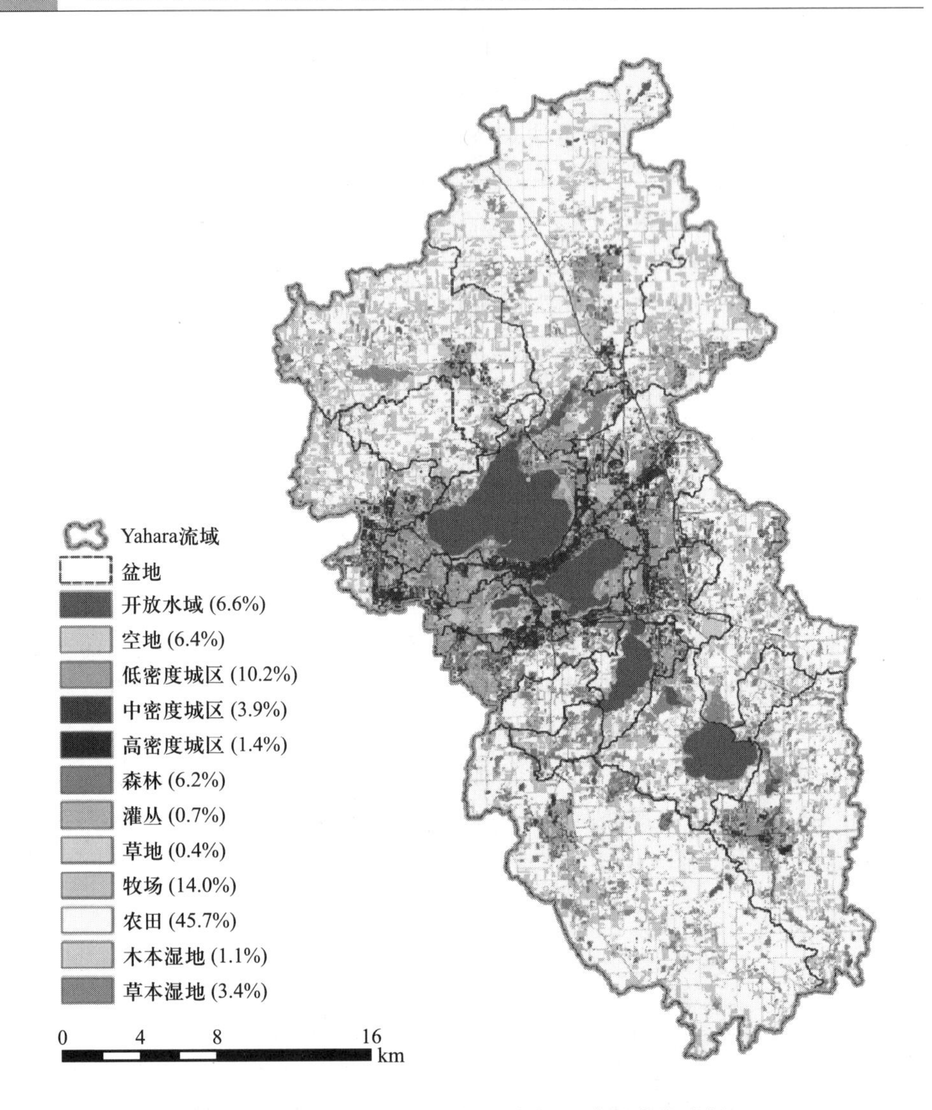

图 11.2 研究区及其土地利用/覆盖。(参见书末彩插)

受最后一次冰川影响,流域地形总体平缓,包含少量丘陵和浅洼。土壤主要由高产的 Mollisols 和 Alfisols 组成。该地区土地利用类型以农业为主,主要由 19 世纪中期的草原和橡树演变而来(Curtis, 1959)。目前,农业用地的主要农作物产出为玉米、大豆和奶制品。与北美以及世界各地许多其他农业景观类似,该流域正在经历快速的城市化。该流域包含人口稠密的城市核心(威斯康星州首府麦迪逊)以及逐步扩张的邻近郊区和城镇。不同土地利用的镶嵌构成了一个复杂的社会-生态环境,并与水环境强烈地相互作用(Carpenter et al., 2007)。Yahara 流域当前和未来面临的挑战包括:耕地保持与城市增长之间的平衡,提高农业生产水平及与改善水质的协调,洪水风险管理与不断增加的不透水地面和高降雨事件等(Gillon et al.,

2015)。尽管如此,这些环境驱动因子和挑战如何变化和相互作用并影响整个社会-生态系统的可持续性仍具有高度的不确定性。本研究项目旨在增进对农业生态系统服务可持续性的理解,在景观及区域尺度上提出人类适应全球变化的综合策略,对如何有效地保护和管理农业景观和农业生态系统服务具有理论、实践和决策意义。

11.1　生态系统服务之间的权衡及协同关系

从景观生态学的角度,研究和理解多种生态系统服务的空间分布及其协同和权衡关系仍然充满挑战。本案例首先结合了遥感、实地监测和野外观测数据,以及空间分布式模型来量化和绘制 10 种不同的生态系统服务,包括 3 种供给服务(provisioning service)、5 种调节服务(regulating service)和 2 种文化服务(cultural service)。所有生态服务的空间尺度为 30 m,量化时间点为 2006 年,因为该年是所有生态系统服务数据最全的一年。本案例提出了 3 个研究问题:① 不同生态系统服务供应量高低的区域在哪里?② 各个不同生态系统服务之前的空间格局是否一致?③ 在景观尺度上,哪些地方是生态系统服务协同和权衡效应最强的地方?我们首先评估了每种生态系统服务的最高和最低 20 百分位(20th percentile)的空间一致性,进而确定多种服务的"热点"(hotspot)和"冷点"(coldspot)。热点被定义为在该空间位置上,6 种或者 6 种以上的生态服务在最高 20 百分位之上,反之,冷点则被定位为 6 种或者 6 种以上的生态服务在最低 20 百分位之下。我们采用因子分析的方法来确定 10 种生态服务之间的协同和权衡关系,并将因子分析的结果通过示意图的形式进行显示,从而进一步识别出,在景观层面上,哪里具有最强或者最弱的协同和权衡效应。

研究结果表明,首先不同生态系统服务在景观格局上具有显著的差异,并呈现出不同聚集程度的地理分布(Moran's $I>0.39$, $P<0.001$)。而且对于不同服务而言,各个服务供给量高的地方也各有差异。生态系统服务热点仅占流域总面积的 3.3%(图 11.3a),与自然保护区、野生动物区、公园和河岸带的地理位置相一致。反之,生态系统服务冷点约占 24.5%的流域面积(图 11.3b),并与农田、道路和城市地区相吻合。在空间上,生态系统服务热点数量少,规模小(斑块密度=3.1 个·km^{-2},面积加权平均斑块大小=12 hm^2),而生态系统服务冷点则更多,尺寸更大(斑块密度=10.2 个·km^{-2},面积加权平均斑块大小=1 594 hm^2)。

生态系统服务热点的稀缺性表明,难以从同一地区获得多种服务的同时供给。然而,在该流域中,3.3%的生态系统服务热点占据了超过 40 km^2 的面积,这些地区应当是生态保护的重点区域,因为这些区域的退化会带来多种生态服务的同时降低或者丧失。相比之下,生态系统服务的冷点则更为常见,这些区域通常最大限度地提供一项或少数几项服务,同时也是人类干预或者生态修复所需要重点关注的地方。各种生态系统服务独特且不同的空间格局表明,不是所有的地方都能提供所

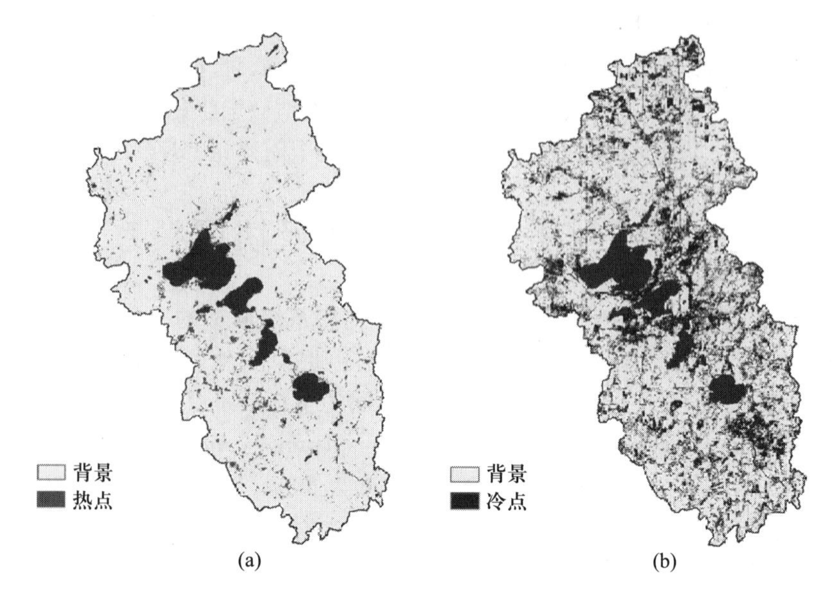

图 11.3　多种生态系统服务的热点(a)与冷点(b)。蓝色区域为水域。(参见书末彩插)

有的生态系统服务,因而,在景观层面上,为了提供人类所需要的各种不同的生态系统服务,就需要足够大的区域可以涵盖生态系统服务供应所必需的空间异质性。

因子分析的结果揭示了三种生态系统服务的关系(表 11.1),其中,第一因子确定了四种服务(即碳储存、地表水水质、土壤保持和森林游憩)之间的协同关系,第二因子确定了三种服务(即牧草生产、地下水补给和洪水调节)之间的协同关系,第三因子确定了农作物生产和地表及地下水水质服务之间的权衡关系。此外,我们还量化了生态系统服务关系的空间格局。其中,第一因子的协同关系最强的地方主要集中在自然生态系统,包括森林、湿地和草原等,并与水生生态系统毗邻,可以有效地吸收营养物质和沉积物,减少水体污染(图 11.4a)。第二因子的协同作用最强的空间位于多年生牧草或干草作物的种植区域,这些区域不仅可以为畜牧业提供草料,还能提供地下水补给和洪水调节服务(图 11.4b)。农作物生产和地表及地下水水质之间的最强的权衡效应主要集中在高生产力和集约化管理的农业生态系统,该区域带来了高产量的作物,但同时也产生了较高的氮、磷污染,降低了水质(图 11.4c)。

本案例揭示的第一因子所代表的协同关系与 Maes 等(2012)一致,并指出该协同关系中的四种不同的生态系统服务有可能会同时增强(或减少)。例如,其他研究也发现,植树造林、湿地恢复和修复河岸带植被可能同时增加碳储量、土壤保持力、地表水质和森林游憩(Brauman et al., 2007)。同样,将森林或自然植被转换为其他的土地覆盖类型可能会减少这一系列协同相关的生态系统服务。第二因子所代表的牧草生产、地下水补给和洪水调节的协同作用与多年生

表 11.1　生态系统服务因子分析的结果，揭示了多种生态服务之间的协同与权衡关系

生态系统服务	第一因子（森林和水的协同关系）	第二因子（牧场和水的协同关系）	第三因子（农作物和水质权衡关系）
碳储存	0.65	0.00	-0.13
地表水水质	0.60	0.22	-0.43
森林游憩	0.49	0.06	0.01
土壤保持	0.41	0.10	-0.01
洪水调节	0.31	0.59	0.19
牧草生产	-0.02	0.56	-0.14
地下水补给	0.26	0.47	0.29
农作物生产	-0.12	-0.26	0.53
地下水水质	-0.01	-0.06	-0.36
狩猎休闲	0.10	-0.15	-0.29

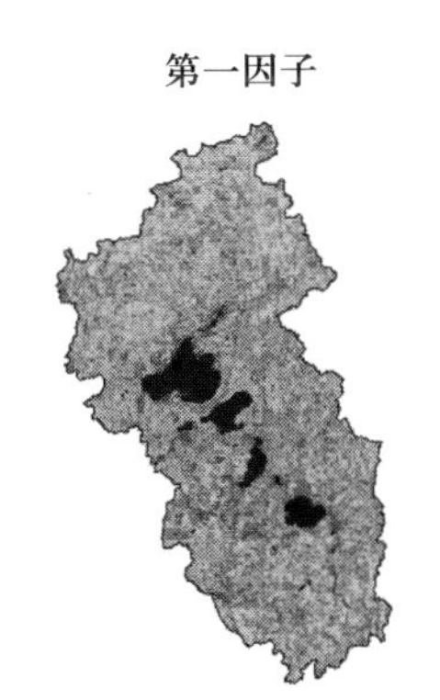

(a) 森林和水的协同关系

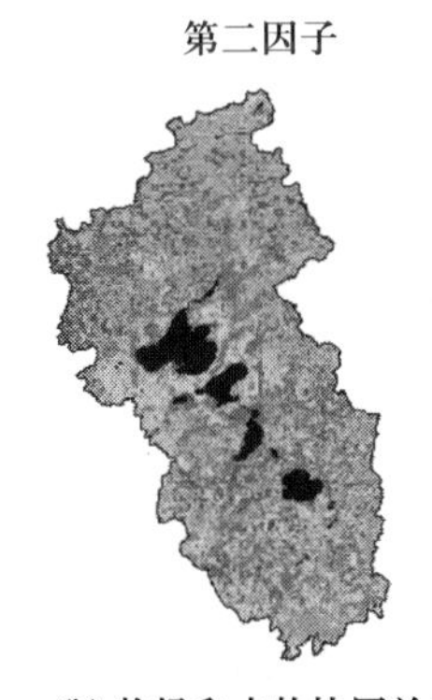

(b) 牧场和水的协同关系

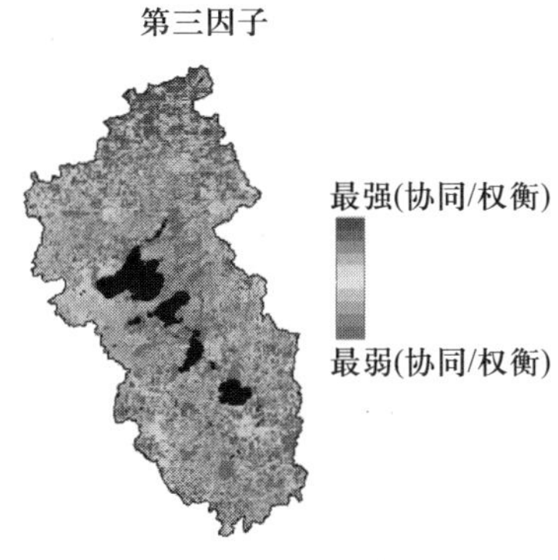

(c) 农作物和水质的权衡关系

图 11.4　生态系统服务协同和权衡关系的空间分布。蓝色区域为水域。（参见书末彩插）

作物的水文效益相一致(Tilman et al., 2002)。相较于一年生作物，多年生作物的根系通常较深，可以增加水分入渗，减少径流及洪峰流量，从而增加补给和减缓洪水(Brauman et al., 2007; Power, 2010)。如果管理得当，多年生的能源作物也可能会产生与地下水补给和洪水调节等类似水文生态系统服务的协同作用，并同时供应能源(Dale et al., 2010)。本研究量化的 10 个生态系统服务间唯一的权衡关系是第三因子所代表的农作物生产和水质生态系统服务。该权衡在农业景观中非常常见，并体现了生产景观中供应服务和调节服务之间常见的冲突关系(Carpenter, 2005; Bennett and Balvanera, 2007)。调节服务是其他生态系统服务的基础，同时对维持生产系统的恢复力具有至关重要的作用，因此，这种权衡也意味着当前和未来人类需求之间的权衡(Bohensky et al., 2006)。在农业景观中,增加粮食供应所带来的环境外部性会以牺牲水质等调节服务为代价,进而破坏农业景观及其提供的生态系统服务的恢复力。此外,我们的研究结果还表明,水文生态统服务分别出现在不同的协同和权衡关系中,且通常在不同的区域中提供。这些复杂的空间关系表明,在农业景观中,优化水资源供给、保持地表和地下水水质以及洪水调节并不简单。增强不同的生态系统服务需要不同的策略。我们的研究分析虽然不能分辨因果关系,但表明了将地表水和地下水作为水文和生物地球化学连续体来综合开展生态系统服务管理的必要性(Brunke and Gonser, 1997)。加强对生态系统服务协同与权衡关系的认识,将会在很大程度上提高景观中水资源和其他生态系统服务的可持续性。

本研究提出了一种创新的空间方法来分析多种生态系统服务之间的相互作用,并确定在景观中生态系统权衡和协同作用最为显著的地方。我们的研究分析了精细尺度的生态系统服务,并考虑了景观异质性对于生态系统服务供给和相关关系的作用。我们的分析框架可以应用于不同的地区或其他类型的景观,也可以用于探索在未来的替代情景下生态系统服务的变化。我们的研究结果也有助于改善农业景观的可持续管理,促进水文和其他陆地生态系统服务的可持续性。

11.2 景观格局对生态系统服务的影响

对于景观异质性与多种生态系统服务之间的关系以及它们机理的认知有待提高,这对于试图通过改变景观格局以维持和加强生态系统服务的管理实践提出了重大挑战。本案例研究了 Yahara 流域的三种水文生态系统服务(地下水补给,地表水和地下水水质),并分析了景观组分和空间配置对这些水文服务的影响(Qiu and Turner, 2015)。具体来说,本案例回答两个科学问题:① 景观的组成和空间配置如何影响水文生态系统服务的供给? ② 在景观管理中,是否有机会通过很小地改变景观格局来大幅度地增强水文服务? 本研究中所有生态系统估算以及景观指数的计算都在子流域(subwatershed)空间尺度上。生态系统服务利用观测数据及空间模型进行估算,景观指数利用软件 Fragstats 4.0 进行计算,而景观指数对于生态系统服务的影响则利用空间回归分析的方法(multiple linear regression model with simultaneous autoregressive error term),该方法可以很好地考虑空间的自相关性。在统计模型中分析景观空间配置作用时,我们首先采用统计的方法控制景观组分对空间配置的影响,因为研究表明景观组分和配置之间有很强的自相关性。

结果表明,就地下水补给服务而言,景观组成和景观配置变量对该服务具有影响。地下水补给与城市和湿地百分比呈负相关,与城市边缘密度呈正相关

(图 11.5a)。在所有重要变量中,湿地百分比对淡水供应影响最大($\beta=-1.72$)。所有景观组分变量对地下水补给有强烈的影响,并解释了大部分的方差(Nagelkerke $R^2=60\%$);空间配置变量则解释了 4%的方差。对于地下水水质服务而言,在选定的景观变量中,只有农田和草地的百分比对该服务具有统计学意义上的影响($P<0.001$)。农田和草地的百分比与地下水水质呈负相关(图 11.5b),这两个变量共同解释了 39%的变异。相对而言,农田百分比($\beta=-0.10$)较草地百分比($\beta=-0.06$)影响大。在空间配置变量中,农田和草地的空间结构对该项生态系统服务并不重要。就地表水水质而言,景观组成和结构都影响该生态系统服务,并解释了比其他两种服务更多的变异(Nagelkerke $R^2=86\%$)。统计模型结果表明,较高的地表水质量(即较低的磷流失)与较高的森林、草地和湿地百分比以及较低的农田百分比相关(图 11.5c)。土地覆盖的空间配置也很重要,在控制了景观组分的影响之后,湿地斑块密度较高、草地斑块密度较高、森林斑块较分散的子流域地表水水质的服务也较高。在所有显著变量中,农田($\beta=0.013$)和森林($\beta=-0.008$)的百分比效应最为显著。景观组成对地表水质量有很强的影响,并解释了大部分变异(Nagelkerke $R^2=82\%$),景观配置变量则解释了 4%的差异。其他相关研究也揭示了类似的结果,例如,在栖息地破碎化对生物多样性影响的文献中,栖息地丧失(即景观组分的变化)比生境破碎化本身(即景观空间配置的变化)具有更强的效应(Fahrig, 2003)。此外,关于授粉服务的一项全球综合研究也揭示了栖息地的数量比其空间配置更为重要(Kennedy et al., 2013)。理论研究也表明,景观组分一般会产生较强的影响,当土地覆盖类型处于中等丰富程度时,景观构型的影响应该是最为显著的(Gergel, 2005)。该研究结果为这一观点提供了实证支持,并提出在农业或城市用地为主导的景观中,景观组分比其空间配置对水文生态系统服务具有更为重要的作用。

我们的研究结果还表明,地表水水质与农田和湿地的百分比呈现非线性关系(图 11.6),在子流域尺度上,地表水质量的大变化发生在农田百分比为 62%(95%置信区间:60.3%~66.3%)或者湿地百分比为 3%的子流域(95%置信区间:1.9%~5.8%)。假设最多只能改变子流域中 5%以下的土地覆盖/利用,如能减少子流域中农田至 60%以下或增加湿地面积至 6%以上的话,就有可能大大减少磷流失,从而提高地表水水质。逾渗理论(percolation theory)解释了为什么当农田减少到 60%以下是很重要的(Gergel, 2005)。当农田的比例超过 60%时,农田聚集程度更大,更多斑块会连成一片,从而减少边缘效应和其他土地覆盖的养分滞留。其他相关研究也暗示农业的用地面积会对水质产生阈值效应(Jones et al., 2001),我们的研究结果支持他们的假设。虽然湿地阈值效应的原理仍然不太清楚,但它表明了湿地修复和保护所带来的功能重要性。

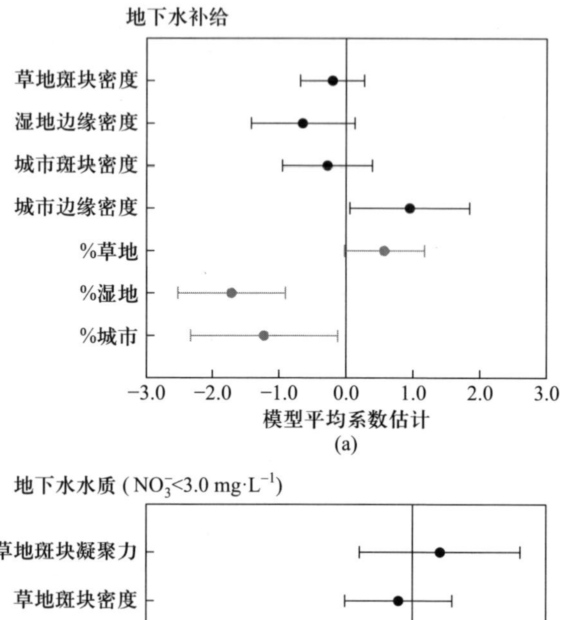

(a)

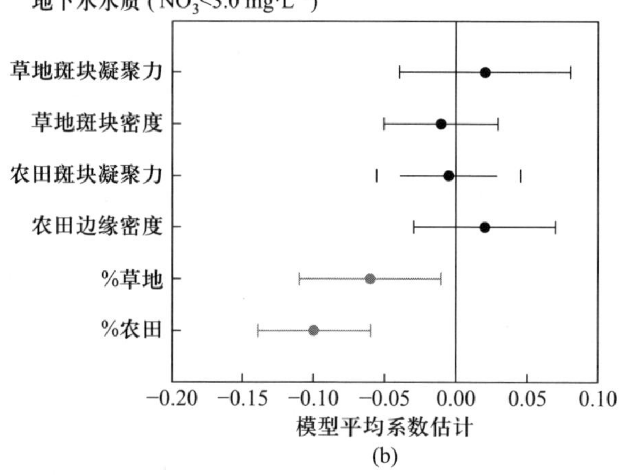

(b)

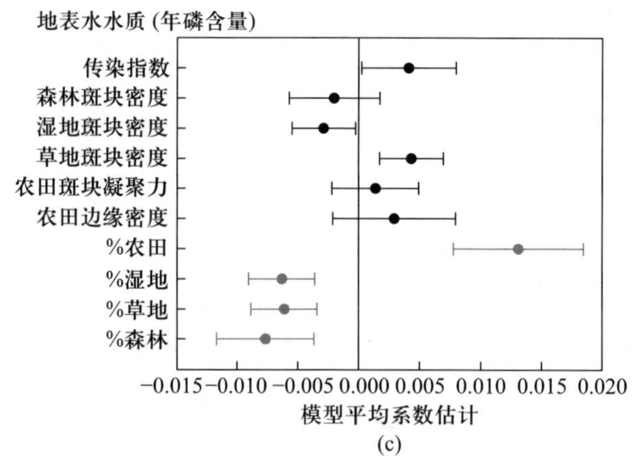

(c)

图 11.5 景观组分和空间配置对于三种不同水文生态系统服务的影响:(a)地下水补给;(b)地下水水质;(c)地表水水质。

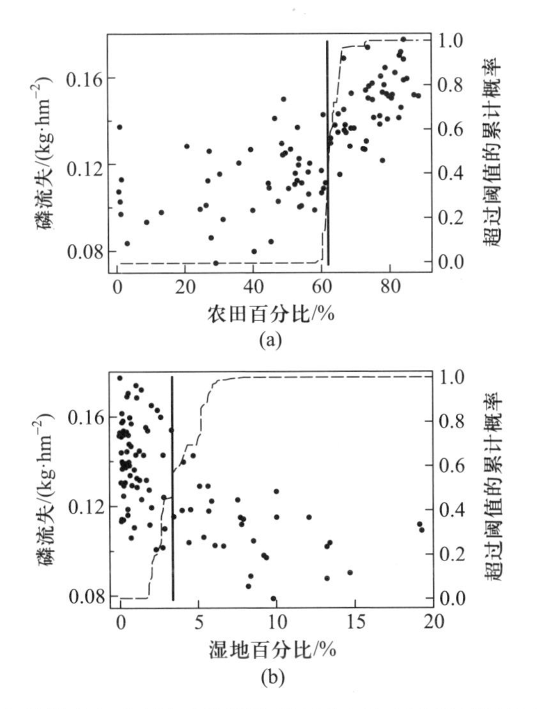

图 11.6　地表水水质服务与农田(a)和湿地(b)百分比在子流域尺度上的非线性关系。

综合而言,本研究表明,景观结构对于水文生态系统服务具有重要影响,并存在潜在的非线性响应。本研究所探索的相应关系可以适用于其他以农业为主、地形起伏不大的流域。我们的研究有助于理解景观格局与提供生态系统服务之间的联系(Turner et al., 2013; Qiu and Turner, 2013),从这项研究中获得的知识有助于加强农业景观的管理和维持水文生态系统服务的供应,并创造多功能的农业景观。

11.3　生态系统服务供给与政策的关系

水文生态系统服务对于人类健康至关重要,但这些服务的可持续性受到农业和城市发展的严重冲击。虽然水政策和管理力求保护水文生态系统服务,但实施往往是分散的,很难取得预期效果。因此,很有必要了解水政策和水文生态系统服务之间的空间关系,从而更好地评估景观尺度上的政策效应,指导未来的政策设计。本案例基于 Yahara 流域,量化了 4 种水文生态系统服务(即地表水和地下水水质、淡水供给和洪水调节),绘制了 30 项公共水政策的空间格局,并利用空间统计的方法分析政策和水文生态系统服务的关系(Wardropper et al., 2015; Qiu et al., 2016)。这些水政策将以上一种或多种水文生态系统服务列为保护目标,但总体而言,这些水政策的主要目标是保护地表水水质,因为该流域淡水污染、富营养化和藻类繁殖是最受关注的水体问题(Gillon et al., 2015)。本研究的主要科学问题是,水资源政策与不同水文生态系统服务之间呈现出怎样的空间关系?

研究结果表明,4 种不同水文生态系统服务在子流域上的空间格局具有很大的差异(图 11.7a),所有的服务在空间上呈现出聚集格局,而非随机分布(Moran's I>0.31,P<0.001)。地表水水质的估算,以年度磷负荷量表示,在子流域尺度上为 0.02~0.22 kg·hm^{-2}。地下水水质,以地下水硝酸盐浓度<3.0 mg·L^{-1}的概率估算,在子流域尺度上介于 0.04~0.98 mg·L^{-1}。淡水供给,以地下水补给量估算,在子流域尺度上为 4.3~46.3 cm·a^{-1}。子流域尺度上的洪水调度能力估算为 5.8~85.4。类似地,水政策在实施范围和空间布局上也具有很大差异(图 11.7b)。一些政策,例如"清洁水法案"和"国家农业非点源流量管理政策",涵盖了很大连续的面积,而另一些政策,比如"县环境廊道""县保护区收购"和"州海岸地区保护",则分散在几个流域中重要的生态位置。总体而言,加权所有的水政策,我们发现,在麦迪逊城市周围及流域南部地区有更多的政策覆盖(图 11.7b)。综合水文生态系统和水政策结果,我们发现,水政策累计覆盖与地表水和地下水水质呈现正相关,说明政策实施高度集中在水质很高的区域(图 11.8a, b)。该结果意味着对于水质保护而言,目前的政策实施存在着空间错位,即在水质较低的区域没有政策实施。导致该结果的原因有可能是,目前水质较差的区域集中在农村地区,而这些地区的政策主要受制于自愿参与、信息限制以及计划和资金的不足(Genskow, 2012; Shortle et al., 2012)。因此,未来的水政策需要更多地关注农业区域,通过不同的项目以解决上述政策制定和实施的障碍。此外,本研究还表明,累计政策覆盖率与淡水供应和洪水调控之间存在负相关关系,表明更多的政策实施在淡水供给和洪水调节服务较低的区域(图 11.8c, d)。综合而言,我们发现在该中西部 Yahara 农业流域,水政策实施和水质之间存在整体的空间错位,这是在很多以农业为主的景观水资源管理方面存在的普遍问题。因而,有可能威胁到淡水资源的可持续性。但另一方面,水政策在水量生态系统服务,如淡水供应和洪水调节,具有很好的空间相关性。我们的结果反映了城乡之间的水政策的空间差异,强调需要在农业密集地区加大政策执行力度。通过政策和生态系统服务的联合空间分析可以整体评估政策的空间效应,增强其在维护生态系统服务方面的效果。这项研究能为景观可持续性科学与管理的新兴文献做出贡献,可以提高景观生态系统服务的长期能力(Wu, 2013)。

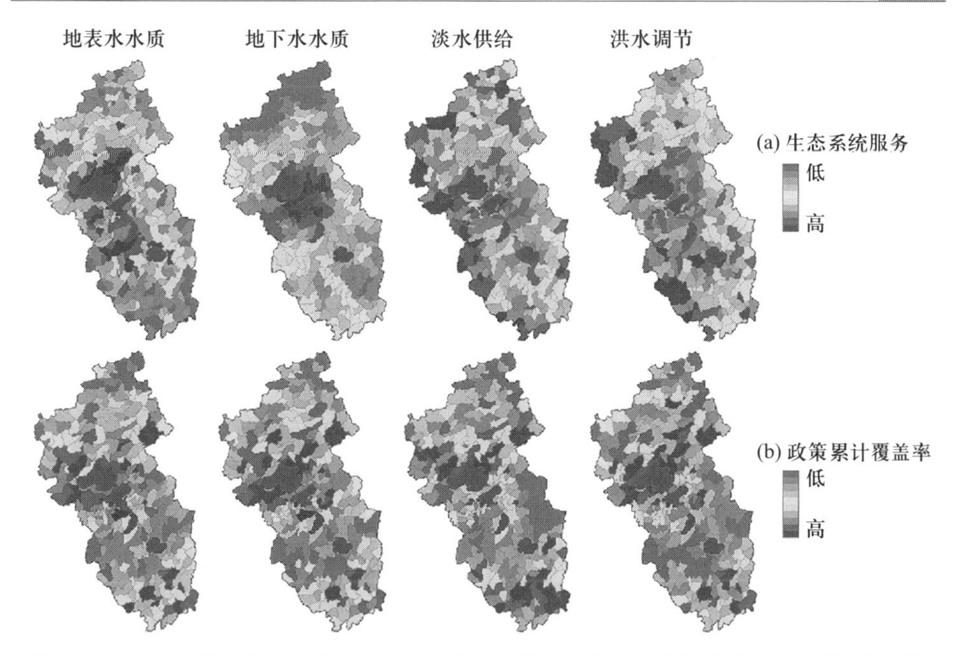

图 11.7 水文生态系统服务的空间格局(a)和相关水政策的累计覆盖率(b)。蓝色区域为水域。(参见书末彩插)

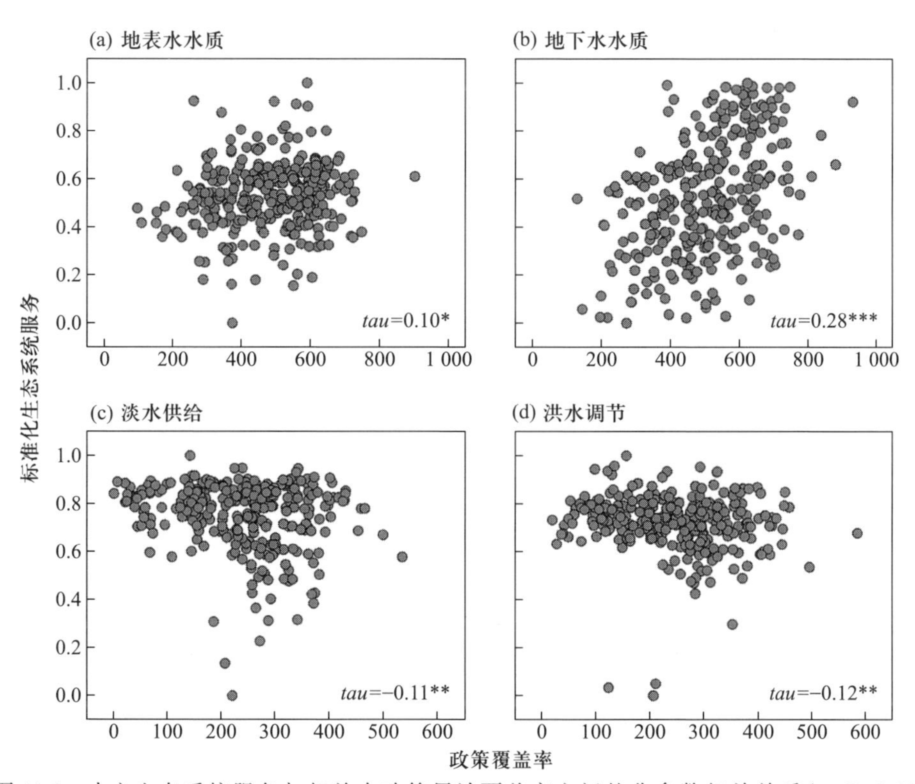

图 11.8 水文生态系统服务与相关水政策累计覆盖率之间的非参数相关关系(* $P<0.05$; ** $P<0.01$; *** $P<0.001$)。

11.4 未来气候变化及人类活动在不同情景下对区域生态系统服务时空动态变化的影响

目前,全球环境变化加剧,如何维持农业景观中粮食生产、水质、土壤保持、洪水和气候调节等必不可少的生态系统服务是一项紧迫的全球任务。虽然预测未来环境如何变化以及对生态系统服务产生的后果对于决策者来说非常重要,但这非常艰巨,因为缺乏历史类比、社会-生态系统之间有复杂作用反馈以及未来具有高度的不可估量和不确定性。本案例利用定性的情景分析,并结合生物物理模拟模型来探索未来可能的环境变化,以及对生态系统的影响。在该研究中,我们专注于威斯康星州南部的 Yahara 流域,通过以下 3 个步骤:① 从全球情景文献中提取主要的环境驱动因子,② 通过对流域居民和利益相关者进行访谈和研讨,获得其对流域未来的看法,③ 将参与者的观点和潜在的变化轨迹归纳到少数情景中(Carpenter et al., 2015; Wardropper et al., 2016),探索了未来 4 种可能的发展情景,包括:Accelerated Innovation(AI), Abandonment and Renewal (AR), Connected Communities(CC)和 Nested Watershed(NW)。基于情景模式,我们进一步提取与情景叙述一致的主要量化环境的驱动因子,包括气候、土地覆盖/利用、养分管理、人口增长等(Booth et al., 2016),这些驱动因子可以直接输入基于过程的生物物理模型(Agro-IBIS)来模拟生态系统服务长期时空动态变化(Motew et al., 2017)。本案例的科学问题是:未来生态系统服务在不同的未来场景中如何变化?在景观尺度上,哪些区域最容易受到未来社会生态系统变化的影响?

研究结果表明,在流域尺度上,食物、水和生物地球化学相关的生态系统服务在不同情景模式下具有很显著的差异(图 11.9)。一些生态系统服务指标(如磷流失)在所有情景下都有类似的趋势变化,而其他服务指标则差异很大。相对于基准情况(2001—2010 年平均值),2061—2070 年模拟的作物产量在 3 种情景模式下大幅下降(-54%~-83%),而在另一种情景模式下则有所提高(22%)。这说明,未来对土地利用的选择和管理能在很大程度上改变粮食生产。在 AI 情景下,虽然农田面积减少,但总体产量增加,反映了技术革新(如遗传改良)和农业管理(如精准农业)在提高养分利用效率和缩小产量差距方面的作用(Tester and Langridge, 2010; Mueller et al., 2016)。在其他三种情景下,农作物减产的主要原因是农业用地的减少(AR 情景),转向较低消费的生活方式(CC 情景)以及农业法规和生物燃料投资(NW 情景)。多年生草地生产量的变化在不同情景中也有不同程度的变化,其中在两种情景有下降趋势,而在另外两种情景下则增加了 1.9 倍和 2.6 倍。在两种情景模式下(即 CC 和 NW),多年生牧草产量增加主要是由于更多的土地被用于饲料作物和牧草，并且温度和大气二氧化碳水平在这两种情景下也增加，进一步促进了产量的提高，特别当草种是 C3 植物时。

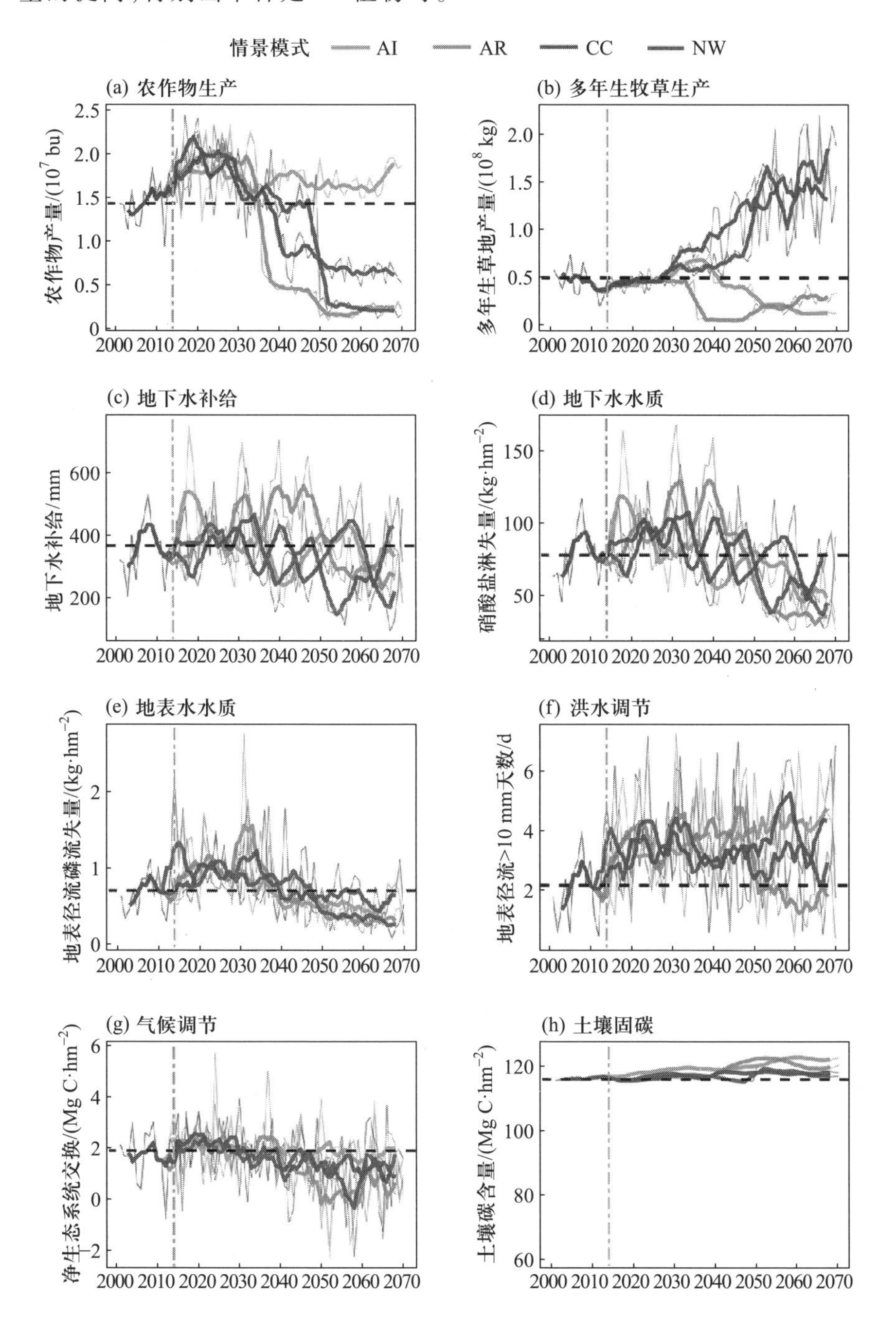

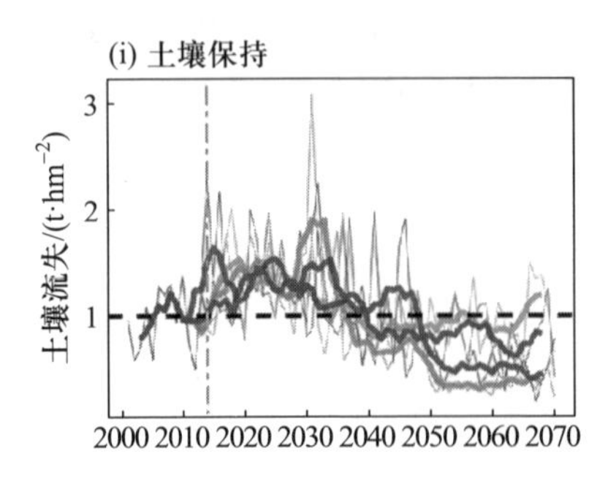

图 11.9 在流域尺度上,9 种生态系统服务从 2001 年到 2070 年在 4 种不同情景模式下的模拟动态变化。黑色虚线是 2001—2010 年平均水平,彩色细线表示年度变化,彩色粗线是 5 年移动平均线。(参见书末彩插)

在所有的情景模式下,地下水补给均呈下降趋势(-9%~-35%),且地表径流>10 mm 的天数(洪水调节服务的生态指标)均呈现增加趋势。这表明,未来大多数情况下淡水供应量和洪水调节生态服务会下降,可能需要创新策略(如提高用水效率和雨水管理)来维持未来水量相关服务的可持续性。地下水补给减少的部分原因是,温度和蒸散量增加超过了降水增加的补偿效应。同时,城市扩张也可以减少渗透效应(Arnold and Gibbons, 1996)。在不同情景下,径流>10 mm 的天数增加的结果与该流域的历史分析(1916—2015 年)相一致(Usinowicz et al., 2016)。在大多数情况下,极端径流可能是由强降雨事件频率增加所导致的,尤其当极端降雨超过土壤水分储存能力的时候(Berghuijs et al., 2016)。

对于水质相关的生态系统服务指标而言,在大部分情景模式下,硝酸盐淋失量呈现减少趋势(-19%~-53%),地表径流中的磷流失量也下降(-21%~-54%),同时土壤流失量也呈现下降趋势(-28%~-62%),表明总体水质在未来有机会通过多种不同的途径得到改善。硝酸盐淋失和磷产量的下降可能是由于农业肥料施用减少(Kronvang et al., 2005; Schoumans et al., 2014)的综合影响。通过改进技术和管理以提高养分利用效率(即 AI 情景)(Fageria and Baligar, 2005),或减少高投入农业用地比例,能够有效地减少养分投入。土壤流失下降主要是由于易受侵蚀的农业用地的减少,以及自然生态系统的修复。

在所有情景下,净生态系统交换(NEE)下降了-11%~-69%,而土壤固碳能力增加了 1%~5%,表明生态系统吸收大气 CO_2 的能力增强,从而调节气候的生态服务也相应增加。碳储量的增加或许与增加的自然生态系统相关,这些生态系统可以充当碳汇(Twine and Kucharik, 2009)。另一方面,在所有情景中,温度和二氧化碳水平的上升也可以提高净初级生产力,促进 CO_2 的吸收,尤其是在水不受限制的情况下(Nemani et al., 2003)。缓慢的土壤碳储量的变化,表明在以农业为主的景观中,需要从长期的视角来管理土壤碳含量。

本研究还进一步表明,不同生态系统服务在未来 60 年的变化具有很强的空间异质性(图 11.10),这些异质性可能是由于人类驱动因子、流域地球物理特性以及每种情景下关于环境变化的不同假设共同作用的结果。生态系统服务的高度空间异质性具有以下几个重要的意义:① 对于某种特定的生态系统服务,某个特定地点服务增加或减少,取决于未来的发展方向,因而强调了地方尺度和精细管理的作用;② 利用空间明确的土地利用规划(Bateman et al., 2013; Qiu and Turner, 2015),或者空间导向的政策实施,可以确定未来社会-生态最敏感的地区,从而最大限度地发挥管理效益;③ 大部分地区在某些生态系统服务方面表现出增长,但在其他服务却有所下降(很少有地区所有服务都增加),表明生态服务系统空间权衡的存在(Rodríguez et al., 2006; Qiu and Turner, 2013)。因此,在未来的景观管理中需要考虑这些因素的相互作用。理解不同地点或不同地区的变化原因和机制,能指导如何管理土地以改善精细服务,从而导致流域规模的累积效应。

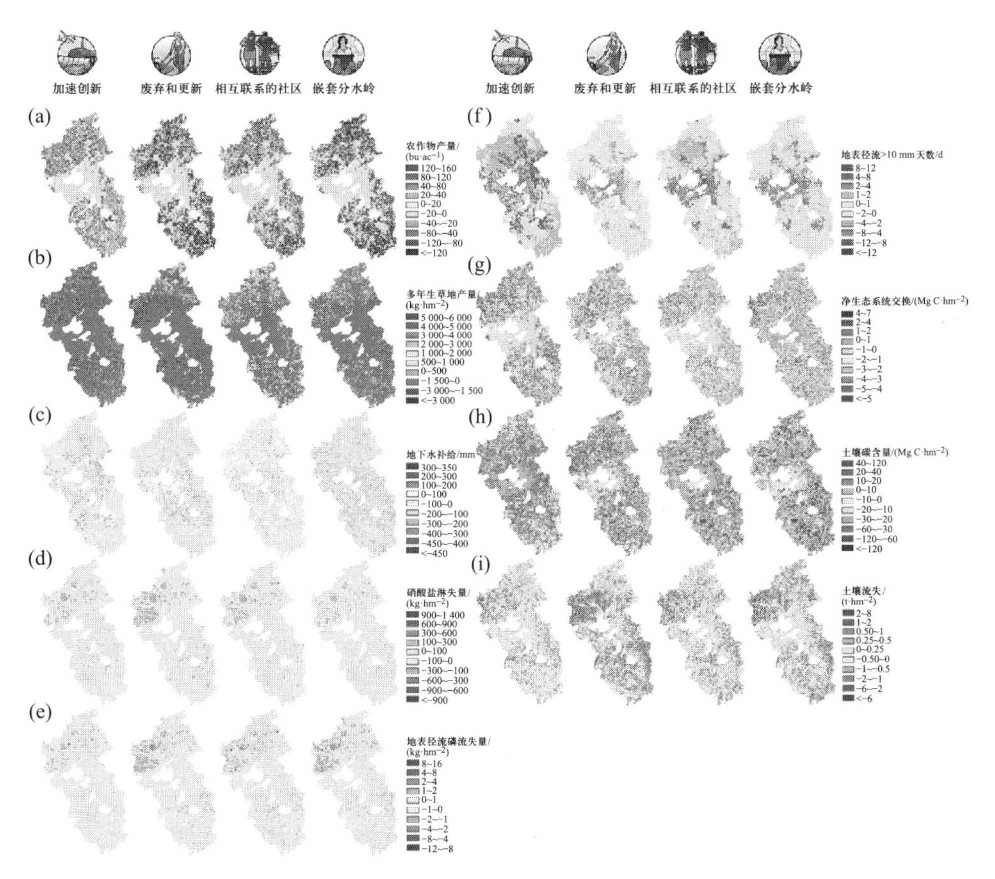

图 11.10　九种不同生态系统服务指标在不同情景模式下变化的空间格局。绿色或蓝色表示生态系统服务总体增长,红色表示服务供应下降。白色区域为水域。(参见书末彩插)

综上所述,我们的研究表明了在农业景观中如何权衡食物、水和其他重要调节服务的途径,并揭示了未来可能的社会-生态变化及其对生态系统服务的影响。进一步理解多种变化驱动因素的相对重要性、极端气候和气象事件的作用以及对生态系统服务的重要反馈和潜在遗留效应,是未来研究的有效途径。在 Yahara 流域获得的知识将有助于管理农业景观或其他的流域系统,以维持多样的生态系统服务,并确保未来的人类福祉。

11.5 小结

农业景观生态系统服务的可持续性对于人类社会的发展及福祉至关重要,但面临着全球环境变化的严重挑战。因此,如何有效地应对全球气候和土地覆盖/利用变化,促进农业景观及农业生态系统服务的可持续管理,是当前全球变化研究的一个重要议题。本章节利用交叉学科的研究方法,结合实地观测、模型模拟、政策分析、问卷调查和情景分析等主要研究手段,阐明了农业景观可以提供多种不同的生态系统服务,但是这些服务之间具有复杂的权衡及协同关系。景观格局对于水文生态系统具有重要的影响,因而通过有效地改变和优化景观结构能够增强这些生态系统服务。在农业景观中,水政策管理存在明显的空间错位,因而在未来水政策实施中,需要在空间上合理有效地布局有限资源。最后,气候、土地利用和人类管理会同时影响未来生态系统服务的供给,从多元的角度考虑不同环境因子共同作用与时空动态变化的复杂性能为实现农业景观中食物-水-气候的可持续性提供系统理解。这一系列研究增强了我们对农业生态系统服务可持续性的认知,所提出的景观及区域尺度上人类适应全球变化的综合策略,对于如何有效地保护和管理农业景观和农业生态系统服务具有理论、实践和决策意义。

参考文献

Alcamo, J. 2008. Environmental Futures: The Practice of Environmental Scenario Analysis. Elsevier, Oxford, United Kingdom.

Alexander, P., M. D. A. Rounsevell, C. Dislich, J. R. Dodson, K. Engström, and D. Moran. 2015. Drivers for global agricultural land use change: The nexus of diet, population, yield and bioenergy. Global Environmental Change, 35: 138-147.

Allan, J. D., P. B. McIntyre, S. D. P. Smith, B. S. Halpern, G. L. Boyer, A. Buchsbaum, G. A. Burton, L. M. Campbell, W. L. Chadderton, J. J. H. Ciborowski, P. J. Doran, T. Eder, D. M. Infante, L. B. Johnson, C. A. Joseph, A. L. Marino, A. Prusevich, J. G. Read, J. B. Rose, E. S. Rutherford, S. P. Sowa, and A. D. Steinman. 2013. Joint analysis of stressors and ecosystem services to enhance restoration effectiveness. Proceedings of the National Academy of Sciences of the United States of America, 110(1): 372-377.

Arnold, C. L., and C. J. Gibbons. 1996. Impervious surface coverage: The emergence of a key environmental indicator. Journal of the American Planning Association, 62(2): 243-258.

Baker, J. P., D. W. Hulse, S. V. Gregory, D. White, J. Van Sickle, P. A. Berger, D. Dole, and N. H. Schumaker. 2004. Alternative futures for the Willamette River Basin, Oregon. Ecological Applications, 14(2): 313-324.

Bateman, I. J., A. R. Harwood, G. M. Mace, R. T. Watson, D. J. Abson, B. Andrews, A. Binner, A. Crowe, B. H. Day, S. Dugdale, C. Fezzi, J. Foden, D. Hadley, R. Haines-Young, M. Hulme, A. Kontoleon, A. A. Lovett, P. Munday, U. Pascual, J. Paterson, G. Perino, A. Sen, G. Siriwardena, D. van Soest, and M. Termansen. 2013. Bringing ecosystem services into economic decision-making: Land use in the United Kingdom. Science, 341(6141): 45-50.

Bellard, C., C. Bertelsmeier, P. Leadley, W. Thuiller, and F. Courchamp. 2012. Impacts of climate change on the future of biodiversity. Ecology Letters, 15(4): 365-377.

Bennett, E. M. 2017. Research frontiers in ecosystem service science. Ecosystems, 20(1): 31-37.

Bennett, E. M., and P. Balvanera. 2007. The future of production systems in a globalized world. Frontiers in Ecology and the Environment, 5(4): 191-198.

Bennett, E. M., G. D. Peterson, and L. J. Gordon. 2009. Understanding relationships among multiple ecosystem services. Ecology Letters, 12(12): 1394-1404.

Berghuijs, W. R., R. A. Woods, C. J. Hutton, and M. Sivapalan. 2016. Dominant flood generating mechanisms across the United States. Geophysical Research Letters, 43(9): 4382-4390.

Bohensky, E. L., B. Reyers, and A. S. Van Jaarsveld. 2006. Future ecosystem services in A southern African river basin: A scenario planning approach to uncertainty. Conservation Biology, 20(4): 1051-1061.

Booth, E. G., J. Qiu, S. R. Carpenter, J. Schatz, X. Chen, C. J. Kucharik, S. P. Loheide II, M. M. Motew, J. M. Seifert, and M. G. Turner. 2016. From qualitative to quantitative environmental scenarios: Translating storylines into biophysical modeling inputs at the watershed scale. Environmental Modelling & Software, 85: 80-97.

Brauman, K. A., G. C. Daily, T. K. Duarte, and H. A. Mooney. 2007. The nature and value of ecosystem services: An overview highlighting hydrologic services. Annual Review of Environment and Resources, 32: 67-98.

Brunke, M., and T. Gonser. 1997. The ecological significance of exchange processes between rivers and groundwater. Freshwater Biology, 37(1): 1-33.

Byrd, K. B., L. E. Flint, P. Alvarez, C. F. Casey, B. M. Sleeter, C. E. Soulard, A. L. Flint, and T. L. Sohl. 2015. Integrated climate and land use change scenarios for California rangeland ecosystem services: Wildlife habitat, soil carbon, and water supply. Landscape Ecology, 30(4): 729-750.

Carpenter, S. R. 2005. Eutrophication of aquatic ecosystems: Bistability and soil phosphorus. Proceedings of the National Academy of Sciences of the United States of America, 102(29): 10002-10005.

Carpenter, S. R., B. J. Benson, R. Biggs, J. W. Chipman, J. A. Foley, S. A. Golding, R. B. Hammer, P. C. Hanson, P. T. J. Johnson, A. M. Kamarainen, T. K. Kratz, R. C. Lathrop, K.

D. McMahon, B. Provencher, J. A. Rusak, C. T. Solomon, E. H. Stanley, M. G. Turner, M. J. V. Zanden, C. -H. Wu, and H. Yuan.2007. Understanding regional change: A comparison of two lake districts. BioScience, 57(4): 323-335.

Carpenter, S. R., E. G. Booth, S. Gillon, C. J. Kucharik, S. Loheide, A. S. Mase, M. Motew, J. Qiu, A. R. Rissman, J. Seifert, E. Soylu, M. Turner, and C. B. Wardropper. 2015. Plausible futures of a social-ecological system: Yahara watershed, Wisconsin, USA. Ecology and Society, 20 (12): 10.

Carpenter, S. R., H. A. Mooney, J. Agard, D. Capistrano, R. S. DeFries, S. Díaz, T. Dietz, A. K. Duraiappah, A. Oteng-Yeboah, H. M. Pereira, C. Perrings, W. V. Reid, J. Sarukhan, R. J. Scholes, and A. Whyte. 2009. Science for managing ecosystem services: Beyond the Millennium Ecosystem Assessment. Proceedings of the National Academy of Sciences of the United States of America, 106(5): 1305-1312.

Chapin, F. S., S. R. Carpenter, G. P. Kofinas, C. Folke, N. Abel, W. C. Clark, P. Olsson, D. M. S. Smith, B. Walker, O. R. Young, F. Berkes, R. Biggs, J. M. Grove, R. L. Naylor, E. Pinkerton, W. Steffen, and F. J. Swanson. 2010. Ecosystem stewardship: Sustainability strategies for a rapidly changing planet. Trends in Ecology & Evolution, 25(4): 241-249.

Curtis, J. T. 1959. The Vegetation of Wisconsin: An Ordination of Plant Communities. University of Wisconsin Press.

Dale, V., R. Lowrance, P. Mulholland, and G. Robertson. 2010. Bioenergy sustainability at the regional scale. Ecology and Society, 15(4): 299-305.

DeFries, R. S., J. A. Foley, and G. P. Asner. 2004. Land-use choices: Balancing human needs and ecosystem function. Frontiers in Ecology and the Environment, 2(5): 249-257.

Eigenbrod, F., V. A. Bell, H. N. Davies, A. Heinemeyer, P. R. Armsworth, and K. J. Gaston. 2011. The impact of projected increases in urbanization on ecosystem services. Proceedings of the Royal Society of London B: Biological Sciences, 278(1722): 3201-3208.

Fageria, N. K., and V. C. Baligar. 2005. Enhancing nitrogen use efficiency in crop plants. Advances in Agronomy, 88: 97-185.

Fahrig, L. 2003. Effects of habitat fragmentation on biodiversity. Annual Review of Ecology, Evolution, and Systematics, 34(2): 487-515.

Foley, J. A., R. DeFries, G. P. Asner, C. Barford, G. Bonan, S. R. Carpenter, F. S. Chapin, M. T. Coe, G. C. Daily, H. K. Gibbs, J. H. Helkowski, T. Holloway, E. A. Howard, C. J. Kucharik, C. Monfreda, J. A. Patz, I. C. Prentice, N. Ramankutty, and P. K. Snyder. 2005. Global consequences of land use. Science, 309(5734): 570-574.

Folke, C., S. Carpenter, B. Walker, M. Scheffer, T. Elmqvist, L. Gunderson, and C. S. Holling. 2004. Regime shifts, resilience, and biodiversity in ecosystem management. Annual Review of Ecology, Evolution, and Systematics, 35(1): 557-581.

Genskow, K. D. 2012. Taking stock of voluntary nutrient management: Measuring and tracking change. Journal of Soil and Water Conservation, 67(1): 51-58.

Gergel, S. E. 2005. Spatial and non-spatial factors: When do they affect landscape indicators of watershed loading? Landscape Ecology, 20(2): 177-189.

Gillon, S., E. G. Booth, and A. R. Rissman. 2015. Shifting drivers and static baselines in environmental governance: Challenges for improving and proving water quality outcomes. Regional Environmental Change, 16(3): 759–775.

Goldstein, J. H., G. Caldarone, T. K. Duarte, D. Ennaanay, N. Hannahs, G. Mendoza, S. Polasky, S. Wolny, and G. C. Daily. 2012. Integrating ecosystem-service tradeoffs into land-use decisions. Proceedings of the National Academy of Sciences of the United States of America, 109 (19): 7565–7570.

Gude, P. H., A. J. Hansen, and D. A. Jones. 2007. Biodiversity consequences of alternative future land use scenarios in Greater Yellowstone. Ecological Applications, 17(4): 1004–1018.

Hanspach, J., T. Hartel, A. I. Milcu, F. Mikulcak, I. Dorresteijn, J. Loos, H. von Wehrden, T. Kuemmerle, D. Abson, A. Kovács-Hostyánszki, A. Báldi, and J. Fischer. 2014. A holistic approach to studying social-ecological systems and its application to southern Transylvania. Ecology and Society, 19(4): 32.

Jones, K. B., A. C. Neale, M. S. Nash, R. D. V. Remortel, J. D. Wickham, K. H. Riitters, and R. V. O' Neill. 2001. Predicting nutrient and sediment loadings to streams from landscape metrics: A multiple watershed study from the United States Mid-Atlantic Region. Landscape Ecology, 16(4): 301–312.

Jones, K. B., G. Zurlini, F. Kienast, I. Petrosillo, T. Edwards, T. G. Wade, B. Li, and N. Zaccarelli. 2013. Informing landscape planning and design for sustaining ecosystem services from existing spatial patterns and knowledge. Landscape Ecology, 28(6): 1175–1192.

Kareiva, P., S. Watts, R. McDonald, and T. Boucher. 2007. Domesticated nature: Shaping landscapes and ecosystems for human welfare. Science, 316(5833): 1866–1869.

Kennedy, C. M., E. Lonsdorf, M. C. Neel, N. M. Williams, T. H. Ricketts, R. Winfree, R. Bommarco, C. Brittain, A. L. Burley, D. Cariveau, L. G. Carvalheiro, N. P. Chacoff, S. A. Cunningham, B. N. Danforth, J.-H. Dudenhöffer, E. Elle, H. R. Gaines, L. A. Garibaldi, C. Gratton, A. Holzschuh, R. Isaacs, S. K. Javorek, S. Jha, A. M. Klein, K. Krewenka, Y. Mandelik, M. M. Mayfield, L. Morandin, L. A. Neame, M. Otieno, M. Park, S. G. Potts, M. Rundlöf, A. Saez, I. Steffan-Dewenter, H. Taki, B. F. Viana, C. Westphal, J. K. Wilson, S. S. Greenleaf, and C. Kremen. 2013. A global quantitative synthesis of local and landscape effects on wild bee pollinators in agroecosystems. Ecology Letters, 16(5): 584–599.

Koh, L. P., and J. Ghazoul. 2010. Spatially explicit scenario analysis for reconciling agricultural expansion, forest protection, and carbon conservation in Indonesia. Proceedings of the National Academy of Sciences of the United States of America, 107(24): 11140–11144.

Kok, M. T. J., K. Kok, G. D. Peterson, R. Hill, J. Agard, and S. R. Carpenter. 2016. Biodiversity and ecosystem services require IPBES to take novel approach to scenarios. Sustainability Science, 12(1): 177–1–81.

Kriegler, E., B. C. O'Neill, S. Hallegatte, T. Kram, R. J. Lempert, R. H. Moss, and T. Wilbanks. 2012. The need for and use of socio-economic scenarios for climate change analysis: A new approach based on shared socio-economic pathways. Global Environmental Change, 22(4): 807–822.

Kronvang, B., E. Jeppesen, D. J. Conley, M. Søndergaard, S. E. Larsen, N. B. Ovesen, and J.

Carstensen. 2005. Nutrient pressures and ecological responses to nutrient loading reductions in Danish streams, lakes and coastal waters. Journal of Hydrology, 304(1-4): 274-288.

Lamarque, P., S. Lavorel, M. Mouchet, and F. Quétier. 2014. Plant trait-based models identify direct and indirect effects of climate change on bundles of grassland ecosystem services. Proceedings of the National Academy of Sciences of the United States of America, 111(38): 13751-13756.

Lawler, J. J., D. J. Lewis, E. Nelson, A. J. Plantinga, S. Polasky, J. C. Withey, D. P. Helmers, S. Martinuzzi, D. Pennington, and V. C. Radeloff. 2014. Projected land-use change impacts on ecosystem services in the United States. Proceedings of the National Academy of Sciences of the United States of America, 111(20): 7492-7497.

Maes, J., M. L. Paracchini, G. Zulian, M. B. Dunbar, and R. Alkemade. 2012. Synergies and trade-offs between ecosystem service supply, biodiversity, and habitat conservation status in Europe. Biological Conservation, 155(4): 1-12.

Marinoni, O., A. Higgins, P. Coad, and J. Navarro Garcia. 2013. Directing urban development to the right places: Assessing the impact of urban development on water quality in an estuarine environment. Landscape and Urban Planning, 113(4): 62-77.

MEA. 2005a. Ecosystems and Human Well-Being: Synthesis. Island Press, Washington, DC.

MEA. 2005b. Ecosystems and Human Well-Being: Scenarios. Island Press, Washington, DC.

Metzger, M. J., M. D. A. Rounsevell, L. Acosta-Michlik, R. Leemans, and D. Schröter. 2006. The vulnerability of ecosystem services to land use change. Agriculture, Ecosystems & Environment, 114(1): 69-85.

Mitchell, M. G. E., E. M. Bennett, and A. Gonzalez. 2013. Linking landscape connectivity and ecosystem service provision: Current knowledge and research gaps. Ecosystems, 16(5): 894-908.

Motew, M., X. Chen, E. G. Booth, S. R. Carpenter, P. Pinkas, S. C. Zipper, S. P. Loheide, S. D. Donner, K. Tsuruta, P. A. Vadas, and C. J. Kucharik. 2017. The influence of legacy P on lake water quality in a midwestern agricultural watershed. Ecosystems, 20(8): 1468-1482.

Mueller, K. E., D. M. Blumenthal, E. Pendall, Y. Carrillo, F. A. Dijkstra, D. G. Williams, R. F. Follett, and J. A. Morgan. 2016. Impacts of warming and elevated CO_2 on a semi-arid grassland are non-additive, shift with precipitation, and reverse over time. Ecology Letters, 19(8): 956-966.

Musacchio, L. R. 2013. Key concepts and research priorities for landscape sustainability. Landscape Ecology, 28(6): 995-998.

Nelson, E., G. Mendoza, J. Regetz, S. Polasky, H. Tallis, Dr. Cameron, K. M. Chan, G. C. Daily, J. Goldstein, P. M. Kareiva, E. Lonsdorf, R. Naidoo, T. H. Ricketts, and Mr. Shaw. 2009. Modeling multiple ecosystem services, biodiversity conservation, commodity production, and tradeoffs at landscape scales. Frontiers in Ecology and the Environment, 7(1): 4-11.

Nemani, R. R., C. D. Keeling, H. Hashimoto, W. M. Jolly, S. C. Piper, C. J. Tucker, R. B. Myneni, and S. W. Running. 2003. Climate-driven increases in global terrestrial net primary production from 1982 to 1999. Science, 300(5625): 1560-1563.

Ntegeka, V., P. Baguis, E. Roulin, and P. Willems. 2014. Developing tailored climate change scenarios for hydrological impact assessments. Journal of Hydrology, 508(2): 307-321.

Nyborg, K., J. M. Anderies, A. Dannenberg, T. Lindahl, C. Schill, M. Schlüter, W. N. Adger,

K. J. Arrow, S. Barrett, S. Carpenter, F. S. Chapin, A. -S. Crépin, G. Daily, P. Ehrlich, C. Folke, W. Jager, N. Kautsky, S. A. Levin, O. J. Madsen, S. Polasky, M. Scheffer, B. Walker, E. U. Weber, J. Wilen, A. Xepapadeas, and A. de Zeeuw. 2016. Social norms as solutions. Science, 354(6308): 42-43.

Oteros-Rozas, E., B. Martín-López, T. M. Daw, E. L. Bohensky, J. R. A. Butler, R. Hill, J. Martin-Ortega, A. Quinlan, F. Ravera, I. Ruiz-Mallén, M. Thyresson, J. Mistry, I. Palomo, G. D. Peterson, T. Plieninger, K. A. Waylen, D. M. Beach, I. C. Bohnet, M. Hamann, J. Hanspach, K. Hubacek, S. Lavorel, and S. P. Vilardy. 2015. Participatory scenario planning in place-based social-ecological research: Insights and experiences from 23 case studies. Ecology and Society, 20(4): 32.

Peterson, G. D., G. S. Cumming, and S. R. Carpenter. 2003. Scenario planning: A tool for conservation in an uncertain world. Conservation Biology, 17(2): 358-366.

Polasky, S., S. R. Carpenter, C. Folke, and B. Keeler. 2011. Decision-making under great uncertainty: Environmental management in an era of global change. Trends in Ecology & Evolution, 26(8): 398-404.

Power, A. G. 2010. Ecosystem services and agriculture: Tradeoffs and synergies. Philosophical Transactions of the Royal Society of London B: Biological Sciences, 365(2): 2959-2971.

Qiu, J., and M. G. Turner. 2013. Spatial interactions among ecosystem services in an urbanizing agricultural watershed. Proceedings of the National Academy of Sciences of the United States of America, 110(29): 12149-12154.

Qiu, J., and M. G. Turner. 2015. Importance of landscape heterogeneity in sustaining hydrologic ecosystem services in an agricultural watershed. Ecosphere, 6(11): 1-19.

Qiu, J., C. B. Wardropper, A. R. Rissman, and M. G. Turner. 2016. Spatial fit between water quality policies and hydrologic ecosystem services in an urbanizing agricultural landscape. Landscape Ecology, 32(1): 59-75.

Qiu, Z., and M. G. Dosskey. 2012. Multiple function benefit—Cost comparison of conservation buffer placement strategies. Landscape and Urban Planning, 107(2): 89-99.

Raskin, P. D. 2005. Global scenarios: Background review for the Millennium Ecosystem Assessment. Ecosystems, 8(2): 133-142.

Raudsepp-Hearne, C., G. D. Peterson, M. Tengö, E. M. Bennett, T. Holland, K. Benessaiah, G. K. MacDonald, and L. Pfeifer. 2010. Untangling the environmentalist's paradox: Why is human well-being increasing as ecosystem services degrade? BioScience, 60(8): 576-589.

Rodríguez, J. P., T. D. Beard, E. M. Bennett, G. S. Cumming, S. J. Cork, J. Agard, A. P. Dobson, and G. D. Peterson. 2006. Trade-offs across space, time, and ecosystem services. Ecology and Society, 11(1): 28.

Scheffer, M., S. Carpenter, J. A. Foley, C. Folke, and B. Walker. 2001. Catastrophic shifts in ecosystems. Nature, 413: 591-596.

Schoumans, O. F., W. J. Chardon, M. E. Bechmann, C. Gascuel-Odoux, G. Hofman, B. Kronvang, G. H. Rubæk, B. Ulén, and J. M. Dorioz. 2014. Mitigation options to reduce phosphorus losses from the agricultural sector and improve surface water quality: A review. Science of the Total Environment, 468-469: 1255-1266.

Shortle, J. S., M. Ribaudo, R. D. Horan, and D. Blandford. 2012. Reforming agricultural nonpoint pollution policy in an increasingly budget-constrained environment. Environmental Science & Technology, 46(3): 1316-1325.

Steffen, W., K. Richardson, J. Rockström, S. E. Cornell, I. Fetzer, E. M. Bennett, R. Biggs, S. R. Carpenter, W. de Vries, C. A. de Wit, C. Folke, D. Gerten, J. Heinke, G. M. Mace, L. M. Persson, V. Ramanathan, B. Reyers, and S. Sörlin. 2015. Planetary boundaries: Guiding human development on a changing planet. Science, 347(6223): 1259855.

Tester, M., and P. Langridge. 2010. Breeding technologies to increase crop production in a changing world. Science, 327(5967): 818-822.

Thompson, J. R., K. F. Lambert, D. R. Foster, E. N. Broadbent, M. Blumstein, A. M. Almeyda Zambrano, and Y. Fan. 2016. The consequences of four land-use scenarios for forest ecosystems and the services they provide. Ecosphere, 7(10): e01469.

Thompson, J. R., A. Wiek, F. J. Swanson, S. R. Carpenter, N. Fresco, T. Hollingsworth, T. A. Spies, and D. R. Foster. 2012. Scenario studies as a synthetic and integrative research activity for long-term ecological research. BioScience, 62(4): 367-376.

Tilman, D., K. G. Cassman, P. A. Matson, R. Naylor, and S. Polasky. 2002. Agricultural sustainability and intensive production practices. Nature, 418(6898): 671-677.

Turner, M. G. 2005. Landscape ecology in North America: Past, present, and future. Ecology, 86(8): 1967-1974.

Turner, M. G., D. C. Donato, and W. H. Romme. 2013. Consequences of spatial heterogeneity for ecosystem services in changing forest landscapes: Priorities for future research. Landscape Ecology, 28(6): 1081-1097.

Twine, T. E., and C. J. Kucharik. 2009. Climate impacts on net primary productivity trends in natural and managed ecosystems of the central and eastern United States. Agricultural and Forest Meteorology, 149(12): 2143-2161.

Usinowicz, J., J. Qiu, and A. Kamarainen. 2016. Flashiness and flooding of two lakes in the Upper Midwest during a century of urbanization and climate change. Ecosystems, 20(3): 1-15.

van der Horst, D. 2007. Assessing the efficiency gains of improved spatial targeting of policy interventions; the example of an agri-environmental scheme. Journal of Environmental Management, 85(4): 1076-1087.

Wardropper, C. B., C. Chang, and A. R. Rissman. 2015. Fragmented water quality governance: Constraints to spatial targeting for nutrient reduction in a Midwestern USA watershed. Landscape and Urban Planning, 137: 64-75.

Wardropper, C., S. Gillon, A. Mase, E. McKinney, S. Carpenter, and A. Rissman. 2016. Local perspectives and global archetypes in scenario development. Ecology and Society, 21(2): 12.

Wu, J. 2013. Landscape sustainability science: Ecosystem services and human well-being in changing landscapes. Landscape Ecology, 28(6): 999-1023.

全球旱区城市可持续性评价研究进展

第12章

李经纬[①] 何春阳[①②] 刘志锋[①②] 邬建国[①③]

摘 要

全球气候变化和城市化影响下的旱区城市可持续性正在成为全球可持续发展研究的焦点之一。基于文献计量和文献内容分析方法,本文在探讨旱区城市可持续性基本概念的基础上,综述了全球旱区城市可持续研究的特点、方法和现有成果,并探讨了相关研究趋势。我们发现,当前对于旱区城市可持续评价研究的关注度不断增加,从1996年至今,已发表155篇相关论文,引用量总计3 494次。可持续评价指标、模型和调研方法在相关研究中被广泛应用,相关论文的比例分别为36.77%、36.13%和14.19%。同时,还发现应对气候变化背景下不断加剧的水资源短缺、城市热岛和生态系统服务降低等问题已经成为当前旱区城市可持续发展研究中的热点问题。因此,旱区城市可持续评价需要全面涵盖可持续发展的环境、社会和经济特征,综合利用可持续指标、模型和调研等多种手段,在不同尺度上进行评价。

① 北京师范大学地表过程与资源生态国家重点实验室,人与环境系统可持续研究中心,北京,100875,中国;

② 北京师范大学地理科学学部自然资源学院,土地资源与区域发展研究中心,北京,100875,中国;

③ 美国亚利桑那州立大学生命科学学院和可持续性科学学院,坦佩,85287,美国。

Abstract

Under global climate change and urbanization, urban sustainability in drylands has increasingly become one of the key topics in global sustainability research. Based on bibliometric analysis and content analysis, we examined how urban sustainability in global drylands has been defined and assessed, reviewed the main methods and research achievements, and discussed future challenges and directions. Our results show that recent years have witnessed a rapid increase in dryland urban sustainability studies worldwide. The number of relevant publications and citations have been growing over time, reaching 155 papers with 3 494 cites since 1996. Three main assessment methods are sustainability indicators, dynamic modeling, and social survey, accounting for 36.77%, 36.13%, and 14.19% of the 155 papers, respectively. Several key research topics are identified, including intensified water stress in dryland cities, urban heat islands and their impacts on the urban environment and human health, and declining ecosystem services under climate change, all of which pose challenges for dryland urban sustainability. Future research should consider multiple dimensions (environmental, economic, and social) and multiple scales in space and time, and emphasize long-term studies that integrate sustainability indicators, models, surveys, and the emerging big-data techniques.

引言

旱区是以水资源短缺为主要特征,生产力和养分循环均受到供水量限制的地区(Millennium Ecosystem Assessment, 2005; Safriel et al., 2006; Safriel, 1999)。基于干燥指数(aridity index),旱区可分为极端干旱(hyperarid)、干旱(arid)、半干旱(semiarid)和干燥型亚湿润(dry subhumid)4种类型(Millennium Ecosystem Assessment, 2005; Safriel et al., 2006; Safriel, 1999)。旱区面积广大,占全球陆地总面积的41%,居住着全球38%的人口,且90%的旱区人口居住在城市化迅速的发展中国家(Millennium Ecosystem Assessment, 2005; Mortimore, 2009)。

自1956年美国科学促进会(American Association for the Advancement of Science,AAAS)出版《旱区的未来》(*The Future of Arid Lands*)以来(Bradley, 1957; Hutchinson and Herrmann, 2008),在AAAS和联合国教科文组织(United Nations Educational, Scientific, and Cultural Organization, UNESCO)的倡导下,学术界开启了对旱区可持续发展的关注。Safriel(1999)认为从利用角度来看,旱区可持续性(sustainability)即为旱区的长期持续利用,即可以基于自然生态过程来补给

和复原被消耗的部分，保持或提高生态系统服务。

在全球城市化背景下，2011 年全球旱区共有 187 座人口超过 100 万的城市，其中包括德里(Delhi)、北京(Beijing)、孟买(Mumbai)、开罗(Cairo)以及洛杉矶大都市区(Los Angeles-Long Beach-Santa Ana)(Heilig, 2012)。在快速的城市扩张和人口增加过程中，旱区城市面临着愈加严重的水资源压力、土地退化及栖息地损失等生态环境问题(Gober and Kirkwood, 2010)。旱区城市的可持续发展正成为旱区可持续发展研究关注的焦点之一(Abdel-Galil, 2012; Alshuwaikhat and Nkwenti, 2002; White and Nackoney, 2003)。

目前已有学者基于三重底线框架、生态系统服务以及人类福祉开展了旱区城市可持续评价研究。例如，Alshuwaikhat 和 Nkwenti(2002)通过评价摩洛哥、埃及图什卡地区、阿拉伯联合酋长国迪拜等旱区可持续城市特征，分析了旱区城市实现可持续发展的重要因素，并提出了一个旱区城市可持续发展框架；Abdel-Galil(2012)提出了涵盖环境、社会和经济 3 个维度的城市可持续管理综合评价系统，并基于该系统评价了埃及沙漠城市在"农业""工业"及"旅游"3 种情景下的未来可持续性；Jabbar 和 Zhou(2013)基于环境退化指标评价了伊朗巴士拉省等城镇的可持续性；Dou 等(2017)基于问卷调查方法评价了中国北京城市生态系统所提供的文化服务对于居民生活质量的价值和重要性；Jenerette 等(2016)以及 Curtis 和 Lee(2010)分别分析了旱区城市菲尼克斯和洛杉矶的居民健康及其影响因素。近年来，旱区城市可持续评价研究不断增加，但对相关研究进展的综述较少，"全球旱区城市可持续性是如何定义和评价的"这一科学问题仍有待回答(Alshuwaikhat and Nkwenti, 2002; Azami et al., 2015, 2017; Wu, 2014)。

本文聚焦于旱区城市可持续评价研究工作，从定量和定性的角度综述相关研究的历史、现状、方法及主要成果，并进一步探讨相关研究面临的挑战和未来前景，为更加有效地评价旱区城市可持续性提供参考。

12.1 数据和方法

12.1.1 检索"旱区-城市-可持续性"相关论文

在 Web of Science 核心数据库(core collection)中，基于文献主题(含题目、关键词和摘要)检索"旱区-城市-可持续性"相关论文。参考可持续性及城市可持续性领域的相关研究(Glaeser, 2011; Kates, 2011; Wu, 2014)，本研究所用"可持续性"论文检索词为"sustainability""resilience""vulnerability""adaptability""ecosystem service""human well-being"及"quality of life"；"城市"论文检索词为"urban""city"或"cities"；"旱区"论文检索词为"dryland""arid""semiarid""desert"或"grassland"。"旱区-城市-可持续性"论文的检索式为"(dryland OR arid OR semiarid OR desert OR grassland) AND (urban OR city OR cities) AND (sustainability OR resilience OR vulnerability OR adaptability) AND (ecosystem service OR human well-being OR human wellbeing OR quality of life)"(检索时间为 2018 年 3 月 12 日)。检索结果为 883 篇文献。

此外,检索城市研究旗舰期刊 *Landscape and Urban Planning* 相关专刊,进一步补充"旱区-城市-可持续性"相关论文。最终得到 902 篇"旱区-城市-可持续性"相关论文。

12.1.2 筛选"旱区城市可持续评价"研究

采用以下 3 个步骤对 902 篇"旱区-城市-可持续性"文献进行筛选,建立"旱区城市可持续评价"文献库(图 12.1)。首先,排除非英文论文;其次,排除研

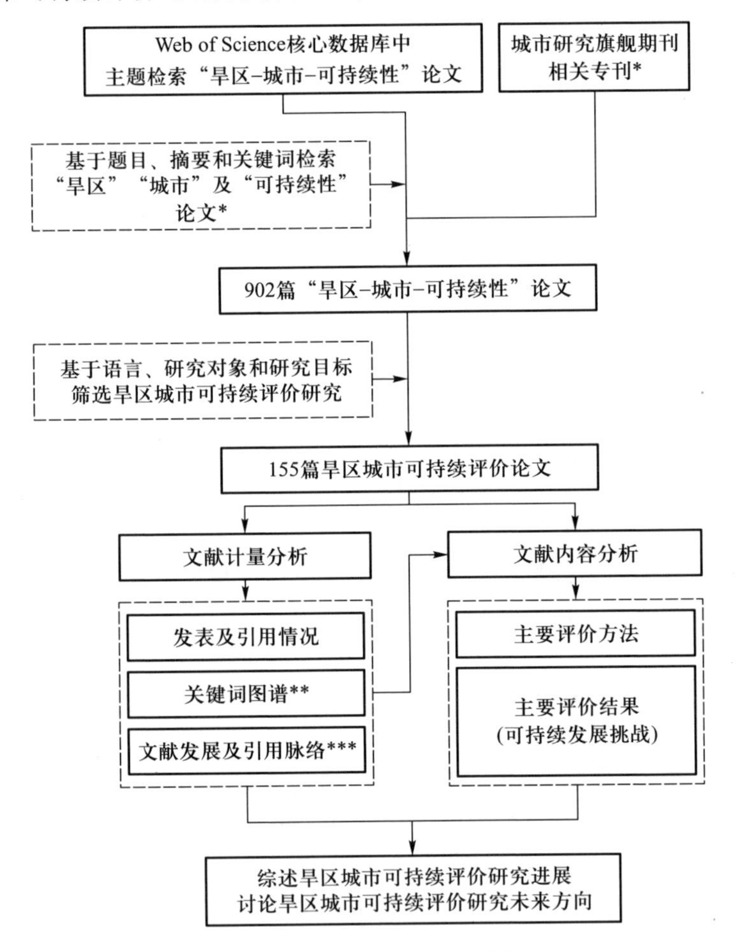

图 12.1 文献检索、筛选和分析。

注:* *Landscape and Urban Planning* 专刊 Actionable urban ecology in China and the world: Integrating ecology and planning for sustainable cities(2014 年 5 月);

** 使用软件 VOSviewer(http://www.vosviewer.com/)绘制文献关键词图谱(van Eck and Waltman, 2010);

*** 使用软件 HistCite(http://science.thomsonreuters.com/scientific/m/HistCiteInstaller.msi)绘制文献之间引文关系图谱(Zhou et al., 2018)。

究区非旱区城市地区论文；最后，挑选旱区城市可持续性评价和分析研究相关论文，即研究主题为可持续性（sustainability）、脆弱性（vulnerability）、弹性（resilience）、适应性（adaptability）、人类福祉（human well-being）、生态系统服务（ecosystem service）或生活质量（quality of life）的研究论文。

12.2　结果

12.2.1　文献发表和被引用情况

基于上述搜索条件，得到“可持续性”主题论文 426 796 篇、“城市”主题论文 550 713 篇和“旱区”主题论文 152 969 篇。其中，“旱区-城市-可持续性”论文为 902 篇（图 12.2）。从 1992 年至今，“旱区-城市-可持续性”论文发表数量快速增加，年发表量已超过 100 篇，2017 年达到 158 篇，被引频次总计 22 596 次。

通过筛选，从 902 篇“旱区-城市-可持续性”论文中进一步选出了 155 篇旱区城市可持续评价论文。旱区城市可持续评价研究的受关注程度正不断增加。旱区城市可持续评价论文从 1996 年开始出现，发表论文数量稳定增加，相关论文累计被引用 3 494 次。

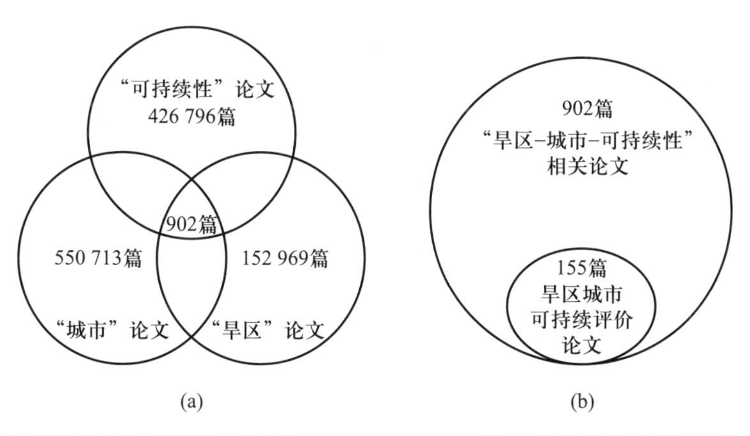

图 12.2　文献检索和筛选结果。（a）基于 Web of Science 核心数据库检索的“可持续性”“城市”和“旱区”相关论文数量；（b）“旱区-城市-可持续性”论文数量及其中的旱区城市可持续评价论文数量。

旱区城市可持续评价研究广泛分布于北美洲、亚洲、欧洲、非洲和南美洲等区域（图 12.3）。基于文献作者信息分析，155 篇旱区城市可持续评价文献主要集中在北美洲（75 篇）和亚洲（56 篇）。在国家尺度上，大部分旱区城市可持续评价研究论文来源于美国和中国。在本文所分析的 155 篇相关论文中，美国和中国发表的旱区城市可持续评价研究分别为 71 篇和 31 篇，分别占旱区城市可持续评价论文总数的 45.81%和 20.00%。

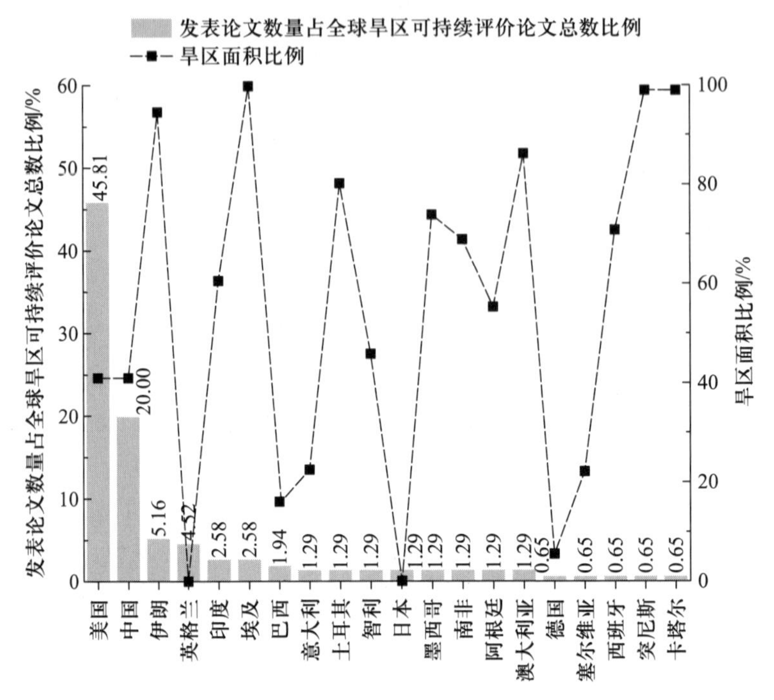

图 12.3　旱区城市可持续评价论文发表排名前 20 位国家的论文及旱区面积比例。

旱区城市可持续评价研究文章发表数量与旱区空间分布明显不匹配。北美洲和亚洲发表的旱区城市可持续评价论文占论文总数的 48.39% 和 36.13%,其旱区面积比例分别为 25.92% 和 42.51%。相对地,旱区面积比例分别为 81.42% 和 68.59% 的大洋洲和非洲所发表的旱区城市可持续评价研究论文均不足 10 篇。从国家尺度上来看,旱区面积比例超过 90% 的伊朗和埃及等 42 个国家共发表了 19 篇旱区城市可持续评价论文;旱区面积比例为 60% ~ 90% 的印度和澳大利亚等 18 个国家共发表 13 篇旱区城市可持续评价论文;旱区比例为 30% ~ 60% 的美国和中国等 24 个国家共发表 107 篇旱区城市可持续评价论文;旱区比例低于 30% 的国家共发表了 16 篇旱区城市可持续评价论文。

12.2.2　相关概念

城市的个体差异使得当前对于城市可持续性概念及其主要特征难以形成明确定义。欧洲环境署(European Environment Agency)曾提出城市可持续发展的 5 项目标:减少空间与自然资源消耗、合理有效管理城市流、保护城市居民健康、保障资源与服务的公平共享以及保持文化与社会多样性(Stanners and Bourdeau, 1995)。联合国人居署[United Nations Centre for Human Settlements(Habitat)]在《全球人居环境报告》中指明可持续城市的 4 项评价标准:居民生活质量、不可再生资源使用的程度、可再生资源使用的程度以及由生产与消费活动产生的不可再利用废物量及其处理方式对人体健康和自然系统产生影响的程度[United Nations Centre for Human Settlements(Habitat), 1996]。联合国人居署与联合国环境规划署认为可持续城市是社会、经济与环境的持续发展,具备发展所需要的环境资源的持续供应,且在使用资源时可持续开发;可持续城市对可能威胁发展的环境灾害保持有效的预警和防范(United Nations for Human Settlements and United Nations Environment Programme, 2001)。总体上,人类从生态系统中获得的惠益(即生态系统服务)、人类福祉及"环境-经济-社会"三重底线平衡是评价城市可持续时集中关注的方面(Huang et al., 2015; Wu, 2010, 2014; 邬建国等, 2014; 黄璐等, 2015)。城市可持续发展可以被认为是促进和维持生态系统服务与人类福祉之间关系的一个适应性过程,该过程响应城市景观内外的变化,需通过生态、经济与社会的共同努力来实现(Wu, 2014)。

在相关评价研究中,已有学者基于旱区研究、城市研究及可持续科学研究理论,提出了"绿洲城市脆弱性"(Gao et al., 2013)、"旱区城市可持续发展"(Yue et al., 2017)和"食物-能源-水关联系统脆弱性(food-energy-water nexus vulnerability)"(Berardy and Chester, 2017)等概念以及旱区城市可持续性的关键特征,并基于这些概念开展了一系列旱区城市可持续评价研究(表 12.1)。总体来看,"旱区城市可持续性"的定义并不明确。在 155 篇旱区城市可持续评价研究中,还没有形成一致的"旱区城市可持续性"概念或相关评价标准。

表 12.1　已有旱区城市可持续评价研究中的基本概念

概念	内容	关键特征
绿洲城市脆弱性 (Gao et al., 2013)	绿洲城市人地系统的脆弱性是绿洲城市系统(子系统,系统组成部分)对内外部干扰敏感但缺乏适应能力的特征,相关不利结果将会导致城市朝着不可持续方向发展。敏感度和适应性是脆弱性的基本属性。	敏感度,适应性
旱区城市可持续发展 (Yue et al., 2017)	环境友好的土地利用规划以实现可持续的土地利用为目标,是旱区可持续发展的唯一选择。作为沙漠地区的经济和文化中心,城市受沙尘灾害严重影响,但也可以在区域防治荒漠化和可持续经济发展中发挥关键作用。实现生态经济协调发展目标的土地利用的数量和空间分布优化,不仅有利于城市自身,而且可以促进旱区长期可持续的土地利用。	环境友好的土地利用规划

续表

概念	内容	关键特征
食物-能源-水关联系统脆弱性 (Berardy and Chester, 2017)	对于"食物-能源-水"关联系统,脆弱性可以表征为食物、能源和水系统遭受损害而阻止其正常功能的可能性。这些中断可能会导致系统之间的级联失效。	食物-能源-水系统
城市可持续性 (Azami et al., 2015)	城市可持续发展应该在经济、环境和社会发展的不同方面之间取得平衡。	经济、环境和社会发展的平衡
可持续城市社区 (Batson and Monnat, 2015)	对于健康城市的可持续性来说,具有弹性的、稳定的社区至关重要。对邻里感到满意的居民表现出更强烈的对当地社区的依恋感、更高的整体生活满意度、更好的心理和身体健康,以及更高的政治参与度,也更有可能投资建设健康稳定的社区。	具有弹性的、稳定的社区
城市可持续性 (Azami et al., 2017)	基于可持续性理念,城市地区必须在经济活动、人口增长、基础设施和服务、污染、废物、噪声等方面保持内部平衡。通常所说的环境、经济和公平之间的适当平衡对于实现可持续的未来至关重要。	环境、经济和公平之间的平衡
城市可持续管理 (Budd et al., 2008; Nikodinoska et al., 2018)	城市可持续管理可以支持健康和适应力强的生态系统长期提供对人类福祉至关重要的产品和服务。	生态系统服务,人类福祉
宜居城市 (El Ghorab and Shalaby, 2016; Idrus et al., 2008)	宜居的概念应包括家庭、社区和大都市区的所有有助于安全、经济机会和福利、健康、便利、机动和娱乐的因素。城市的宜居性意味着理想的居民生活质量,主要包括社交活动、有吸引力的公共场所、提供一定的隐私水平以及社区意识。	理想的居民生活质量
绿色城市 (El Ghorab and Shalaby, 2016)	绿色城市被定义为努力通过一系列措施来减少环境影响的城市,相关措施包括减少浪费,扩大资源的再生利用,降低排放量,提高住房密度,同时扩大开放空间,鼓励发展可持续的本地企业。	减少环境影响

续表

概念	内容	关键特征
可持续垂直城市(sustainable vertical city)(Al-Jokhadar and Jabi, 2017)	可持续垂直城市要求在设计过程中考虑到可持续性的不同方面(社会、环境以及经济),以提高生活质量。社会和文化的可持续性是关于物理环境(空间布局和形式)的设计与用户的社会需求的结合。在环境可持续性方面,建筑师和工程师应该考虑当地气候的不同条件,以提供热舒适性并消耗较少能源。使用低运营成本和当地材料是实现经济可持续需要考虑的主要问题。	社会和文化可持续性,环境可持续性,经济可持续性

12.2.3　研究主题

对于"旱区-城市-可持续性"相关研究,生物多样性、生态系统服务、气候变化及模型与管理是关注的热点。通过进一步分析旱区城市可持续评价论文,发现水资源、城市热岛、生态系统服务和气候变化这 4 个主题是该领域研究的重要内容。155 篇旱区城市可持续评价论文的关键词频次统计结果显示,除出现次数最多的"urban/urbanization/city/cities"之外,"water resource""urban heat island""ecosystem service"及"climate change"都是旱区城市可持续评价研究中的高频关键词,代表了相关评价研究的重点关注方向(表 12.2)。

表 12.2　旱区城市可持续评价论文研究主题及相关高频关键词

主题	主要高频共现关键词
水	水资源(water resource)、水文(hydrology)、消耗(consumption)、供给(supply)、需求(demand)、地下水(groundwater)、管理(management)、沙漠城市(desert city)及资源(resources)
城市热岛	城市热岛(urban heat island)、热岛(heat island)、热(heat)、城市气候(urban climate)、气候(climate)、地表温度(land surface temperature)、温度(temperature)、影响(impacts)、土地覆盖(land cover)、死亡率(mortality)及能量(energy)
生态系统服务	生态系统服务(ecosystem services)、生态系统(ecosystem)、草地(grassland)、绿地(green space)、公园(park)、保护(conservation)、景观(landscape)及生物多样性(biodiversity)
气候变化	气候变化(climate change)、干旱(drought)、环境(environment)、健康(health)、风险(risk)、脆弱性(vulnerability)及模型(model)

从时间尺度来看,旱区城市可持续评价论文中高引用频率的前 10 篇论文中最早是 2000 年的一篇气候变化主题论文(Brazel et al., 2000),在 155 篇旱区城市可持续评价论文集中被引用了 20 次(表 12.3)。其后,2003—2016 年,引用此篇论文并关注生态系统服务主题和城市热岛主题的旱区城市可持续评价研究论文纷纷发表。10 篇高引用论文中城市热岛主题和生态系统服务主题研究占主导,达到 7 篇(表 12.3)。其余 2 篇研究论文分别关注水资源和居民的景观偏好(表 12.3)。

表 12.3 旱区城市可持续评价文献中前 10 篇高引用论文

序号	主题	论文	被引次数	
			相互引用*	总引用**
2	气候变化	Brazel A, Selover N, Vose R et al. The tale of two climates—Baltimore and Phoenix urban LTER sites. Climate Research.2000 JUL 20; 15(2): 123-135.	20	191
34	生态系统服务,城市热岛	Jenerette GD, Harlan SL, Stefanov WL et al. Ecosystem services and urban heat riskscape moderation: Water, green spaces, and social inequality in Phoenix, USA. Ecological Applications.2011 OCT; 21(7): 2637-2651.	15	131
11	城市热岛,生态系统服务	Jenerette GD, Harlan SL, Brazel A et al. Regional relationships between surface temperature, vegetation, and human settlement in a rapidly urbanizing ecosystem. Landscape Ecology.2007 MAR; 22(3): 353-365.	14	164
9	城市热岛	Harlan SL, Brazel AJ, Prashad L et al. Neighborhood microclimates and vulnerability to heat stress. Social Science & Medicine. 2006 DEC; 63(11): 2847-2863.	13	326
3	生态系统服务	Hope D, Gries C, Zhu W et al. Socioeconomics drive urban plant diversity. Proceedings of the National Academy of Sciences of The United States of America. 2003 JUL 22; 100(15): 8788-8792.	11	329
10	城市热岛	Brazel A, Gober P, Lee SJ, Grossman-Clarke S, Zehnder J et al. Determinants of changes in the regional urban heat island in metropolitan Phoenix (Arizona, USA) between 1990 and 2004. Climate Research. 2007 FEB 22; 33(2): 171-182	11	86

续表

序号	主题	论文	被引次数	
			相互引用*	总引用**
24	城市热岛	Imhoff ML, Zhang P, Wolfe RE, Bounoua L. Remote sensing of the urban heat island effect across biomes in the continental USA. Remote Sensing of Environment. 2010 MAR 15; 114(3): 504-513.	9	295
23	城市热岛	Buyantuyev A, Wu JG. Urban heat islands and landscape heterogeneity: Linking spatiotemporal variations in surface temperatures to land-cover and socioeconomic patterns. Landscape Ecology. 2010 JAN; 25(1): 17-33.	7	195
8	居民的景观偏好	Larsen L, Harlan SL. Desert dreamscapes: Residential landscape preference and behavior. Landscape and Urban Planning. 2006 OCT 15; 78(1-2): 85-100.	6	105
28	水资源	Gober P, Kirkwood CW. Vulnerability assessment of climate-induced water shortage in Phoenix. Proceedings of the National Academy of Sciences of the United States of America. 2010 DEC 14; 107(50): 21295-21299.	6	48

注：* 相互引用是指文章在 155 篇旱区城市可持续评价论文中被引用次数；

** 总引用是指文章在 Web of Science 数据库中的被引用次数。

12.2.4 主要研究方法

旱区可持续评价研究的主要方法包括模型、指标和调研。155 篇旱区城市可持续评价论文中，基于模型、指标和调研评价方法的论文分别有 57 篇、56 篇和 22 篇，所占比例分别为 36.77%、36.13%和 14.19%（表 12.4）。

12.2.5 主要评价结果

应对气候变化背景下的水资源短缺、城市热岛和生态系统服务减少等问题，已成为旱区城市可持续发展研究中的热点问题。

水资源安全是旱区城市可持续发展的关键。155 篇旱区城市可持续评价文章中有 51 篇关注水资源问题。水资源短缺（Gober and Kirkwood, 2010; Zhang et al., 2015）、水资源限制（Fang et al., 2007）及供需矛盾（Hirt et al., 2017; Sun et al., 2016）、水污染（Ameur et al., 2016; Bertrand et al., 2016; Chatziefthimiou et al., 2016; Marghade et al., 2012）以及相关的健康风险（Wu et al., 2017）已成为旱区城市可持续发展面临的重要挑战。基于上述认识，人们已经重视水资源规划

表 12.4 不同主题旱区城市可持续评价研究及其评价方法

主题	模型	指标	调研	其他	总计
水	18	16	7	10	51
城市热岛	12	6	2	2	22
综合评价*	6	13	0	2	21
生态系统服务	6	5	6	1	18
气候变化	3	2	0	0	5
其他	12	14	7	5	38
总计	57	56	22	20	155

注:* 综合评价是指涵盖社会、经济和环境多个维度的旱区城市可持续评价。

管理,通过制定和评估各种水资源管理方案,以应对旱区城市水资源问题(Chhetri, 2011; Larson et al., 2015; Ranatunga et al., 2014)。

城市热岛也是影响旱区城市人类福祉和可持续发展的一项重要因素。155篇旱区城市可持续评价文章中有22篇涉及了城市热环境、城市热岛、气候、地表温度和威胁人类健康的热风险(Brazel et al., 2007; Buyantuyev and Wu, 2010; Golden et al., 2008; Harlan et al., 2006; Imhoff et al., 2010; Jenerette et al., 2007)。相关研究结果表明,旱区城市热岛(Harlan et al., 2014; Khanjan and Bahrampour, 2013)影响能源消耗(Aldossary et al., 2014; Salamanca et al., 2013),威胁人类健康(Harlan et al., 2014; Khanjani and Bahrampour, 2013),会对旱区城市可持续性及人类健康和福祉造成不可忽视的影响。

充足稳定的生态系统服务是城市可持续发展的基础,这对受到水资源供给量限制的旱区城市生态系统来说尤为重要。155篇文章中共有18篇评价了生态系统服务与旱区城市可持续性之间的复杂关系。旱区城市的土地覆盖/利用变化可能会导致耕地和草地减少进而使区域生态系统服务降低(Liu et al., 2012)。城市绿地可以提供重要的文化服务(Dou et al., 2017; Larson et al., 2016),但同时也可能会加剧水资源供需矛盾(Kaplan et al., 2014)。相应的可持续城市规划与管理对于区域生态系统服务的协调和促进作用也已开始受到重视(Turner and Galletti, 2015)。

与水资源、城市热岛及生态系统关系密切的气候变化(Berardy and Chester, 2017; Chen and Zhang, 2017; Gober and Kirkwood, 2010; Harlan et al., 2013)已成为影响旱区城市可持续发展的重要因素。155篇旱区城市可持续评价论文中,有20篇评价了气候变化背景下的水资源短缺(Chhetri, 2011; Gober and Kirkwood, 2010)和城市热岛(Harlan et al., 2014; Middel et al., 2012)等问题,其

中 5 篇详细分析了旱区城市的气候变化脆弱性以及气候变化与生态系统服务、食物-能源-水系统的关系(Berardy and Chester, 2017; Brazel et al., 2000; Chen and Zhang, 2017; Salehi and Zebardast, 2016; Tayyebi and Jenerette, 2016)。在气候变化背景下,温度上升将可能引起更加严峻的水资源短缺和城市热岛问题,导致旱区城市脆弱性增加,影响人类健康和福祉(Berardy and Chester, 2017; Harlan et al., 2014; Salehi and Zebardast, 2016; Shahran et al., 2017)。例如,美国亚利桑那州旱区城市"食物-能源-水"系统的气候变化脆弱性评价研究表明,温度上升 1 ℃将可能导致灌溉用水需求量增加 2.6%及粮食产量下降约 12%(Berardy and Chester, 2017)。另外,旱区城市内部相对郊区面临着更大的气候变化挑战,环境脆弱性和居民热相关死亡风险更大(Harlan et al., 2014)。制定并实施适应气候变化的城市规划管理政策和方案必要且亟须(Gober and Kirkwood, 2010; Larson et al., 2015; Yang and Wang, 2017)。

12.3 讨论

首先,旱区城市可持续评价研究需关注气候变化背景下不断加剧的水资源短缺、城市热岛和生态系统服务减少等问题,注重制定和评价相关的应对措施。目前,旱区城市面临明显的资源环境挑战,在评价其可持续性时应涵盖气候变化、水资源、城市热岛和生态系统服务等重要影响因素,强调"环境可持续性是社会经济可持续性基础"的"强可持续"理念(Daly, 1997; Wu, 2013; 邬建国等,2014)。同时,需重视旱区城市可持续评价中管理(governance)维度的评估和对比分析,提高可持续评价研究的实践指导意义。

其次,应积极开展多尺度的旱区城市可持续评价研究。目前,全球范围的旱区城市可持续评价研究以及多尺度对比研究仍较少。旱区城市分布范围广,人与环境系统复杂,空间异质性强。多尺度的旱区城市可持续评价研究将更有利于区域对比以及揭示空间异质性。

此外,旱区城市可持续评价领域在一些重要方面有待进一步发展。如何深入认识气候变化尤其是极限气候条件下不同城市可持续相关影响因素的非线性响应(nonlinearity),从而更好地量化和提高旱区城市的弹性(resilience),是目前和未来旱区城市可持续研究关注的热点问题之一。同时,从综合的角度(holistic perspective)考虑不同社会、经济、环境因子之间的相互作用,深入分析自然资本和人为资本(natural capital vs. human capital)对于城市可持续性的作用,以及如何综合不同学科方法(模型、调查、实验等)开展跨学科研究(transdisciplinary)来加强城市可持续评价,从而更好地加入不同利益相关者(stakeholder),如城市规划、景观设计和水资源管理人员等来开展知识合作产出(knowledge co-production)等,这些研究内容及挑战也愈加受到重视,对旱区城市可持续研究发展具有重要意义。

未来,应该基于多方法实现多尺度和多维度的旱区城市可持续评价。可以采用多种指标来综合评价不同维度可持续性,基于不同模型提高相关数据可获取性或支持长时间动态研究,并且结合实地调研方法实现城市内部精细尺度上的评估和模型验证。同时,应将大数据及相关的数据分析方法应用于城市可持续评价研究,丰富数据源,实现在大尺度上评价旱区城市可持续性。综合全球相关研究结果及数据库,如共享社会经济发展路径情景(the shared socioeconomic pathway,SSP)以及全球生态多样性数据集(projecting responses of ecological diversity in changing terrestrial systems database,www.predicts.org.uk.)也将有助于实现在大尺度和多维度上评价旱区城市可持续性。此外,结合模型模拟和情景分析,可以有效评估和分析旱区城市规划和管理措施,为实现旱区城市可持续发展提供帮助。

12.4 结论

旱区城市可持续评价已经成为当前城市可持续研究的一个焦点问题。气候变化背景下不断加剧的水资源短缺、城市热岛和生态系统服务减少等问题是当前旱区城市可持续评价中主要关注的热点问题。未来的旱区城市可持续评价需要全面涵盖可持续发展的环境、社会和经济特征,综合利用指标、模型和调研等多种手段,开展多尺度研究。

参考文献

黄璐,邬建国,严力蛟. 2015. 城市的远见——可持续城市的定义及其评估指标. 华中建筑,11: 40-46.

邬建国,郭晓川,杨劼,钱贵霞,牛建明,梁存柱,张庆,李昂. 2014. 什么是可持续性科学? 应用生态学报,25(1):1-11.

Abdel-Galil, and R. E. S. 2012. Desert reclamation, a management system for sustainable urban expansion. Progress in Planning, 78: 151-206. doi:10. 1016/j.progress.2012.04.003.

Al-Jokhadar, A., and W. Jabi. 2017. Applying the Vernacular model to high-rise residential development in the middle east and north Africa. Archnet-Ijar International Journal of Architectural Research, 11(2): 175-189.

Aldossary, N. A., Y. Rezgui, and A. Kwan. 2014. Domestic energy consumption patterns in a hot and arid climate: A multiple-case study analysis. Renewable Energy, 62: 369-378. doi: 10. 1016/j.renene.2013.07.042.

Alshuwaikhat, H. M., and D. I. Nkwenti. 2002. Developing sustainable cities in arid regions. Cities, 19(2): 85-94. doi:10.1016/s0264-2751(02)00003-3.

Ameur, M., F. Hamzaoui-Azaza, and M. Gueddari. 2016. Nitrate contamination of Sminja aquifer groundwater in Zaghouan, northeast Tunisia: WQI and GIS assessments. Desalination and Water Treatment, 57(50): 23698-23708. doi:10.1080/19443994.2015.1137495.

Azami, M., E. Mirzaee, and A. Mohammadi. 2015. Recognition of urban unsustainability in Iran (case study: Sanandaj city). Cities, 49: 159-168. doi:10. 1016/j. cities. 2015. 08. 005.

Azami, M., R. Tavallaei, and A. Mohammadi. 2017. The challenge of sustainability in informal settlements of Iran (case study: Sanandaj city). Environment Development and Sustainability, 19 (4): 1523-1537. doi:10.1007/s10668-016-9817-4.

Banerjee, A., P. Singh, and K. Pratap. 2016. Hydrogeological component assessment for water resources management of semi-arid region: A case study of Gwalior, MP, India. Arabian Journal of Geosciences, 9(18): 13. doi:10.1007/s12517-016-2736-8.

Bao, C., and C. L. Fang. 2009. Integrated assessment model of water resources constraint intensity on urbanization in arid area. Journal of Geographical Sciences, 19(3): 273-286. doi:10.1007/S11442-009-0273-z.

Batson, C. D., and S. M. Monnat. 2015. Distress in the desert: Neighborhood disorder, resident satisfaction, and quality of life during the Las Vegas foreclosure crisis. Urban Affairs Review, 51 (2): 205-238. doi:10.1177/1078087414527080.

Berardy, A., and M. V. Chester. 2017. Climate change vulnerability in the food, energy, and water nexus: Concerns for agricultural production in Arizona and its urban export supply. Environmental Research Letters, 12(3): 13. doi:10.1088/1748-9326/aa5e6d.

Bertrand, G., R. Hirata, H. Pauwels, L. Cary, E. Petelet-Giraud, E. Chatton, L. Aquilina, T. Labasque, V. Martins, S. Montenegro, J. Batista, A. Aurouet, J. Santos, R. Bertolo, G. Picot, M. Franzen, R. Hochreutener, and G. Braibant. 2016. Groundwater contamination in coastal urban areas: Anthropogenic pressure and natural attenuation processes. Example of Recife (PE State, NE Brazil). Journal of Contaminant Hydrology, 192: 165-180. doi: 10.1016/j.jconhyd.2016.07.008.

Bradley, H. 1957. The future of arid lands. The American Journal of Tropical Medicine and Hygiene, 6(4): 767-767.

Brazel, A., P. Gober, S. J. Lee, S. Grossman-Clarke, J. Zehnder, B. Hedquist, and E. Comparri. 2007. Determinants of changes in the regional urban heat island in metropolitan Phoenix (Arizona, USA) between 1990 and 2004. Climate Research, 33(2): 171-182. doi:10.3354/cr033171.

Brazel, A., N. Selover, R. Vose, and G. Heisler. 2000. The tale of two climates—Baltimore and Phoenix urban LTER sites. Climate Research, 15(2): 123-135. doi:10.3354/cr015123.

Budd, W., N. Lovrich, J. C. Pierce, and B. Chamberlain. 2008. Cultural sources of variations in US urban sustainability attributes. Cities, 25(5): 257-267.

Buyantuyev, A., and J. Wu. 2010. Urban heat islands and Landscape heterogeneity: Linking spatiotemporal variations in surface temperatures to land-cover and socioeconomic patterns. Landscape Ecology, 25(1): 17-33. doi:10.1007/s10980-009-9402-4.

Chang, Y. T., H. L. Liu, A. M. Bao, X. Chen, and L. Wang. 2015. Evaluation of urban water resource security under urban expansion using a system dynamics model. Water Science and Technology—Water Supply, 15(6): 1259-1274. doi:10.2166/ws.2015.092.

Chatziefthimiou, A. D., J. S. Metcalf, W. B. Glover, S. A. Banack, S. R. Dargham, and R. A. Richer. 2016. Cyanobacteria and cyanotoxins are present in drinking water impoundments and groundwater wells in desert environments. Toxicon, 114: 75-84. doi:10.1016/j.toxicon.2016.02.016.

Chen, C. B., and C. Zhang. 2017. Projecting the CO_2 and climatic change effects on the net primary productivity of the urban ecosystems in Phoenix, AZ in the 21st century under multiple RCP (Representative Concentration Pathway) Scenarios. Sustainability, 9(8): 20. doi: 10.3390/su9081366.

Chhetri, N. B. 2011. Water-demand management: Assessing impacts of climate and other changes on water usage in Central Arizona. Journal of Water and Climate Change, 2(4): 288-312. doi: 10.2166/wcc.2011.017.

Clarke, L. W., G. D. Jenerette, and A. Davila. 2013. The luxury of vegetation and the legacy of tree biodiversity in Los Angeles, CA. Landscape and Urban Planning, 116: 48-59. doi:10.1016/j. landurbplan. 2013.04.006.

Curtis, A. J., and W. A. A. Lee. 2010. Spatial patterns of diabetes related health problems for vulnerable populations in Los Angeles. International Journal of Health Geographics, 9: 10. doi:10.1186/1476-072x-9-43.

Daly, H. E. 1997. Georgescu-Roegen versus Solow/Stiglitz. Ecological Economics, 22(3): 261-266.

Dou, Y. H., L. Zhen, R. De Groot, B. Z. Du, and X. B. Yu. 2017. Assessing the importance of cultural ecosystem services in urban areas of Beijing municipality. Ecosystem Services, 24: 79-90. doi:10.1016/j.ecoser.2017.02.011.

Dozier, A. Q., M. Arabi, B. C. Wostoupal, C. G. Goemans, Y. Zhang, and K. Paustian. 2017. Declining agricultural production in rapidly urbanizing semi-arid regions: Policy tradeoffs and sustainability indicators. Environmental Research Letters, 12(8): 9. doi:10.1088/1748-9326/aa7287.

El Ghorab, H. K., and H. A. Shalaby. 2016. Eco and Green cities as new approaches for planning and developing cities in Egypt. Alexandria Engineering Journal, 55(1): 495-503. doi:10.1016/j.aej.2015.12.018.

Fang, C. L., C. Bao, and J. C. Huang. 2007. Management implications to water resources constraint force on socio-economic system in rapid urbanization: A case study of the hexi corridor, NW China. Water Resources Management, 21(9): 1613-1633. doi:10.1007/s11269-006-9117-0.

Gao, C., J. Lei, and F. J. Jin. 2013. The classification and assessment of vulnerability of man-land system of oasis city in arid area. Frontiers of Earth Science, 7(4): 406-416. doi:10.1007/s11707-013-0402-y.

Glaeser, E. 2011. Cities, productivity, and quality of life. Science, 333(6042): 592-594.

Gober, P., and C. W. Kirkwood. 2010. Vulnerability assessment of climate-induced water shortage in Phoenix. Proceedings of the National Academy of Sciences of the United States of America, 107(50): 21295-21299. doi:10.1073/pnas.0911113107.

Golden, J. S., D. Hartz, A. Brazel, G. Luber, and P. Phelan. 2008. A biometeorology study of climate and heat-related morbidity in Phoenix from 2001 to 2006. International Journal of Biometeorology, 52(6): 471-480. doi:10.1007/s00484-007-0142-3.

Harlan, S. L., A. J. Brazel, L. Prashad, W. L. Stefanov, and L. Larsen. 2006. Neighborhood microclimates and vulnerability to heat stress. Social Science & Medicine, 63(11): 2847-2863. doi:10.1016/j.socscimed.2006.07.030.

Harlan, S. L., G. Chowell, S. Yang, D. B. Petitti, E. J. M. Butler, B. L. ruddell, and D. M. Ruddell. 2014. Heat-related deaths in hot cities: Estimates of human tolerance to high temperature thresholds. International Journal of Environmental Research and Public Health, 11(3): 3304-3326. doi:10.3390/ijerph110303304.

Harlan, S. L., J. H. Declet-Barreto, W. L. Stefanov, and D. B. Petitti. 2013. Neighborhood effects on heat deaths: Social and environmental predictors of vulnerability in Maricopa County, Arizona. Environmental Health Perspectives, 121(2): 197-204. doi:10.1289/ehp.1104625.

Heilig, G. K. 2012. World urbanization prospects: The 2011 revision. United Nations, Department of Economic and Social Affairs(DESA), Population Division, Population Estimates and Projections Section, New York, 14.

Hirt, P., R. Snyder, C. Hester, and K. Larson. 2017. Water consumption and sustainability in Arizona: A tale of two desert cities. Journal of the Southwest, 59(1-2): 264-301. doi:10.1353/jsw.2017.0017.

Hondula, D. M., M. Georgescu, and R. C. Balling. 2014. Challenges associated with projecting urbanization-induced heat-related mortality. Science of the Total Environment, 490: 538-544. doi:10.1016/j.scitotenv.2014.04.130.

Huang, L., J. Wu, and L. Yan. 2015. Defining and measuring urban sustainability: A review of indicators. Landscape Ecology, 30(7): 1175-1193.

Hutchinson, C. F., and S. M. Herrmann. 2008. The Future of Arid Lands—Revisited: A Review of 50 Years of Drylands Research, Springer, 148-156.

Idrus, S., A. S. Hadi, A. H. H. Shah, and A. F. Mohamed. 2008. Spatial urban metabolism for livable city. Paper presented at the Blue prints for sustainable infrastructure conference.

Imhoff, M. L., P. Zhang, R. E. Wolfe, and L. Bounoua. 2010. Remote sensing of the urban heat island effect across biomes in the continental USA. Remote Sensing of Environment, 114(3): 504-513. doi:10.1016/j.rse.2009.10.008.

Jabbar, M. T., and J. X. Zhou. 2013. Environmental degradation assessment in arid areas: A case study from Basra Province, southern Iraq. Environmental Earth Sciences, 70(5): 2203-2214. doi:10.1007/s12665-013-2290-6.

Jenerette, G. D., S. L. Harlan, A. Brazel, N. Jones, L. Larsen, and W. L. Stefanov. 2007. Regional relationships between surface temperature, vegetation, and human settlement in a rapidly urbanizing ecosystem. Landscape Ecology, 22(3): 353-365. doi:10.1007/s10980-006-9032-z.

Jenerette, G. D., S. L. Harlan, A. Buyantuev, W. L. Stefanov, J. Declet-Barreto, B. L. Ruddell, S. W., Myint, S. Kaplan, and X. X. Li. 2016. Micro-scale urban surface temperatures are related to land-cover features and residential heat related health impacts in Phoenix, AZ USA. Landscape Ecology, 31(4): 745-760. doi:10.1007/s10980-015-0284-3.

Kaplan, S., S. W. Myint, C. Fan, and A. J. Brazel. 2014. Quantifying outdoor water consumption of urban land use/land cover: Sensitivity to drought. Environmental Management, 53(4): 855-864. doi:10.1007/s00267-014-0245-7.

Kates, R. W. 2011. What kind of a science is sustainability science? Proceedings of the National Academy of Sciences of the United States of America, 108(49): 19449-19450. doi:10.1073/pnas.1116097108.

Khanjani, N., and A. Bahrampour. 2013. Temperature and cardiovascular and respiratory mortality in desert climate. A case study of Kerman, Iran. Iranian Journal of Environmental Health Science and Engineering, 10: 6. doi:10.1186/1735-2746-10-11.

Larson, K. L., K. C. Nelson, S. R. Samples, S. J. Hall, N. Bettez, J. Cavender-Bares, P. M. Groffman, M. Grove, J. B. Heffernan, S. E. Hobbie, J. Learned, J. L. Morse, C. Neill, L. A. Ogden, J. O'Neil-Dunne, D. E. Pataki, C. Polsky, R. R. Chowdhury, M. Steele, and T. L. E. Trammell. 2016. Ecosystem services in managing residential landscapes: Priorities, value dimensions, and cross-regional Patterns. Urban Ecosystems, 19(1): 95-113. doi:10.1007/s11252-015-0477-1.

Larson, K. L., D. D. White, P. Gober, and A. Wutich. 2015. Decision-making under uncertainty for water sustainability and urban climate change adaptation. Sustainability, 7(11): 14761-14784. doi:10.3390/su71114761.

Li, Y. F., G. H. Song, Y. G. Wu, W. F. Wan, M. S. Zhang, and Y. J. Xu. 2009. Evaluation of water quality and protection strategies of water resources in arid-semiarid climates: A case study in the Yuxi River Valley of Northern Shaanxi Province, China. Environmental Geology, 57(8): 1933-1938. doi:10.1007/s00254-008-1483-x.

Liu, Y., J. C. Li, and H. Zhang. 2012. An ecosystem service valuation of land use change in Taiyuan City, China. Ecological Modelling, 225: 127-132. doi: 10.1016/j.ecolmodel.2011.11.017.

Marghade, D., D. B. Malpe, and A. B. Zade. 2012. Major ion chemistry of shallow groundwater of a fast growing city of Central India. Environmental Monitoring and Assessment, 184(4): 2405-2418. doi:10.1007/s10661-011-2126-3.

McCarthy, H. R., D. E. Pataki, and G. D. Jenerette. 2011. Plant water-use efficiency as a metric of urban ecosystem services. Ecological Applications, 21(8): 3115-3127. doi:10.1890/11-0048.1.

Middel, A., A. J. Brazel, S. Kaplan, and S. W. Myint. 2012. Daytime cooling efficiency and diurnal energy balance in Phoenix, Arizona, USA. Climate Research, 54(1): 21-34. doi: 10.3354/cr01103.

Millennium Ecosystem Assessment. 2005. Ecosystems and Human Well-being. Synthesis. (Vol. 42). Washington DC: Island Press.

Mortimore, M. 2009. Dryland opportunities: A new paradigm for people, ecosystems and development: IUCN, Gland(Suiza).

Nahiduzzaman, K. M., A. S. Aldosary, and M. T. Rahman. 2015. Flood induced vulnerability in strategic plan making process of Riyadh city. Habitat International, 49: 375-385. doi:10.1016/j.

habitatint.2015.05.034.

Nikodinoska, N., A. Paletto, F. Pastorella, M. Granvik, and P. P. Franzese. 2018. Assessing, valuing and mapping ecosystem services at city level: The case of Uppsala(Sweden). Ecological Modelling, 368: 411-424. doi:10.1016/j.ecolmodel.2017.10.013.

Palta, M., M. V. du Bray, R. Stotts, A. Wolf, and A. Wutich. 2016. Ecosystem services and dis-services for a vulnerable population: Findings from urban waterways and wetlands in an American desert city. Human Ecology, 44(4): 463-478. doi:10.1007/s10745-016-9843-8.

Perrone, D., J. Murphy, and G. M. Hornberger. 2011. Gaining perspective on the Water-Energy Nexus at the community scale. Environmental Science and Technology, 45(10): 4228-4234. doi:10.1021/es103230n.

Ranatunga, T., S. T. Y. Tong, Y. Sun, and Y. J. Yang. 2014. A total water management analysis of the Las Vegas Wash watershed, Nevada. Physical Geography, 35(3): 220-244. doi: 10.1080/02723646.2014.908763.

Safriel, U., Z. Adeel, D. Niemeijer, J. Puigdefabregas, R. White, R. Lal, M. Winsolow, J. Ziedler, S. Prince, and E. Archer. 2006. Dryland Systems Ecosystems and Human Well-being. Current State and Trends, Vol. 1(pp. 625-656): Island Press.

Safriel, U. N. 1999. The concept of sustainability in dryland ecosystems: University of Illinois Press, Urbana, IL, USA.

Salamanca, F., M. Georgescu, A. Mahalov, M Moustaoui, M. Wang, and B. M. Svoma. 2013. Assessing summertime urban air conditioning consumption in a semiarid environment. Environmental Research Letters, 8(3): 9. doi:10.1088/1748-9326/8/3/034022.

Salehi, E., and L. Zebardast. 2016. Application of Driving force-Pressure-State-Impact-Response (DPSIR) framework for integrated environmental assessment of the climate change in city of Tehran. Pollution, 2(1): 83-92. doi:10.7508/pj.2016.01.009.

Salinas, C. X., J. Gironas, and M. Pinto. 2016. Water security as a challenge for the sustainability of La Serena-Coquimbo conurbation in northern Chile: Global perspectives and adaptation. Mitigation and Adaptation Strategies for Global Change, 21(8): 1235-1246. doi:10.1007/s11027-015-9650-3.

Salvati, L., M. Karamesouti, and K. Kosmas. 2014. Soil degradation in environmentally sensitive areas driven by urbanization: An example from Southeast Europe. Soil Use and Management, 30(3): 382-393. doi:10.1111/sum.12133.

Shahran, A., D. Reba, and M. Krkljes. 2017. Thermal comfort, adaptability and sustainability of vernacular single family houses in Libya. Tehnicki Vjesnik-Technical Gazette, 24(6): 1959-1968. doi:10.17559/tv-20160412221515.

Stanners, D., and P. Bourdeau. 1995. Europe's environment: The Dobris assessment. European Environment Agency: https://www.eea.europa.eu/publications/92-826-5409-5.

Sun, Z. X., F. Wu, C. C. Shi, and J. Y. Zhan. 2016. The impact of land use change on water balance in Zhangye city, China. Physics and Chemistry of the Earth, 96: 64-73. doi:10.1016/j.pce.2016.06.004.

Tayyebi, A., and G. D. Jenerette. 2016. Increases in the climate change adaption effectiveness and availability of vegetation across a coastal to desert climate gradient inmetropolitan Los Angeles, CA, USA. Science of the Total Environment, 548: 60-71. doi:10.1016/j.scitotenv.2016.01.049.

Turner, V. K., and C. S. Galletti. 2015. Do Sustainable Urban Designs Generate More Ecosystem Services? A Case Study of Civano in Tucson, Arizona. Professional Geographer, 67(2): 204-217. doi:10.1080/00330124.2014.922021.

United Nations Centre for Human Settlements(Habitat). 1996. An Urbanizing World, Global Report On Human Settlements. Oxford University Press.

United Nations for Human Settlements, and United Nations Environment Programme. 2001. Sustainable cities programme 1990-2000. Nairobi: UN-Habitat: https://unhabitat.org/books/sustainable-cities-programme-1990-2000/.

van Eck, N. J., and L. Waltman. 2010. Software survey: VOSviewer, a computer program for bibliometric mapping. Scientometrics, 84(2): 523-538. doi:10.1007/s11192-009-0146-3.

Wang, J., S. C. Yan, Y. Q. Guo, J. R. Li, and G. Q. Sun. 2015. The effects of land consolidation on the ecological connectivity based on ecosystem service value: A case study of Da'an land consolidation project in Jilin province. Journal of Geographical Sciences, 25(5): 603-616. doi:10.1007/s11442-015-1190-y.

White, R. P., and J. Nackoney. 2003. Drylands, people, and ecosystem goods and services: A web-based geospatial analysis (PDF version). World Resources Institute (http://pdf. wri. org/drylands pdf accessed on 30 January 2012).

Wu, J. 2010. Urban sustainability: An inevitable goal of landscape research. Landscape Ecology, 25(1): 1-4. doi:10.1007/s10980-009-9444-7.

Wu, J. 2013. Landscape sustainability science: Ecosystem services and human well-being in changing landscapes. Landscape Ecology, 28(6): 999-1023.

Wu, J. 2014. Urban ecology and sustainability: The state-of-the-science and future directions. Landscape and Urban Planning, 125: 209-221. doi:10.1016/j.landurbplan.2014.01.018.

Wu, T., X. P. Li, T. Yang, X. M. Sun, H. W. Mielke, Y. Cai, Y. W. Ai, Y. N. Zhao, D. Y. Liu, X. Zhang, X. Y. Li, L. J Wang, and H. T. Yu. 2017. Multi-elements in source water (drinking and surface water) within five cities from the semi-arid and arid region, NW China: Occurrence, spatial distribution and risk assessment. International Journal of Environmental Research and Public Health, 14(10): 19. doi:10.3390/ijerph14101168.

Yang, J. C., and Z. H. Wang. 2017. Planning for a sustainable desert city: The potential water buffering capacity of urban green infrastructure. Landscape and Urban Planning, 167: 339-347. doi:10.1016/j.landurbplan.2017.07.014.

You, F., Y. Li, and S. C. Dong. 2005. Environmental sustainability and scenarios of urbanization in arid area—A case study in Wuwei City of Gansu Province. Chinese Geographical Science, 15 (2): 120-130. doi:10.1007/s11769-005-0004-z.

Yue, Y. J., X. Y. Ye, X. Y. Zou, J. A. Wang, and L. Gao. 2017. Research on land use optimization for reducing wind erosion in sandy desertified area: A case study of Yuyang County in Mu Us Desert, China. Stochastic Environmental Research and Risk Assessment, 31(6): 1371-1387. doi:10.1007/s00477-016-1223-9.

Zhang, Q., B. Liu, W. G. Zhang, G. Jin, and Z. H. Li. 2015. Assessing the regional spatio-temporal pattern of water stress: A case study in Zhangye City of China. Physics and Chemistry of the Earth, 79-82, 20-28. doi:10.1016/j.pce.2014.10.007.

Zhou, H., Y. Yang, Y. Chen, and J. Zhu. 2018. Data envelopment analysis application in sustainability: The origins, development and future directions. European Journal of Operational Research, 264(1): 1-16.

第13章

生境可入侵性:格局和机制

郭勤峰[①] 李博[②]

摘 要

一般认为,生物多样性高的生境因空余生态位较少而相对难以被外来种入侵,相关实验研究得出的结论却不尽相同。有研究发现,生境的生物多样性和可入侵性之间呈负相关,但正相关和不相关的结果也常见报道。以下两方面的原因可能导致该问题的答案具有不确定性:① 多数研究实际测定的是入侵程度而非可入侵性;② 多数研究只使用外来种的丰富度作为入侵程度或可入侵性的测度。然而,近年来的证据表明,生境的入侵程度受到可入侵性、干扰程度、繁殖体压力和时间等因素的综合影响,而外来种丰富度单个指标不宜作为入侵程度的度量。在本文中,我们在相关理论基础上整合最新的、涉及全球不同生态系统类型的观测研究,以期重新思考入侵格局。在分析过程中,我们明确区分生境的可入侵性和入侵程度,并提出以下三个猜想/预设:①“外来种”这一概念是尺度和边界依赖的,大部分外来种并非入侵种;② 研究结果可能因度量方法的不同而异,仅使用外来种丰富度无法有效地度量可入侵性或入侵程度;③ 时间因素对可入侵性和入侵程度的影响是不一致的。所以,我们认为:第一,当其他因素相同时,生境中生物多样性与其可入侵性或入侵程度之间的关系取决于群落的物种组成和入侵种的优势度;第二,可入侵性是生境的一个固有特征,其仅随着演替的进程而变化,而生境的入侵程度往往会随时间逐渐增加。因此,我们强调无论是科学研究还是在大众传播领域,当涉及生物入侵时应对生境的可入侵性和入侵程度进行明确的区分。此外,生物入侵的防控工作应着眼于降低入侵种的优势度,而不是仅仅控制外来种的丰富度。

① 美国农业部林业署南方研究站三角研究园,北卡罗来纳,27709,美国;

② 复旦大学长江河口湿地生态系统国家野外科学观测研究站,生物多样性与生态工程教育部重点实验室,上海,200438,中国。

Abstract

It is commonly believed that species-rich habitats are less invasible to exotic species due to lower niche availability. Empirical studies, however, continue to generate inconsistent results including positive, negative, or no relationship between diversity and invasibility. Two critical issues hinder our progress toward better understanding of habitat invasibility, that is, ① most studies to date have actually measured degree of invasion(DI), not invasibility, and ② most related studies have used exotic richness only as a measure of invasibility or DI. Recent evidence shows that ① DI is much more complex involving multiple factors such as invasibility, disturbance, propagule pressure, and time, and ② richness alone cannot be used to appropriately assess or as a determinant of DI. Here, we synthesize broad theoretical background and empirical observations across a wide range of habitat types from around the world to reevaluate invasion patterns. The new analyses make clear distinctions between invasibility and DI, and are based on the following three promises: ① "exotics" are scale-and boundary-dependent, and most of them are not invasive, ② different measures could lead to mixed results and richness alone cannot be used as a determinant factor of invasibility or measure for DI, and ③ time factor plays very different roles in invasibility and DI. We argue that ① everything else being equal, the outcome depends on species composition and dominance of both existing community and invaders, ② habitat invasibility as an inherent feature of a habitat only fluctuates during succession. However, DI always increases over time. Future research and public communication should make clear distinction between invasibility and DI, and the management of biotic invasions should make more efforts to reduce the dominance of invaders, rather than just exotic richness.

引言

物种借助人类活动扩展其分布区,在新生境中成为外来种(或非土著种)。外来种对新生境的成功入侵是其和被入侵生境的环境条件相互匹配的结果,而人类活动则是这一过程的主要驱动因素。迄今为止,相关研究已经不断地加深了我们对群落生物多样性及生境可入侵性的认识。在一定程度上,如果环境中存在外来种的物种库,且环境条件适宜,所有的生境都是可入侵的,但一些生境比其他生境更容易被入侵(Crawly, 1987; Williamson, 1996)。尽管学界普遍认同资源有效性对外来种入侵的重要作用,但对于其他一些问题的了解仍然有限,特别是群落生物多样性和生物入侵的关系。

到目前为止，对这一问题已经展开了大量的研究，但得到的结果不尽相同，甚至相互冲突（Lonsdale, 1999; Fridley, 2011）：① 大尺度的研究发现群落的生物多样性与外来种丰富度呈正相关，并可由种-面积曲线关系、空间可利用性、资源可利用性和生境异质性等来解释（Fridley, 2011）；② 小尺度的研究（如样点水平）往往表明两者呈负相关（Guo, 2015），其中的原因可能是种间竞争（Levine and D'Antonio, 1999; Guo and Symstad, 2008）；③ 还有部分研究发现两者之间并不相关（Guo, 2017）。另外，已经有许多理论和实验研究关注土著物种多样性和可入侵性之间的关系，但不同研究的结果仍不一致（Wonham and Pachepsky, 2006）。一些研究同时使用理论模拟和控制实验相结合的手段，发现土著种多样性和可入侵性之间的关系呈单峰型，即当土著种数量较低不足以占据全部的生态位时，可入侵性随着物种多样性的增加而升高；但当生境中的土著种数量进一步增加至饱和后，物种多样性与可入侵性呈现出负相关关系（Fei et al., 2019）。生物多样性和生物入侵之间的关系在不同研究之间表现出的不一致可能主要由以下几个原因造成。

在早期的生物入侵相关研究中，不同的研究对于可入侵性（invasibility）和入侵程度（degree of invasion, DI）的定义和度量方法并不一致（见下文），因此很难根据这些研究结果对其中涉及的机制进行有效的推断。生境的入侵程度与人类活动紧密相关，也是生物入侵和土地管理中关注的焦点。与可入侵性这一群落的固有特性不同，入侵程度是生境可入侵性（内部因子）与外部因子（包括干扰、繁殖体压力和时间等在内的外界因素）相互作用的结果（Alpert et al., 2000）。然而，以往的许多研究并未明确地区分这两个概念，且将两者混为一谈（Wardle, 2001; Fridley, 2011）。

大部分研究使用外来种丰富度（richness）作为可入侵性的一个指标（Elton, 1958; Lonsdale, 1999; Moore et al., 2001; Fridley, 2011）。然而，一些研究即使统一使用外来种数量来度量可入侵性或入侵程度，并研究其与土著种丰富度的关系，但得到的结论仍不一致。其他研究使用了不同的指标，有些研究使用单个外来种或所有外来种的密度、生物量/盖度、生长/存活率（Robinson et al., 1995），还有一些研究使用外来种在群落中的占比（Lonsdale, 1999; Hutchinson and Vankat, 1997）。此外，即使统一了测量的指标，其他的限制条件如尺度、研究的类群或生境类型等都可能会对研究结果造成影响。

问题的另一个重要方面是，我们应该使用绝对值（总的丰富度或生物量）还是相对值（比例或分数）来度量可入侵性或入侵程度？其中，被入侵群落中土著种的丰富度和生物量可以通过测量获得，而最大值可以通过历史记录进行推断。

基于以上原因，为了评估生境的可入侵性及检验生物多样性与可入侵性之间的关系在不同生境间是否一致，我们首先需要解决以下问题：① 明确地对可入侵性进行定义（仅考虑入侵种还是考虑所有的外来种？指的是外来种占的优势度还是其丰富度或密度？）；② 确定测量可入侵性的方法，是外来种或入侵种的丰富度

(目前最常用的)、生物量/盖度、生长/存活率、所占比例,还是其他指标?

在过去的十多年中,有关外来种和入侵种的研究积累了大量的数据,也不断地加深了我们对这一问题的认识。在本文中,我们对最新的相关文献进行综述,在明确区分可入侵性和入侵程度的基础上分析这两个指标的时空变化。我们关注的内容从物种(特定的单个入侵种)到群落(所有外来种),涉及局域、区域和全球等不同尺度,综合了短期实验和长期观测研究。我们预设以下前提:① 土著种、外来种和入侵种三者之间均有差别(Richardson et al., 2000);② 入侵程度与可入侵性是两个不同的概念(Lonsdale, 1999; Guo and Symstad, 2008);③ 可入侵性和入侵程度应该通过相对值而非绝对值来评估,不仅要考虑外来种的丰富度,还要考虑生物量因素。我们将聚焦以下问题:① 可入侵性和入侵程度的区别;② 如何度量可入侵性和入侵程度;③ 可入侵性和入侵程度的时空变异;④ 影响可入侵性的可能机制。

13.1 可入侵性和入侵程度

可入侵性是群落或生境的内在和固有特性,不会受到干扰和外来种繁殖体压力(如种子数量)等外在因素的影响(Guo et al., 2015)。它是由物种多样性、物种组成、物种性状等群落特征决定的。可以将生境或群落的可入侵性类比成人体对病毒免疫力的反义词,它不受外部因素的影响,也不会因为群落内是否存在外来种(或人体内是否发现某种病毒)而改变。与之对应的是,群落的被入侵程度通常会同时受到内部和外部因素的影响(Guo et al., 2015),比如外来种繁殖体压力、时间、外来种的来源地,以及外来种的性状等。通常而言,可入侵性和入侵程度之间是正相关的,即高的可入侵性是一个生境或群落表现出高入侵程度的前提条件。但是,高的可入侵性并不一定意味着较高的入侵程度。比如,一个群落或生境即使可入侵性很高,当其中尚未出现外来种时,其入侵程度是零。可入侵性和入侵程度都在很大程度上受到生境资源可利用性的影响,都应使用相对值(如外来种在群落中所占比例)而非绝对值来度量。

物种丰富度仅仅是群落结构的一个特征,其他方面的特征还包括物种组成(物种性状)、均匀度(相对多度)和每个组分种的年龄结构等。群落中每个物种可能具有独特的生态位,但只有其多度达到一定程度后才能完全利用该生态位(考虑一个处于演替早期的群落与一个明显难以入侵的、单优势种群落)。一些严重的入侵物种之所以在群落中具有高的优势度以及造成灾难性的生态和经济危害,是由于它们具有高的入侵性。从管理的角度来看,我们更关心群落中外来种所占的优势度,而不是它们种的数量。

因此,将生物量或优势度纳入可入侵性或入侵程度的度量中具有以下优势:① 生物量可以作为干扰(Burke and Grime, 1996)和资源波动(Davis et al.,

2000)等影响因素的指示;② 相比于一些其他指标,生物量这一指标更易测量,因此更易用于对生境可入侵性的预测。

13.2 土著种、外来种和入侵种

这里,首先有必要对土著种、外来种和入侵种这三个同时依赖于地点和时间的概念进行澄清。虽然理论上三个词之间的区别很清楚,但实际上经常被误用。第一,外来种是人为定义的,一个物种是否为外来种,一个区域有多少外来种,这些问题的答案都依赖尺度(Guo, 2011)。区分三个概念的标准在不同分类群间也有差异。比如,大多数研究植物的工作以地理、政治或行政边界作为参考,而研究鱼类时通常将水域、河流和湖泊等自然边界作为参考(Guo and Olden, 2014)。第二,仅仅一小部分外来种是入侵种,且只有当时间和条件合适时这些外来种才表达出入侵性。换句话说,即使同样在引入地,某一外来种在部分区域具有较强的入侵能力,但在其他一些区域可能不具有入侵性。在相关管理工作中,如果一个外来种在临近区域表现出较高的入侵性,但在过渡区域或过渡阶段尚未表现出入侵性,管理部门就很难立即制定出针对性的管理措施。第三,在一个包含外来种的特定分类群中,这些外来种的入侵性也常常存在一个从低(几乎无入侵性或可以自然入侵)到高的渐变梯度(Richardson et al., 2000)。

在一般生物学意义上,外来种在资源获取、竞争和取食等方面与土著种相比并无不同(Levine and D'Antonio, 1999)。唯一有区别的是,外来种借助人类活动在新生境拓殖,从而扩大了其分布范围。因此,外来种与土著种之间的关系(小尺度上数量上的负相关,大尺度上的正相关或不相关)与两个土著种或两个外来种之间的关系应该类似。当研究物种之间的竞争、捕食等相互作用时,不应区别对待外来种。大多数(如果不是全部的话)有关土著群落的生态学理论(如竞争理论、中度干扰理论、中心理论等)也应适用于包含外来种的群落,无论该群落是由外来种与土著种共同构成,还是以外来种为单优势种。

在定义"入侵种"时,很容易忽视一些新近进入群落、由于时滞原因尚未表现出入侵性的外来种(Wilson et al., 2007),这些物种暂时表现为偶见种(rare species)。可以通过这些物种的以下信息综合判断其在某个区域的入侵潜力:① 在附近或类似的生境中的入侵表现;② 入侵性相关的性状,如种子较小(扩散能力较强),繁殖方式多样,生长速率较快等(Ricklefs et al., 2008);③ 是否具有较强的适应性进化能力或表型可塑性。

13.3 外来种的丰富度和占比

目前,学界对于可入侵性和入侵程度并没有严格的定义,使用的度量方法也不尽相同。然而,度量方法会在很大程度上影响到所得到的格局和对格局的解释推断。大多数相关研究仅使用群落中外来种的数量这一单一指标来度量可入侵性或入侵程度,但是,多数的外来种不具有入侵性,也不会造成明显的生态危害和经济损失(Williamson, 1996; Alpert et al., 2000)。事实上,如果从外来种造成的生态或经济影响来看,与外来种数量相比,外来种入侵土著群落后其生物量和优势度这些指标更为重要。换句话说,生物入侵的管理人员更关心外来种的优势度,而非外来种的丰富度或绝对数量(如个体的密度等)。一个外来种在一些情况下造成了极大的影响(如在美国北部大平原的许多地区,乳浆大戟 *Euphorbia esula* 横扫了大部分土著物种),在其他一些情况下却不是严重的问题(如在加州丛林中,许多外来种只在周期性火灾结束之后出现)。在前一种情况下,单一入侵种的优势度过高,以至于其他外来种都无法成功入侵;而在后一种情况中,虽然外来种的数量很大,但这些物种在总体生物量上的占比并不高,而且仅仅出现在火灾之后,是演替过程中过渡阶段的物种。这些物种不仅可以和土著种共存,还可以和其他外来种共存。

综上所述,度量群落的可入侵性或入侵程度时,应同时考虑外来种的丰富度及外来种在群落中的优势度(Levine and D'Antonio, 1999),且应使用相对值(如百分比)而非绝对值。无论关注的具体问题是生物多样性如何影响外来种丰富度(观测性研究),还是土著种丰富度如何影响外来种的入侵成功(控制实验),仅使用丰富度这一指标时不同研究得出的结论可能不一致,而使用综合丰富度和生物量的指标时结论更趋于一致(Wardle, 2001)。

13.4 外来种的丰富度和多度

仅仅使用外来种丰富度作为生境可入侵性的测度指标还存在其他诸多问题(Levine and D'Antonio, 1999; Moore et al., 2001)。第一,高的土著种多样性并不一定意味着群落中竞争作用较强、生物量(或植物群落中的盖度)较高或生态位填充较充分。某个物种在群落中可能有其独特的生态位,但其能否充分利用该生态位中的资源取决于其生物量(考虑群落中个体数量分别为 1 和 100 的差异)。例如,外来种和土著种的数量都随面积增加而升高,因此两者之间也表现出显著的正相关。但是,这种正相关并不总是代表着因果关系。另一个明显的现象是,一个由入侵种构成的单优势种群落的多样性很低,但其他物种(无论是外来种还是入侵种)都很难成功入侵。

第二,土著种和外来种的丰富度都随空间尺度而变化。在小的尺度(通常是样点或样方水平)上,当生境中的生物量已达到最大负荷(如演替后期的群落)时,物种数量也达到饱和,因此其他物种很难成功入侵。虽然在小尺度上土著种多样性和外来种数量呈负相关,一些土著种或外来种无法成功在某个物种丰富的微生境中拓殖,但这并不意味着这些物种也无法成功拓殖于该微生境所处的大生境、景观和区域中。即使在一个微生境中,如果土著种生物量或盖度很低,外来种仍然可以成功入侵,进而导致一个正的相关关系。在一个大的尺度上,土著种和外来种都随着面积或其他有利因素的增加而增加。另外,生境中的干扰会导致空白斑块的形成,此时群落中的生物量/盖度尚未达到(该生境可支持的)最高水平,因而有利于外来种的成功入侵。在上述情况下,外来种丰富度和土著种多样性通常呈正相关关系(但可能并非因果关系)。

第三,鲜有证据显示某个生境的物种数量已达到饱和状态(Moore et al., 2001)。也就是说,所有的生境都不同程度地、在某一时间阶段是可入侵的。比如,没有人会质疑再从世界其他地区向北美甚至是亚洲大陆成功引入 1 000 个物种且不造成任何问题(这些物种的成功拓殖不会降低土著植物的数量和多度)的可能性。在许多生境中,尽管土著种的多样性很高,但干扰等因素降低土著种的生物量,从而为外来种的成功入侵创造机会。当一个生境或景观开放度较高或处于干扰中,空余生态位较多。除非存在一些限制扩散的因素,否则其他物种将借助人类活动或通过自然的方式成功入侵该生境(Williamson, 1996)。对于许多生境(甚至是自然生境)而言,当其中的干扰处于中等水平时,这些生境容易被成功入侵。如果这些生境中入侵种数量较少,其原因可能是距离入侵种物种库较远,或入侵时间尚短,但很可能不是因土著植物多样性较高。

总之,在研究和管理生物入侵的工作中,特别是当关注生物入侵的生态和经济影响时,应通过入侵种或所有外来种的优势度而非外来种的数量来评估生境可入侵性。这一观点的提出基于以下观察结果:

(1) 任何群落中外来种的数量也非处于均衡状态(Davis et al., 2000),外来种在群落中的数量和占比可能随着时间而增加。因此,多数情况下,继续有意或无意地引入物种将会进一步增加引入地总的物种丰富度。

(2) 生物入侵造成生态和经济损失的原因是入侵种在被入侵群落中的优势地位。在一些群落中仅仅一个恶性的入侵种就可以造成严重的影响(Li et al., 2009),但在一些具有多种非入侵性外来种的群落中,生态系统机能的正常执行未受到干扰。一些以一两种严重入侵种为优势种、多样性较低的群落中,其他物种很难成功入侵并成为优势种,相关的例子包括入侵美国西南部的野葛(*Pueraria lobota*)和乌桕(*Sapium sebiferium*),以及入侵美国北部大平原的乳浆大戟和虉草(*Phalaris arundinacea*)。

(3) 多数外来种并不具有入侵性,一些外来种甚至在许多方面促进生态系统机能的执行(如氮固定、碳封存,降低土壤侵蚀等)(Liao et al., 2007)。一些包含很多非入侵性外来种的群落比那些以入侵种为单优势物种的群落表现更好。

(4) 随着环境的变化,一些土著种也可能变得具有入侵性。已有研究发现的一些格局,如土著种和外来种在小尺度上的负相互作用(Guo, 2017)和大尺度上的正相互作用(Sax et al., 2005),在竞争激烈环境中的土著植物之间(如一年生植物和多年生植物之间,禾草和非禾草之间)也被发现。然而,这些不同的土著种可能已共存了数百万年。那些有关土著群落的生态学理论(如竞争理论、中度干扰理论、中心理论)也同样适用于由外来种和土著种构成的群落,或者仅由外来种构成的群落。

13.5 全球和区域格局

在全球范围内,随着目标区域面积的增加,其中的土著种的数量增加,对应的外来种物种库变小,因此潜在可入侵性(按比例)降低(图 13.1)。人口密度和外来种所占比例(入侵程度)之间的关系暂不明确。比如,在一些面积较大的国家如美国和中国内部的行政区域之间,人口密度和入侵程度呈显著相关(Weber and Li, 2008)。但在欧盟内部的国家之间,这种关系较弱。这种差异的可能原因是,在一个通过统一规划设置内部空间单元分界线的区域内,人口密度是决定内部空间单元(如中国的省,美国的州;图 13.2)面积大小的主要因素,也反映了

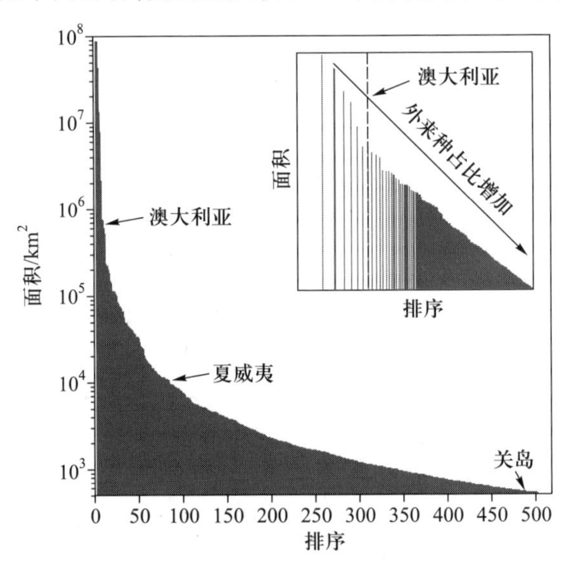

图 13.1 全球范围内岛屿和大陆上的最大入侵程度的变化趋势。显然,随着所关注区域面积的增加,其对应的外来种种库逐渐变小(如果所关注区域为全球范围的话,则其对应的外来种数量为 0)。这一定义将会对已观察到的许多格局产生影响,而以往考察这些格局时仅考虑其与面积、资源可利用性等的关系。当大洲之间的大小差异和隔离程度(距离)也被考虑在内时,大陆和岛屿的入侵程度之间并没有明确的边界。因此,使用“岛屿-大陆连续体”这一概念来描述可能更为合适。该图包括 6 个大洲和 505 个面积大于 500 km^{2}的岛屿。右上角的图中,坐标轴经对数转换,虚线代表澳大利亚,两侧分别为大陆和岛屿。

人类活动的强度;而在一个行政权力对内部空间单元分界线控制能力较弱的区域,如欧盟,其内部的各个空间单元(每个国家)之间彼此独立,单元面积大小可能与人口密度无关(Guo, 2017)。

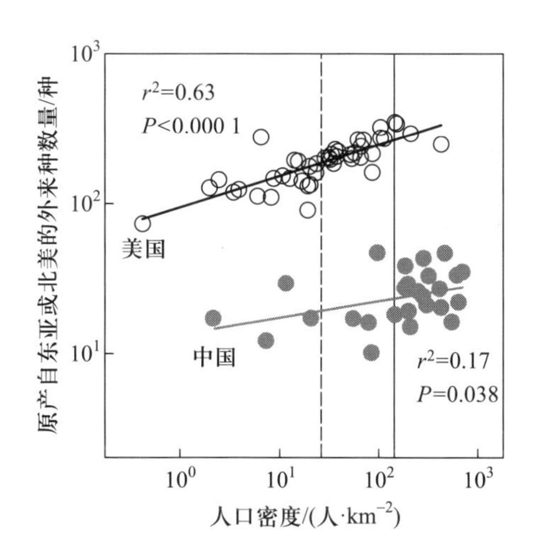

图 13.2　一个区域/历史因素影响入侵格局的例子。尽管在中美两国人口密度和外来种数量均表现为正相关,但中国的人口密度较高而外来种数量较少(虚竖线和实竖线分别为美国和中国的人口均值),这表明区域和历史因素可以影响土著种的丰富度和外来种的传入。需注意的是,在该图中,仅使用两地区间相互传入的外来种,即美国的外来种来自东亚,中国的外来种来自北美。当不考虑外来种的引入来源时(即包括东亚北美以外地域作为外来种库的数据),得到的结果与本图近似。

13.6　岛屿和大陆的可入侵性及入侵程度的差异

在综合分析大量的生境、岛屿和大陆或地缘政治单元的数据时,我们发现入侵程度未随面积的大幅度降低(从大洲到岛屿)而骤减,而是呈现出“岛屿-大陆连续体”的渐变趋势(图 13.1; Guo, 2014)。其中的原因可能是,在计算一个大国内部某区域和一个岛屿中的外来种丰富度时使用了不同的标准。在计算岛屿上外来种的丰富度时,是以岛屿本身为边界定义“外来种”的。而计算一个大国内部某区域的外来种数量时,往往以该国国界定义“外来种”。使用后一种标准计算时,由国家内部其他地区引入的物种(如在中国从河南省引入河北省,或在美国由北卡罗来纳州引入南卡罗来纳州)通常不被定义为“外来种”,这会明显低估该区域外来种的丰富度。因此,使用不一致的边界定义标准可能会得出类似于岛屿比大陆可入侵性和入侵程度更高的错误结论(Simberloff, 1995; Guo and Ricklefs, 2010)。

13.7 观测性研究和控制实验研究

在观测性研究中,土著种和外来种的生物量/盖度在相对开放(如被干扰之后)的群落内可能表现为正相关,在相对封闭或生物量较高(如处于演替后期)的群落内可能为负相关;但这种负相关可能只发生在小尺度水平上(图 13.3)。生境或群落间可入侵性的比较只能通过控制实验来进行(Robinson et al., 1995; Burke and Grime, 1996),但这类实验存在一个严重的局限,也就是实验结果可能因外来种的不同而变化。未来的研究应考虑在检验群落的可入侵性时,使用哪种外来种更为合适?所使用的外来种应与群落中的已有物种有何种形式的亲缘和系统发育关系?大部分(如果不是全部的话)已有的野外研究真正测定的是群落的入侵程度而非可入侵性,尽管在一些严格控制的实验中两指标很接近。在控制实验中,可以在设置不同的土著种多样性水平的同时控制其他生物(如种子数量)及非生物因素(如土壤及气候)的影响,因此测定得到的结果更接近群落的可入侵性。此外,控制实验中所使用的实验对象往往是有针对性地设计的,而观测性研究中植物组合之间(如外来种和土著种间)的关系可能更为随机(图 13.4)。

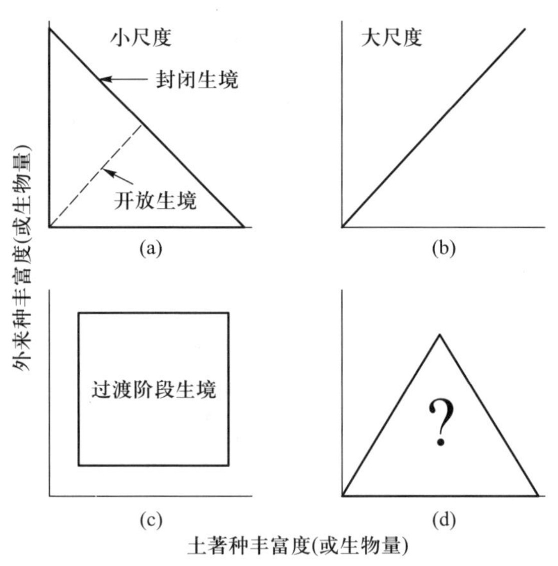

图 13.3 土著种和外来种关系随尺度的变化。(a)小尺度上,开放生境(正相关)和封闭生境中(负相关)土著种和外来种生物量关系的假想图;(b)大尺度上的正相关关系;(c)中等尺度上(过渡阶段生境)的不相关;(d)驼峰形关系(当土著种多样性和生物量较低时为正相关,随着土著种多样性和生物量的增加,土著种和外来种的关系变为负相关)。在图(c)和(d)中,封闭生境中两者的关系可以用约束线和包络的方法来解释(Hao et al., 2016)。

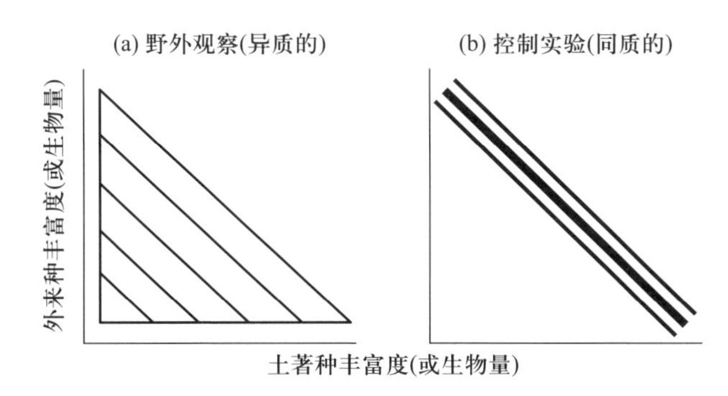

图 13.4 土著种和外来种生物量在小尺度上关系的比较。(a)在野外观测性研究中,相关影响因素未被控制,因此土著种和外来种生物量之间的关系可能是不显著的,且可以用约束线和包络的方法来描述;(b)在控制实验中,由于没有其他影响因素,土著种和外来种生物量之间的关系可能是负相关。

13.8 可入侵性和入侵程度的时间动态

到目前为止,大多数相关研究主要关注可入侵性和入侵程度在不同生境之间的空间变异。然而,生态位填充是一个动态过程(Elton, 1958),比如群落的植物生物量在演替的不同阶段可能差异很大,因此群落的可入侵性和入侵程度也很可能随时间而变化。换句话说,同一个生境的可入侵性可能在某一时期较高,而在其他时期相对较低。土著种与外来种之间的相互作用也可能随时间尺度而变化,与这两个指标的空间变异类似,土著种多样性与外来种数量之间的关系也可能是时间尺度依赖的,而生境开放程度也会影响某一种特定关系出现的时间尺度。

在短期内(如演替过程),群落内的现存生物量(B)占最大生物量(B_{max})的比例(R_B)随时间波动(Davis et al., 2000),群落的可入侵性和入侵程度也会相应地变化(Guo et al., 2015)。群落的可入侵性随 R_B 的降低而增加。高的 R_B 往往标志着高稳定性、低资源波动和低干扰强度,而群落的上述特征都可能降低被机会物种成功入侵的可能性。在演替早期,生境开放程度较高,先锋植物物种的个体通常较小。此阶段,无论是在丰富度还是生物量上,土著种和外来种(通常为一年生植物)丰富度均较低并将增加,且表现为正相关。在演替中期,组成群落的植物物种个体仍较小,生境处于开放状态,外来种可能有较高的概率成功入侵,进而提高生境的物种多样性。在演替末期,生境内的物种多样性减低,但其中的优势种为木本植物。这些植物形成郁闭的冠层,对其他植物造成较强的光竞争,至少可以对部分外来种的入侵造成抵抗甚至是排斥。因此,当群落中植物密度和生物量/盖度较高时,土著种和外来种的生物量或丰富度可能表现为负相关。不过仍需注意的是,上述可能随时间变化的指标之间的因果关系仍需进一步研究验证。

在人类干扰的影响下,目前许多生境处在不同的演替阶段。如果物种引入速率维持现有水平,即使群落的可入侵性不变,外来种的丰富度和生物量以及生境的入侵程度在长期内会毫无疑问地继续增加(图 13.5)。群落的 R_B 不仅会在演替过程中变化,还可能会随人类活动、自然干扰和资源波动等一系列影响入侵程度的外部因素的变化而变化。比如,灌溉或施肥等人类活动增加环境中的资源可利用性,增加生境的 B_{max},进而降低 R_B,从而提高生境的可入侵性(Hobbs and Atkins, 1988)。

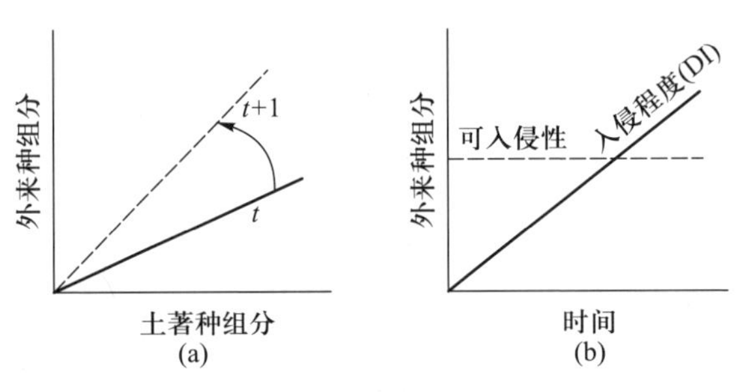

图 13.5 (a)外来种在群落中的占比(组分)可能随着时间而增加(例如从时间 t 到时间 $t+1$);(b)长期来看,随着时间的推移,群落的可入侵性可能因演替循环而波动(详细解释见正文),但该群落的入侵程度可能一直增加,除非我们将来有更有效的防控措施。

13.9 主要影响因素和机制

许多因素可能影响生境的可入侵性或入侵程度,其中包括生境中已有土著种和正在入侵的外来种的性状(Moore et al., 2001; Williamson and Harrison, 2002)和繁殖体压力。如果外来种与群落中已有物种之间存在着显著的互利作用(Jin et al., 2004),或可以有效地取代已有的优势物种(即引入的外来种相比于已有物种更适合该生境),那么无论群落内物种多样性高低,该外来种都能成功入侵。此外,如果区域的外来种物种库足够大,但生境中外来种数量仍较少,其原因可能包括:① 来自土著种的竞争;② 生境及物种的生态进化历史;③ 环境相对严酷(如岩质和高盐环境),土著种和外来种均难以成功拓殖;④ 干扰强度过低(高生物量)或过高(低生物量);⑤ 扩散限制或时间制约,即时间尚短不足以使许多外来种成功拓殖;⑥ 两个或多个上述因素共同作用的结果(Alpert et al., 2000)。因此,针对生物入侵的管理目标应该是降低那些在群落中最具有入侵性的外来种的影响,而非根除掉大多数外来种。

影响生境入侵程度的因素还包括生境与外来种物种库的空间距离(见下

文)、人口密度(Rejmánek, 2003)、地理位置(如是否位于港口)和历史因素(Fridley, 2011)等。许多生境可能与其他生境相比可入侵性相似,但由于距离外来种物种库较远,或时机不适宜外来种拓殖(如处于演替末期),所以包含很少的外来种(Williamson, 1996)。相反的情况是,临近港口和大城市的植物群落中通常有较多的外来种,其原因可能是这些区域较高的人口密度所导致的高频率与高强度的人类活动,从而造成高繁殖体压力,而非物种丰富度的高低。

13.10　可入侵性和入侵程度的未来趋势

无论是在有关生物入侵的基础研究还是管理实践中,在对入侵程度的未来变化趋势进行预测时应重点考虑以下 4 个相关因素:① 与外来种种源的临近程度或繁殖体压力(Williamson, 1996)。当其他因素相同时,距离入侵种种库较近的生境将会更容易被入侵。如果不是缺乏外来种繁殖体,许多开放生境中外来种的数量将比目前更多。② 所考虑生境或临近区域中可能发生的土地利用变化情境。③ 未来的气候变化趋势。④ 外来种遗传上可能发生的进化变化。另外,如果不存在种源限制的话,只要有足够长的时间许多开放生境将会被成功入侵。因此,外来种丰富度会随着时间变化,即使不考虑其作为可入侵性或入侵程度的度量指标是否合适,如果没有充分考虑时间或历史因素(如生境暴露给外来种的时间、演替阶段)的影响,得出的结果也不能真正反映该生境的可入侵性或入侵程度(Wonham and Pachepsky, 2006)。

大量的外来种成功入侵的案例表明,无论是过去还是现在,地球上的许多物种未分布于对其而言最理想的环境中。如今,这些物种在人类活动和全球变化的影响下得以扩散至这些适宜生境中,并扫除许多土著种。同时,这些生境在环境因素上发生了变化,可能对于原有的土著种而言也变得不适宜(Sax et al., 2005)。

大多数生境已经受到人类活动改变并且被外来种入侵。对于尚未受到人类影响的自然生境而言,其未来的入侵程度将取决于其中的土著种,以及所有与土著种相关的生物和非生物因素。然而,在已被外来种入侵的生境中,群落内所有的现存物种(包括土著种和外来种)都应该被考虑。

13.11　对于管理的启示

对于群落可入侵性和入侵程度及其控制因素的理解对生态学理论和生物入侵管理都具有重要的意义。比如,如果较高的多样性可以有效抵抗入侵,我们是否应该减少对物种多样性较高的生境的关注,因为其较难以被入侵?另外,相比于关注外来种的数量,研究外来种和土著种的相互作用可能更为重要,也会更有利于解释生物入侵的机制。所以,仅仅描述外来种的多样性对于理解生境的可入侵性的帮助会相对有限。科学家应该更好地相互交流,同时加强与政府、管理部门以及公众的沟通,以增强其对可入侵性和入侵程度的认识。同时,重点关注少数真正具有入侵性的外来种的优势度的变化也有助于改善生物入侵管理工作,而仅关注目标生境中外来种的总数量则无济于事。换句话说,科学家和管理者应通力合作对外来种和入侵种进行明确的区分。

生境和景观处于开放状态时,将会出现很多空余生态位,如果不存在扩散限制,其他物种(无论是外来种还是土著种)会通过自然的方式或在人为影响下入侵进来(Williamson, 1996)。真正的问题是,许多生产力较高的生境中还保留着入侵种的种子库。因此,如何阻止入侵植物继续产生种子(如在每个生长季内在其产生种子之前将其根除),并去除其埋藏在土壤中的种子库将是管理工作中面临的重要挑战之一。

13.12 结论

如何度量可入侵性和入侵程度将会对得到的结论产生重要影响。干扰、演替和人口分布等诸多影响入侵程度的因素之间也相互影响,并通过改变生境中的生物量影响生境的入侵程度。人类活动作为生物入侵的主要驱动力,在引入和传播外来种(导致生物和遗传同质化)的同时,也对生境造成干扰(为外来种的拓殖和种群维持创造新的生态位)。如果要对生境的可入侵性和入侵程度有更准确的把握,我们应首先解决有关这两个指标的定义和测度问题。① 可入侵性是一个生境或群落的内在属性,应通过综合外来种的丰富度和优势度信息来测度,而非仅仅是数量和丰富度。② 一旦使用丰富度或优势度等作为测度指标,还应分析哪些因素影响丰富度或优势度。③ 土著种(或所有现有物种包括外来种)的丰富度、干扰、演替、资源波动、群落的稳定性等其他因素都可能影响将来的可入侵性或入侵程度,但这些因素的部分影响是通过改变生境中的植物生物量、优势度、盖度和密度等来间接实现的。④ 生境的可入侵性可能会在群落演替的过程中随时间波动,但随着人口数量的增加和旅游/贸易和土地利用的改变等相关活动愈发频繁,入侵程度会一直增加,除非我们将来有更有效的防控措施。

参考文献

Alpert, P., E. Bone, and C. Holzapfel. 2000. Invasiveness, invasibility and the role of environmental stress in the spread of non-native plants. Perspectives in Plant Ecology, Evolution and Systematics, 3: 52-66.

Burke, M. J. W., and J. P. Grime. 1996. An experimental study of plant community invasibility. Ecology, 77: 776–790.

Crawly, M. J. 1987. What makes a community invasible? Symposia of the British Ecological Society, 26: 429–453.

Davis, M. A., J. P. Grime, and K. Thompson. 2000. Fluctuating resources in plant communities: A general theory of invasibility. Journal of Ecology, 88: 528–534.

Elton, C. S. 1958. The Ecology of Invasions by Animals and Plants. Chapman and Hall, London.

Fei, S., Q. Guo, G. C. Nunez-Mir, and B. Iannone, 2019. Functional traits of non-native woody plants in the United States. Purdue University Research Repository. doi: 10.4231/lyw 7-de10.

Fridley, J. D. 2011. Invasibility of communities and ecosystems. In: Simberloff, D. and M. Rejmanek (eds.), Encyclopedia of Biological Invasions. Berkeley and Los Angeles: University of California Press. 356–360.

Guo Q. 2011. Counting "exotics". NeoBiota, 9: 71–73. doi: 10.3897/neobiota.9.1316.

Guo, Q. F. 2014. Species invasions on islands: Searching for general patterns and principles. Landscape Ecology, 29: 1123–1131.

Guo, Q. F. 2015. No consistent small-scale native-exotic relationships. Plant Ecology, 216: 1225–1230.

Guo, Q. 2017. Temporal changes in native-exotic richness correlations during succession. Acta Oecologica, 80: 47–50.

Guo, Q., and J. D. Olden. 2014. Spatial scaling of non-native fish richness across the United States. PLoS ONE, 9(5): e97727.

Guo, Q., and R. E. Ricklefs. 2010. Domestic exotics and the perception of invasibility. Diversity and Distributions, 16: 1034–1039.

Guo, Q., and A. Symstad. 2008. A two-part measure of degree of invasion for cross-community comparisons. Conservation Biology, 22: 666–672.

Guo, Q., S. Fei, J. S. Dukes, C. Oswalt, B. V. Iannone III, and K. M. Potter. 2015. A unified approach for quantifying invasibility and degree of invasion. Ecology, 96: 2613–2621.

Hao, R., D. Y. Yu, J. Wu, Q. Guo and Y. Liu. 2016. Constraint line methods and the applications in ecology. Chinese Journal of Plant Ecology, 40: 1100–1109.

Hobbs, R. J., and L. Atkins. 1988. Spatial variability of experimental fires in south-west Western Australia. Austral Ecology, 13: 295–299.

Hutchinson, T. F., and J. L. Vankat. 1997. Invasibility and effects of Amur Honeysuckle in southwestern Ohio forests. Conservation Biology, 11: 1117–1124.

Jin, L., Y. J. Gu, M. Xiao, J. K. Chen and B. Li. 2004. The history of *Solidago canadensis* invasion and the development of its mycorrhizal associations in newly reclaimed land. Functional Plant Biology, 31: 979–986.

Levine, J. M., and C. M. D'Antonio. 1999. Elton revisited: A review of evidence linking diversity and invasibility. Oikos, 87: 15–26.

Li, B., C. Z. Liao, X. Zhang, H. L. Chen, Q. Wang, Z. Y. Chen, X. J. Gan, J. H. Wu, B. Zhao, Z. J. Ma, X. J. Cheng, L. F. Jiang, and J K Chen. 2009. *Spartina alterniflora* invasions in the Yangtze River estuary, China: An overview of current status and ecosystem effects. Ecological

Engineering, 35: 511-520.

Liao, C. Z., Y. Luo, L. Jiang, X. H. Zhou, X. Wu, C. M. Fang, J. K. Chen, and B. Li. 2007. Invasion of Spartina alterniflora enhanced ecosystem carbon and nitrogen stocks in the Yangtze Estuary, China. Ecosystems, 10: 1351-1361.

Lonsdale, W. M. 1999. Global patterns of plant invasions and the concept of invasibility. Ecology, 80: 1522-1536.

Moore, J. L., N. Mouquet, J. H. Lawton, and M. Loreau. 2001. Coexistence, saturation and invasion resistance in simulated plant assemblages. Oikos, 94: 303-314.

Rejmánek, M. 2003. The rich get richer—Response. Frontiers in Ecology and the Environment, 1: 122-123.

Richardson, D. M., P. Pyšek, M. Rejmánek, M. Barbour, F. D. Panetta, and C. J. West. 2000. Naturalization and invasion of alien plants: Concepts and definitions. Diversity and Distributions, 6: 93-107.

Ricklefs, R. E., Q. F. Guo, and H. Qian.2008. Growth form and distribution of introduced plants in their native and non-native ranges in Eastern Asia and North America. Diversity and Distributions, 14: 381-386.

Robinson, G. R., J. F. Quinn, and M. L. Stanton. 1995. Invasibility of experimental habitat islands in a California winter annual grassland. Ecology, 76: 786-794.

Sax, D. F., J. J. Stachowicz, and S. D. Gaines, editors. 2005. Species Invasions: Insights into Ecology, Evolution and Biogeography. Sunderland: Sinauer.

Simberloff, D. 1995. Why do introduced species appear to devastate islands more than mainland areas? Pacific Science, 49: 87-97.

Wardle, D. A. 2001. Experimental demonstration that plant diversity reduces invasibility—Evidence of a biological mechanisms or a consequence of sampling effects? Oikos, 95: 161-170.

Weber, E. and B. Li. 2008. Plant invasions in China: What is to be expected in the wake of economic development? BioScience, 58: 437-444.

Williamson, J., and S. Harrison. 2002. Biotic and abiotic limits to the spread of exotic revegetation species. Ecological Applications, 12: 40-51.

Williamson, M. 1996. Biological Invasions. London: Chapman and Hall.

Wilson, J. R., D. M. Richardson, M. Rouget, S. Procheş, M. A. Amis, L. Henderson, and W. Thuiller. 2007. Residence time and potential range: Crucial considerations in modelling plant invasions. Diversity and Distributions, 13: 11-22.

Wonham, M. J., and E. Pachepsky. 2006. A null model of temporal trends in biological invasion records. Ecology Letters, 9: 663-672.

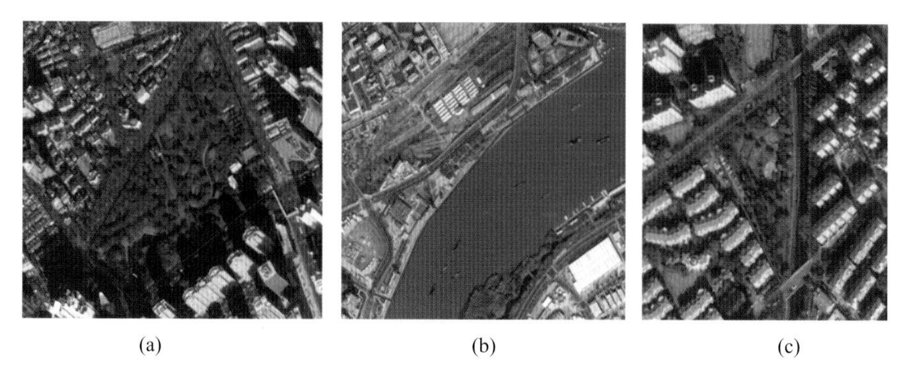

图 5.1 徐家汇公园(a)、徐汇滨江(南浦站-东安路段)(b)、康健绿苑(c)卫星遥感影像图。

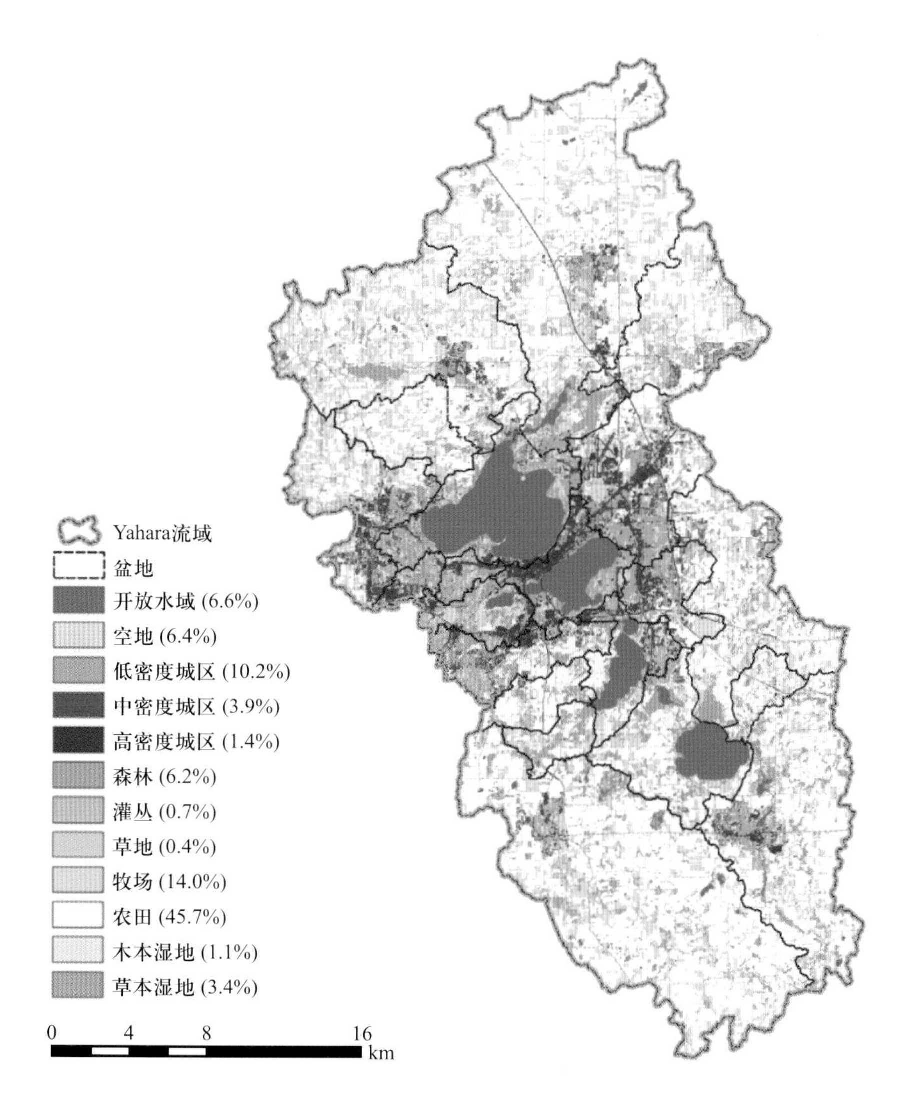

图 11.2 研究区及其土地利用/覆盖。

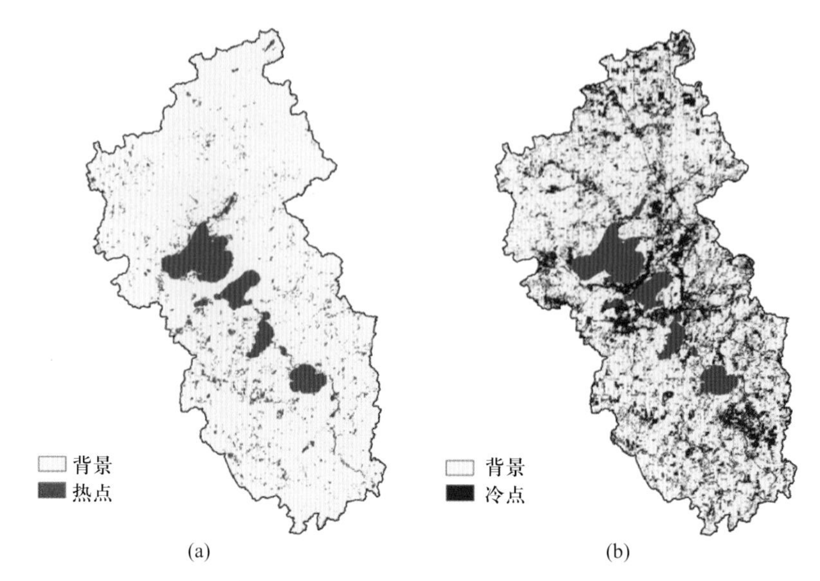

图 11.3　多种生态系统服务的热点(a)与冷点(b)。蓝色区域为水域。

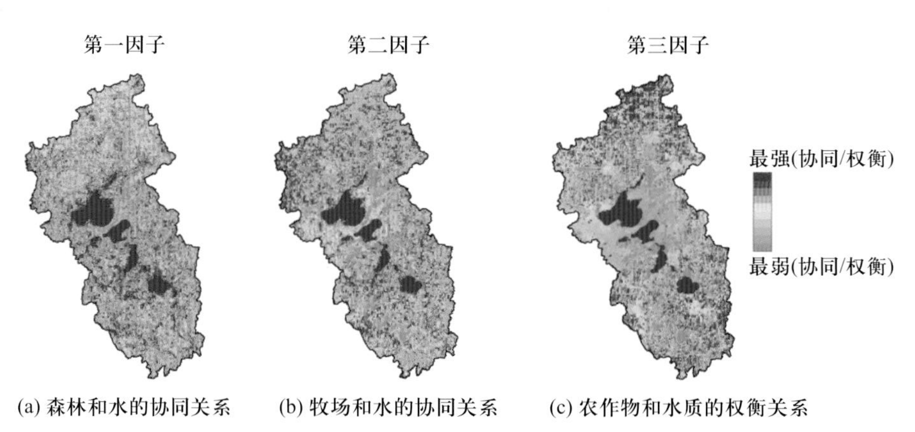

图 11.4　生态系统服务协同和权衡关系的空间分布。蓝色区域为水域。

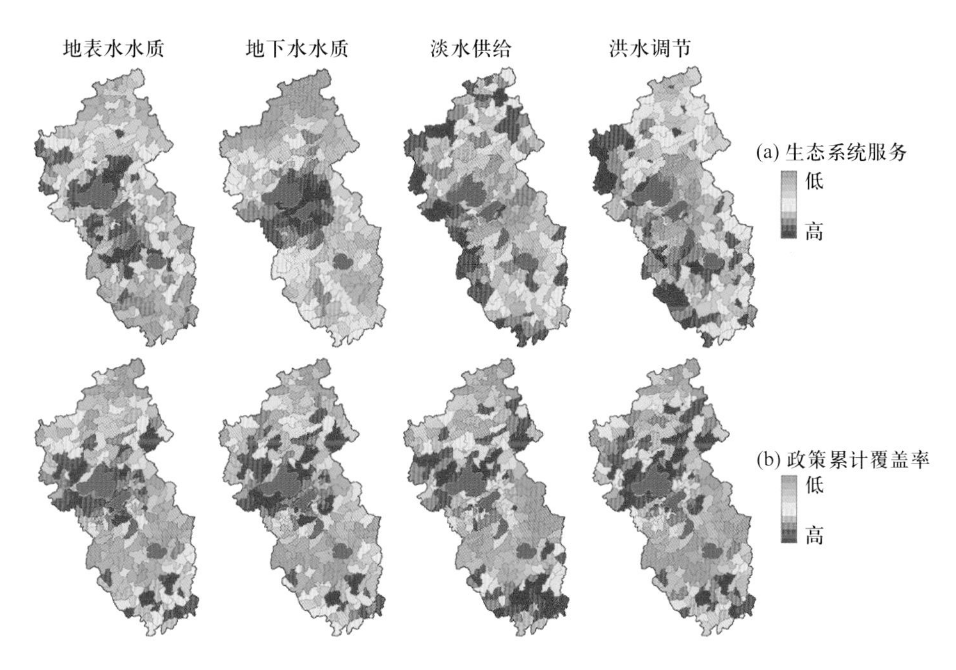

图 11.7　水文生态系统服务的空间格局(a)和相关水政策的累计覆盖率(b)。蓝色区域为水域。

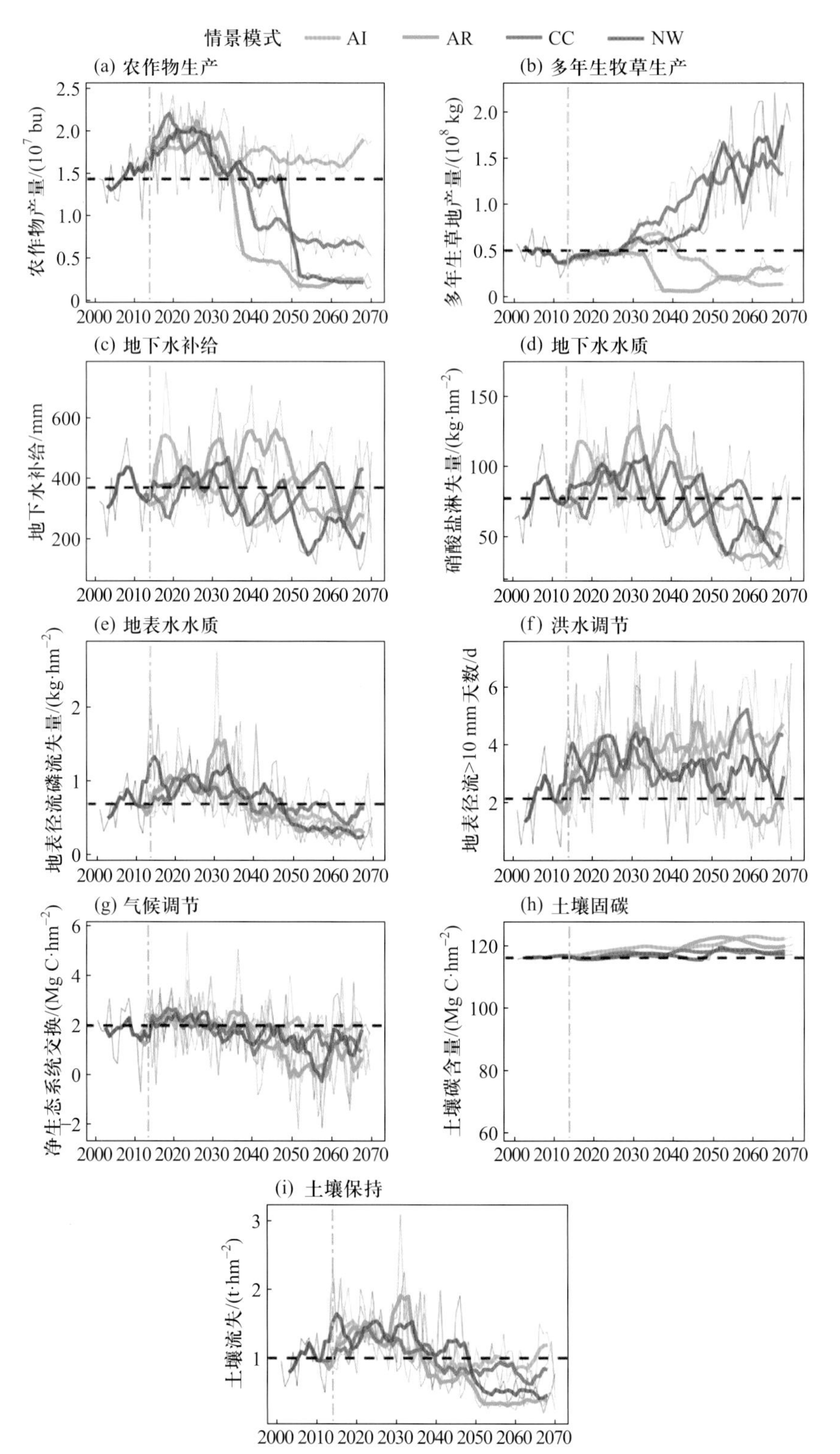

图 11.9　在流域尺度上,9 种生态系统服务从 2001 年到 2070 年在 4 种不同情景模式下的模拟动态变化。黑色虚线是 2001—2010 年平均水平,彩色细线表示年度变化,彩色粗线是 5 年移动平均线。

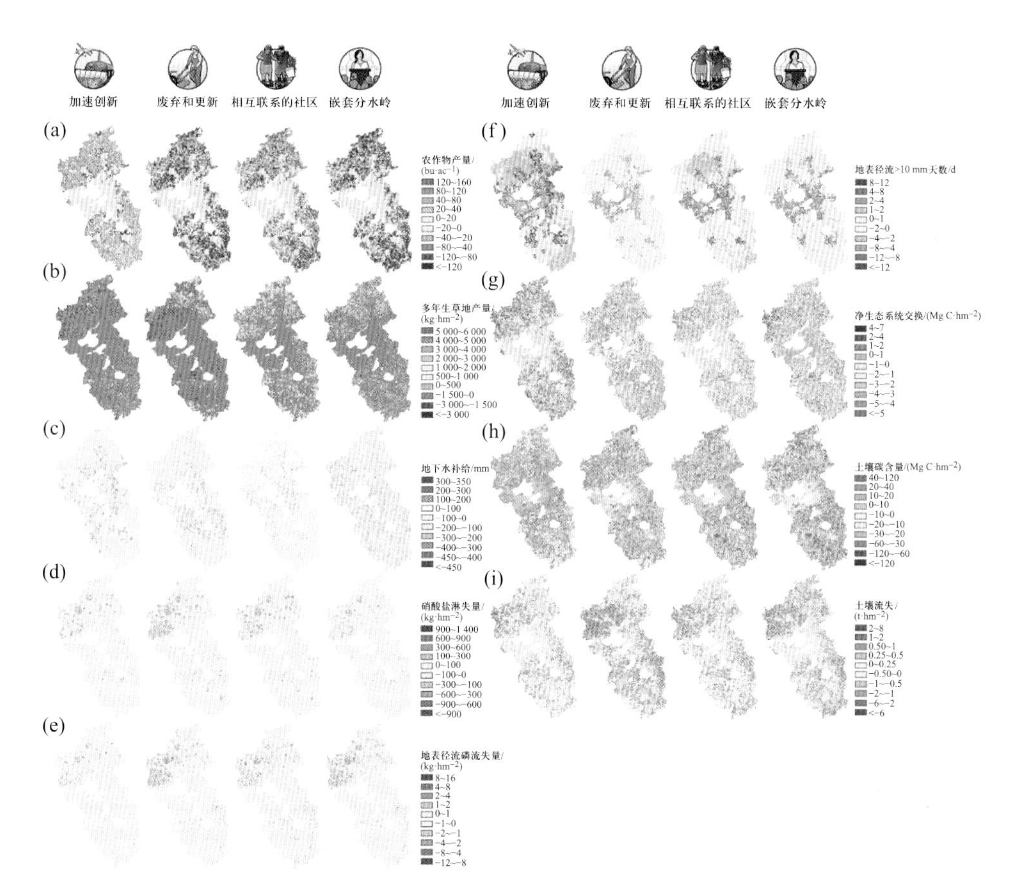

图 11.10　九种不同生态系统服务指标在不同情景模式下变化的空间格局。绿色或蓝色表示生态系统服务总体增长，红色表示服务供应下降。白色区域为水域。